Windkanter sind keine Windkanter

Meinen Eltern

in dankbarem Gedenken

Reinhard Schwenecke

Windkanter sind keine Windkanter,

sondern ...

Meine Entdeckung durch Formanalyse

Bibliografische Information der Deutschen Nationalbibliothek:
Die Deutsche Nationalbibliothek verzeichnet diese Publikation in der Deutschen Nationalbiblio-
grafie; detaillierte bibliografische Daten sind im Internet über http://dnb.dnb.de abrufbar.

Impressum

© 2020 Reinhard Schwenecke

Lektorat, Fotos und Gestaltung: Susanne Dell, Zugvogelverlag Wenzel, Bad Neualbenreuth
Die Fotos Nr. 23 und 24 stellte Alois Hanke, Flossenbürg, freundlicherweise zur Verfügung
Das Cover zeigt Windkanter vom Typ Dreiflächenkanter
Kontakt: Zugvogelverlag@yahoo.de
Herstellung und Verlag: BoD – Books on Demand, Norderstedt
ISBN: 9783750496354

Inhalt

Vorwort

Wirklich jeder, den ich mit Windkantern in Berührung brachte, ist von diesen merkwürdigen Gestalten sichtbar angetan, besonders von einer nur haselnussgroßen Art. Staunen! Ein Wunder, was die Natur an perfekten Formen hervorbringt. Der Wind soll sie geschaffen haben - lautet die Lehrmeinung. Aber selbst ein Unbedarfter würde wohl kaum auf einen solchen Gedanken kommen. Das Bauchgefühl wehrt sich einfach dagegen.

Aus Fachkreisen hat sich bislang wohl niemand öffentlich mit der Windschliffthese kritisch auseinandergesetzt. Was sich so fest etabliert hat, gilt eben und wird nicht hinterfragt - solange die eigenen Belange nicht beeinträchtigt werden, solange es nicht weh tut. Vielleicht rührt die Zurückhaltung von Fachleuten auch daher, dass sie meinen, erst eine Lösung des Problems parat haben zu müssen, bevor Kritik geübt werden darf? Die Lösung kommt aber (fast von allein), wenn das Problem, das Ding, analysiert worden ist. Bei Windkantern ist ihre Form das Problem. Mein Vater hatte als Laie begonnen, die Form zu studieren, denn diese unabdingbare Vorarbeit zur Genese stand aus. Sie wurde von der Wissenschaft übergangen. Das klingt unglaublich, ist aber so.

Das Thema Windkanter mag, da es fernab von brennenden Alltagsfragen liegt, kaum Beachtung finden und sowieso belanglos erscheinen. Es sind ja nur Feldsteine. Wer bemerkt noch die kleinen Freuden, kann sich überhaupt noch über etwas freuen, erbauen? Binnen Sekunden steht per Smartphone ein Wust an Informationen über alle möglichen wissenswerten Dinge zur Verfügung - da weiß man mühelos und sofort Bescheid, oft aber ohne es richtig verstanden zu haben. So verhält es sich auch mit den Windkantern. Doch was zählt, ist das selbst erworbene Wissen. Meine Erkenntnisse können sich als falsch herausstellen, mit der Zeit werden sie vielleicht ohnehin überholt sein. Was bleibt, ist hoffentlich ein bescheidener Beitrag zum Fortschritt.

Am Habitus der Windkanter ahnt man, dass mehr dahinter stecken muss. Dem bin ich seit vielen Jahren in meiner Freizeit nachgegangen. Zu Beginn galt es „nur" eine schöpferische Leistung meines Vaters in Ehren zu bewahren: Ich versuchte zu verstehen, was er in seiner Windkanterforschung im Fazit mit „Gestalten im engeren Sinne" meinte. So kam es meinerseits zur umfassenden und unvoreingenommenen Untersuchung der Form, über deren Ergebnisse sowie Schlussfolgerungen in diesem Buch zu lesen ist. Diese Aufgabe ließ sich mit dem schulischen Allgemeinwissen bewältigen, womit ich sagen möchte, dass das jeder andere Laie ebenso gut oder noch besser bewerkstelligen könnte. Entscheidend sind Motivation und Ausdauer. Es liegt in der Forschernatur, erworbenes Wissen mitzuteilen und darüber auch gegebenenfalls zu streiten, sonst wäre ja die Arbeit sinnlos. Ich sollte eigentlich Fachleute zur Entstehungstheorie dieser einzigartigen Feldsteinformen ansprechen, aber wer unter ihnen wäre zuständig für eine Frage, die sich in nahezu alle geologischen Wissenschaften verästelt und sogar in artfremde Wissensgebiete übergreift und nur durch Kooperation mit ihnen zu beantworten ist? Und wer hört schon gern, dass seine Meinung falsch sei, noch dazu von einem Laien? Das ist eine alte schmerzhafte Erfahrung.

Mein Alleingang hat noch weitere Gründe: Inhaltliche wie auch formelle Anforderungen an Veröffentlichungen, z. B. in Fachzeitschriften sind derart hoch, dass ich ihnen als Liebhaber kaum gerecht werden könnte. Der Gegenwind würde mich vermutlich gleich wegpusten, und der Umfang meiner Arbeit würde den Rahmen sprengen. Außerdem möchte ich unbedingt die Forschungsergebnisse und -erlebnisse meines Vaters für einen populärwissenschaftlich interessierten Leserkreis bewahren und ihn als Laienforscher würdigen. In Fachzeitschriften ist beides nicht ohne weiteres möglich.

Der Leser wird hier auf neu entstandene Fragen unterschiedlicher Art stoßen. Die kann er jedoch mit seinem Wissen besser als ich erkennen und beantworten, weshalb er sich ihrer gern annehmen sollte. Er möge bezüglich der Fehler, die von mir unbemerkt geblieben sind, nachsichtig sein und bedenken, dass mir für eine derartige selbst gestellte Forschungsaufgabe keinerlei Muster zur Verfügung standen.

Der erste Meilenstein meiner Arbeit bestand lediglich darin, die Form der Windkanter möglichst genau und umfassend zu beschreiben, weil darüber in Publikationen so gut wie nichts zu finden ist. Die Kenntnis der Form ist aber DIE Voraussetzung für eine Hypothese der Genese. Die ersten Niederschriften meiner Ergebnisse und Gedanken waren viel zu kompliziert, als dass der Leser sie ohne weiteres hätte nachvollziehen können. Das Gute daran war, dass ich unter dem Zwang zu vereinfachen, die Tatsachen und Zusammenhänge erst selbst richtig verstanden habe. Und plötzlich löste sich ohne Zutun der Knoten, indem völlig überraschend ein Weg zur Entstehung solcher Formen sichtbar wurde. Er führt in die Mikrostruktur der Gesteine. Der Leser wird letzten Endes meiner Meinung zustimmen können, vielleicht kommen ihm noch andere Ideen.

Zum Entdecken, Verborgenes sichtbar zu machen, gehört vor allem Glück. Ich hatte sogar mehrfaches Glück: Dass mein Vater als Einzelkämpfer in vorbildlicher Weise die Windkanterproblematik aufgegriffen hat, und dass ich ihm glauben konnte. Was er begonnen hatte, wurde für mich ein großartiges Lebensgeschenk.

Aus beruflichen Gründen (Montage- und Anfahrleiter für Chemieanlagen) blieb mir nur ganz wenig Freizeit. Zum Glück gerieten die Windkanter trotzdem nicht ins Hintertreffen! Ein unschätzbar großer Nebeneffekt, den wohl jedes Steckenpferdreiten begleitet, besteht darin, echte Konflikte, die das Leben so mit sich bringt, eher zu bewältigen und Sorgen abzubauen. Jetzt, im „ Alters - Ruhestand" bin ich in der glücklichen Gesamtsituation, die es erlaubt, meine Arbeit an den Windkantern auf den Punkt zu bringen und somit erfolgreich abschließen zu können.

Heute steht auch für mich fest, dass Windkanter „Gestalten im engeren Sinne" sind. Dieses wird sogar durch meine Entdeckung übertroffen, dass alle Windkantertypen einer einzigen primären Grundgestalt entspringen oder Teile von dieser sind - und noch dazu in jedem Maßstab. Das bedeutet, anhand von Zweikantern kann man sich vorstellen, wie die einstigen Gebirge aussahen, von denen sie stammen. An diese überraschende Erkenntnis muss ich mich selbst erst einmal gewöhnen.

Was die Geologie, in erster Linie die Gefügekunde, sowie auch andere Disziplinen mit dem Resultat anfangen und welche Konsequenzen sich daraus ergeben können, ist schwer zu überblicken. Sinn und Zweck meiner Arbeit wären aber erfüllt, wenn sie als Ansatzpunkt zur vollständigen Klärung des genetischen Problems Verwendung fände. Ich rechne allerdings mit Widerstand und bin auf alles gefasst. Zweifler und Gegner können sich überzeugen, indem sie sich an den Windkanterformen üben. Meine Ergebnisse ließen sich durch ausgefeilte Messmethoden und Berechnungen, wie sie zum Beispiel in Forschungseinrichtungen üblich sind, erhärten. Ohne großen Aufwand zu betreiben, kann sogar jeder Leser alles selbst nachvollziehen. An Untersuchungsmaterial scheitert es nicht, denn Windkanter jeden Typs findet man beispielsweise in der Letzlinger Feldmark (Endmoräne) in Hülle und Fülle.

Ich bin mir durchaus bewusst, dass mit meiner Arbeit die Formanalyse noch nicht erschöpft ist. Es kommen immer wieder neue Gesichtspunkte, aber auch Bedenken hinzu – ändern ... ändern. Trotzdem veröffentliche ich jetzt, sonst wird es nie etwas.

Das Glück hat mich während des gesamten Unterfangens begleitet. Es kam mehrmals einfach auf mich zu: Als ich nicht aus der von Walter Schwenecke eingefahrenen Spur (Kugel als Grundform) fand. Oder - trotz besseren Wissens - Varianten zur Genese im Blick hatte, anstatt die Form der Steine noch eingehender zu studieren. Oder als ich lange auf der Stelle trat

und keine Lust mehr hatte. Es öffneten sich immer wieder Türen. Auf einer stand „Korrelation"
geschrieben und plötzlich löste sich der Knoten. Es ging mit größerem Elan weiter. Mein
Interesse an Naturphilosophie war anfangs bescheiden. Inzwischen kann ich jedoch an einigen
Themen sogar teilhaben. In Bezug auf Windkanter stellen sich nämlich spannende Fragen,
insbesondere nach Gestalten, nach Gestaltstufen, die vom Anorganischen zum organischen
(Leben) und zu Wesen führen, nach der Bedeutung von Symmetrie, Asymmetrie und –
hervorzuheben - nach Individualität. Hinzu kommen Synergetik (die Lehre vom
Zusammenwirken), Zufall, Selbstähnlichkeit/Skaleninvarianz und der Goldene Schnitt. All' das
sind lohnende Themen, mit denen man wachsen kann.

Gefühle begleiteten und begleiten mich ständig. Sie sind die größte Triebkraft zur Selbster-
kenntnis, was der Mensch bedeutet. Bei der Forschung, und seien es noch so anspruchslose
Dinge wie Windkanter, geht es im Grunde immer um den Menschen. Das ist meine Erfahrung.
Daher bin ich zufrieden. Ich helfe heute Landwirten in der nördlichen Oberpfalz gern beim
„Stoi klauben". Wohin meine Gedanken auf dem Acker wandern, kann man leicht erraten. Ein
Spaziergang über kahle Äcker und auf Feldwegen ist wie ein Feiertag.
In den vergangenen zwanzig Jahren habe ich liebe Menschen um mich herum mit meinen
Windkantern behelligt. Niemand hat abgewunken, sondern sie sind mit mir durch die Feldmark
gelaufen, haben besondere Steine gesammelt und stellten aus echtem Interesse Fragen. Das
hat mich immer wieder ermutigt dranzubleiben. Ihnen allen möchte ich auf diesem Wege dan-
ken.
Meine Lebenspartnerin hat mich, kritisch wie sie von Natur aus ist (!), energisch gedrängt und
geraten, den Text so zu schreiben, dass er überhaupt lesbar wird. Sie hat fast alle Fotos ge-
schossen, und sie hat das Buch gestaltet. Ohne ihre Erfahrungen als mehrfache Buchautorin
(Susanne Dell) sowie Verlegerin (Zugvogel Verlag) wäre es bestimmt nicht erschienen. Sie hat
es gewagt.
Danke Susanne!

Bad Neualbenreuth, im Juli 2020
Reinhard Schwenecke

Warum Sie dieses Buch interessieren sollte!

Der besondere Reiz dieses Buches liegt im exotisch anmutenden Thema. Es fällt zwar in die Zuständigkeit der Geologie, schließt aber verschiedene Wissensgebiete ein, weshalb jeder an Natur Interessierte daran teilhaben kann. Das Windkanterphänomen wird wieder aufgegriffen, weil unsererseits ernsthafte Zweifel an der Lehrmeinung vom Windschliff als ursächliche Kraft bestehen. Wir unternehmen einen erneuten Anlauf, der bei Null mit der Schaffung von Grundlagen beginnt und sich das Ziel stellt, den Habitus (Aussehen) der Windkanter möglichst umfassend zu beschreiben; alles weitere ergibt sich daraus. Die Kapitel kann man unabhängig von der Reihenfolge lesen, sie sind in sich abgeschlossen.

Diese Steine sehen derart seltsam aus, dass sich wohl jeder fragen mag, wie solche Gestalten entstanden sein könnten. Ein jeder macht sich dazu seine Gedanken.

Der Leser erfährt, was wir im Unterschied zur „offiziellen" Darstellung unter Windkanter verstehen (Kapitel 2); er kann unserer Kritik an der Windschliffthese folgen, oder er findet Argumente, die für Windschliff sprechen oder ihm kommen noch ganz andere Ideen.

Windkanterforschung ist überall auf der Welt möglich, das geht aus den Nachrichten über die Verbreitung von Windkantern (Kapitel 3) hervor. Kundige Beobachter kennen wahrscheinlich noch andere Windkanterhorte und werden bestimmt weitere entdecken (z.B. bei Schachtarbeiten!), darauf sind wir gespannt.

Zu den Grundlagen gehört die Definition für „Kante" und „Ecke", woraufhin eine bislang fehlende Systematk der Windkantertypen (Kapitel 12) vorgestellt wird. Bisher war nur von einem Formenreichtum die Rede. Nun ist gleich klar, welcher Typ vorliegt und wieviel Kanten er tatsächlich hat.

Die Tabelle zur Systematik lässt einen Grundtyp, nämlich Zweikanter, erkennen.

Zur Größe: Wie groß die Steine sind ließ sich bisher nicht klar angeben, denn Größe ist nicht gleich Länge. Mit einer von uns experimentell ermittelten Faustformel, die für alle Windkanterarten gilt, ist nunmehr unter Angabe des Längenmaßes die Zuordnung zu den genormten Korngrößen möglich geworden (Kapitel 9). Irritationen werden somit weitgehend vermieden.

Die Bedeutung der Oberfläche ist selbst von Windschliffverfechtern unterschätzt worden. Die Beurteilung der Rauheit ist subjektiv. Auf die von uns gemessenen Rauheitswerte gehen wir im Kapitel 16 ein, wobei auf die Probleme dieser Messung hingewiesen wird, und welch großer Wert spezialisierten Messungen zukäme. Frage: Wie sähe der Vergleich mit anderen Formen (kugelig, oval) und mit anderen Gesteinsarten (z.B. Glimmerschiefer) aus, denn auch dort kommen sehr glatte Flächen vor, obwohl Windschliff in solchen Fällen gar nicht relevant ist? Der Begriff Korrelation taucht in der aufgeführten Windkanterliteratur nicht auf, vielleicht ist Korrelation bei Windkantern zu offensichtlich, als dass sie auffällt. Es besteht laut unserer Betrachtungen (Kapitel 6) eine hohe Korreliertheit, die auch statistisch nachgewiesen ist. Zufall wird somit ausgeschlossen, d.h., die Form der Windkanter beruht auf Gesetzmäßigkeit - aber welcher? Deshalb hat die Beschäftigung mit Windkantern einen tieferen Sinn. Proportionen und Rundungen verleihen ihnen das gefällige Aussehen - sagen wir Ebenmaß, Schönheit … . Vielleicht möchte der Leser hier gern noch tiefer einsteigen.

Ebenmaß verdanken sie einer ganz besonderen Proportion, nämlich dem Goldenen Schnitt (Kapitel 7). Die irrationale Zahl 1,618... bestimmt den Konstruktionsplan der Windkanter. Sie ist in der Natur auf vielfache Weise gegenwärtig und beschäftigt schon seit der Antike Philosophen, Mathematiker und Künstler. Dennoch dürfte ein Zusammenhang mit Gesteinen bisher nicht bekannt gewesen sein. Der Goldene Schnitt ist sogar in all' seinen Variationen in der Gestalt der Windkanter zu erkennen. Möglicherweise ist er gegenüber anders lautenden Meinungen doch ein Prinzip, dessen sich die Natur bedient?

Windkanter kommen laut unseren Beobachtungen in der gesamten Korngrößenreihe lückenlos vor, d.h. vom kleinsten Kiesel bis zu Findlingen; und dabei ist ihr Aussehen zwar verändert, aber doch gleich. Dieses Phänomen – Selbstähnlichkeit/Skaleninvarianz genannt - wird im Kapitel 8 beschrieben. Skaleninvarianz gilt in der Wissenschaft als Beweis für Gesetzmäßigkeit. Demzufolge sind Windkanter gesetzmäßige Gestalten. Selbstähnlichkeit/Skaleninvarianz stellen wir ebenfalls bei kugelig und oval geformten Steinen fest, darüber hinaus auch bei gefalteten Gesteinen. Auf Skaleninvarianz des rautenförmigen Querschnittes, der häufig auch bei anderen Gesteinsarten vorkommt, wird besonderes Augenmerk gerichtet. Unsere Ausführungen könnten u.a. der Gesteinskunde von Nutzen sein.

Dreiflächenkanter steigen zum Inbegriff für Windkanter auf. Diese Gattung hat alle typischen Merkmale (Kapitel 14). Mit ihrer Form, die einer speziellen Doppelpyramide stark ähnelt, bilden sie die Basis für alle Windkanterformen. Diese einzigartige Figur steht im Zentrum der morphometrischen Untersuchungen; dazu bedarf es mehrerer Kapitel wie: Proportion, Schiefstellung, Asymmetrie, Flächen (Ansichten/Schnitte), Winkel, Radien und Packungsdichte. In allen Ansichten und Schnitten erkennt man eine deformierte Raute (Rhombus). Die Raute spielt auch bei anderen Gesteinen eine bemerkenswerte Rolle. Sie führt einerseits ins Innere kristalliner (rhombischer) Mineralien, ist aber ebenso im Makrobereich (Erdkruste) präsent (Kapitel 19).

Bruchstücke verdienen eine größere Beachtung als bisher geschehen (Kapitel 20). Wer ein Bild von Windkantern vor Augen hat, kann vom Teil auf den ganzen Stein schließen. Der Anteil von Windkantern am Gesamtaufkommen geformter Steine wird somit noch größer als bisher bekannt. Bruchstücke können dem Sachkundigen Auskunft über den Spannungsabbau im einstigen Fels geben. Windkanter stehen im Zusammenhang mit Eiszeiten (Kapitel 5). Wir folgen zunächst einer bei einigen Fachleuten bestehenden Vorstellung, wonach das Inlandeis maßgeblich an der Formung von Gesteinsstücken zu Windkantern beteiligt gewesen sein soll - Stichworte: Auftriebskörper und Eiskanter. Wir kommen auf das Alter der Gesteine im sogenannten Geschiebe zu sprechen. Die Geschiebekunde hat ein großes Interesse an Windkantern, vielleicht wird es noch bestärkt. Windkanter stehen laut einer überholten Meinung im Zusammenhang mit (Moränen) in der Annahme, Steine würden im Boden wachsen. Hierfür gibt es jedoch keine stichhaltigen Argumente. Wir widmen uns im Kapitel 22 eher der Frage, warum immer wieder neue Steine auf dem Acker auftauchen. Die Lehre vom „Auffrieren" erscheint uns zweifelhaft. Unser Denkmodell vom (Sand-) Boden als Nichtnewtonsches Fluid, in welchem Steine Auftrieb erfahren können, wird zur Diskussion gestellt.

Über Windkanter als Gestalten im engeren Sinne und ihr Wesenhaftes erfährt der Leser im Kapitel 21.

Liebhabern von Gesteinen und Mineralien erscheinen Windkanter beim Lesen dieses Buches in einem helleren Licht, und sie werden wahrscheinlich solche Schönheiten in ihre Sammlungen gern aufnehmen. Vielleicht wollen Sie Formbetrachtungen an anderen Gesteinen vornehmen? Da wäre noch einiges nachzuholen.

Selbst wer mit Steinen nichts am Hut hat, wird seinen Blick auf Windkanter richten und besonders schöne Exemplare mitnehmen, denn Windkanter sind sehr dekorativ, und sie stehen auch bei Künstlern hoch im Kurs (z.B. Schmuck), die Freude an diesen einnehmenden Wesen wird um das Wissen über ihre Gestalt noch größer.

Wir erinnern mit dem ersten Kapitel an Walter Schwenecke, der einen neuen Weg für die Erforschung der Genese bereitet hat; zugleich bekommt der Leser einen Eindruck von der Windkanterforschung in der zweiten Hälfte des vorigen Jahrhunderts; der Laienforscher führte nämlich mit mehreren renommierten Fachleuten eine kritische Korrespondenz. Beginnen Sie am besten mit diesem Kapitel; es lohnt sich auch unter anderen Gesichtspunkten.

1) Erinnerung an den Wegbereiter Walter Schwenecke (1903 - 1984)

Walter Schwenecke wurde am 15. September 1903 im Altmarkdorf Letzlingen geboren. Sein Vater war „Im Namen des Königs" bei der Kaiserlichen Oberpostdirektion Magdeburg als angestellter Landbriefträger für Letzlingen sowie weitere Heidedörfer unterwegs, und er war zugleich auch Grundsitzer (Kleinbauer). Seine Mutter, eine Bauerntochter aus dem benachbarten Klüden, lebte als solche, und sie besorgte natürlich auch den altmärkisch armen Haushalt.

Walter hatte zwei ältere Brüder: Wilhelm und Ernst. Der Vater starb bereits im Alter von achtundvierzig Jahren an einer Lungenentzündung, da war der jüngste Sohn erst zwölf Jahre alt. Die Witwe blieb alleinstehend. Sie bewältigte ihr Leben in beispielgebender und bewundernswerter Weise: Wilhelm wurde Ingenieur, Ernst Bauer und Walter Lehrer.

Die Befähigung zur Verwaltung (so hieß es damals) eines Volksschulamtes erhielt Walter Schwenecke 1923 von der Regierung Magdeburg, nachdem er von 1917 bis 1923 das Preußische Seminar in Neuhaldensleben besucht und mit der ersten Lehrerprüfung abgeschlossen hatte. Zu dieser Zeit war es jedoch äußerst schwierig, eine Anstellung in seinem Beruf zu finden - für den Absolventen zunächst sogar aussichtslos - in einer nach dem ersten Weltkrieg erschütterten Gesellschaft und der Zeit der Inflation. Zum Glück konnte der im ganzen Dorf Geachtete gleich in der Staatlichen Forstkasse in Letzlingen als zweiter Gehilfe unterkommen. Nach drei Jahren wurde er wegen „seiner vorbildlichen dienstlichen und außerdienstlichen Führung erster und bevollmächtigter Gehilfe". Die Überbrückung bis zur ersten Unterrichtsstunde dauerte fast fünf Jahre. „In diesen fünf Jahren hat Herr Schwenecke alle im Kassenbetrieb vorkommenden Arbeiten kennen gelernt und sie in peinlich gewissenhafter Weise ausgeführt. Seine hierbei bewiesene Gewandtheit, seine unbedingte Zuverlässigkeit und sein großer Fleiß ernteten stets mein uneingeschränktes Lob." schrieb sein Vorgesetzter, der Forstrentmeister, in einer abschließenden „Aeusserung", die neben anderen Zeugnissen für die Schulamtsbewerbung erforderlich war. Die Regierung in Magdeburg hatte beschlossen, Walter Schwenecke auftragsweise ab November 1928 im Schulverband Letzlingen als Hilfslehrer zu beschäftigen. Doch schon vor Weihnachten teilte sie ihm mit, dass „der Lehrauftrag am 31. Dezember sein Ende erreicht". Dennoch erfolgte ein nahtloser Übergang. Ab Januar 1929 wurde ihm eine Hilfslehrerstelle in Priesitz (Bad Schmiedeberg) und sofort anschließend eine in Nelben (Saal-Kreis) übertragen. Die vom Gesetzgeber vorgeschriebene zweite Prüfung für das Lehramt an Volksschulen hatte er mit „gut" bestanden, woraufhin ihm im Mai 1931 „die Befähigung zur endgültigen Anstellung als Lehrer im Volks- schuldienst zuerkannt wurde." Am 1. August 1931 heiratete der nun gut Situierte seine Jugendliebe, mit der er sich selbstverständlich schon längst verlobt hatte, Luise Grabau, Tochter des Arbeiters Christoph Grabau aus Letzlingen. Die endgültige Anstellung erfolgte 1932 durch die Regierung Merseburg mit einer Ernennungsurkunde im Schulverband Nelben. Sie verpflichtete ihn „auf die treue Erfüllung seines Berufes als Lehrer und Erzieher der Jugend (...)" Ferner verpflichtete sie ihn, „auf Verlangen bis wöchentlich 4 Unterrichtsstunden an den im Schulbezirk vorhandenen oder noch zu errichtenden Berufsschulen sowie gegebenenfalls deren Leitung zu übernehmen." Die o.g. Bestallungsurkunde erhielt 1934 den Zusatz: „Die endgültige Ernennung erfolgt unter Berufung in das Beamtenverhältnis", d.h., nun war der einstige Hilfslehrer Beamter geworden. Auf Grund seines Gesuches wurde dem Lehrer Walter Schwenecke 1935 eine Lehrerstelle in Könnern übertragen.

Zweiter Weltkrieg. Im August 1942 wurde er wider Willen vom Schulamt des Saal-Kreises zur kommissarischen Wahrnehmung der Dienstgeschäfte eines Hauptlehrers an der Volksschule in Unterpeißen beauftragt; hinzu kam die Anweisung dieses Ortes als Amtssitz, beigefügt war eine dafür erforderliche „Umzugserlaubnis" für die inzwischen vierköpfige Lehrerfamilie. Seine Söhne Walter und Manfred waren da zehn und vier Jahre alt.

Der pflichtbewusste Lehrer kam unter „freiwilligem" Zwang zur Wehrmacht. Er musste den Krieg in allen Phasen durchstehen: Polen – Frankreich – Sowjetunion. „Schwenecke sei in 'Rußland' gefallen", hörte seine Frau von einem auf Heimaturlaub befindlichen Soldaten. Unter diesem Schock hat sie schwer gelitten; die Seelenlast konnte sie nie mehr richtig loswerden. Das (zweite) Soldbuch vermittelt mit den persönlich–militärischen Eintragungen ein Bild aus dem letzten Jahr (September 1944 bis März 1945) seiner Kriegszeit im „Felde". In einem zusätzlichen Ausweis steht: „Oberzahlmeister Walter Schwenecke, Heeresbetreuungsabteilung 9, ist im Betreuungsdienst des Heeres tätig. Alle Dienststellen werden gebeten, ihn bei seinen Aufgaben der Verwundeten- und Truppenbetreuung zu unterstützen. General z.b.V. IV beim OKH/AHA Heeresbetreuungsabteilung 9."

Der Oberzahlmeister im TSD 'Truppensonderdienst' (gleichrangig Oberleutnant) kehrte am Kriegsende zu Fuß von der 'Ostfront' in seine Heimat nach Letzlingen zurück. („...Sie sind immer nur nachts gelaufen.") Dort hatten bereits Bruder Ernst und die Mutter seine Familie in ihrem etwa acht Hektar- Hof in Obhut genommen. Ein großer Teil der Wohnungseinrichtung war unterdessen in Unterpeißen zerschossen worden. Die amerikanischen Sieger zogen ab – die 'Russen' kamen. Aus einer auf Russisch mit roter Handschrift auf einem Zettel ausgestellten-Bescheinigung vom 27. Juli 1945 geht, wörtlich übersetzt, hervor, dass Walter Schwenecke sich zur Registrierung als ehemaliger Kriegsdiener der deutschen Armee in die sowjetische Kommandantur nach Gardelegen begeben hatte. Es mussten sich nämlich auf Befehl der sowjetischen Militärführung alle Angehörige der ehemaligen Wehrmacht registrieren lassen; es war zu befürchten, dass sie ihn, ihrer Willkür ausgesetzt, gleich dabehielten. Der brotlos gewordene Lehrer fand für einige Wochen im Letzlinger Sägewerk Erwerb, dort erlitt er jedoch einen Arbeitsunfall durch Baumstämme (Kniequetschung - Thrombose) und konnte deshalb nicht mehr weiterarbeiten; aber in dieser Notlage ging ein Türchen auf: Der Nachbar, Bäckerei Karl Lüders, ermöglichte ihm, gegen ein Entgelt Brot in die umliegenden Dörfer auszufahren; Ernst stellte Pferd und Wagen zur Verfügung. Aber hauptsächlich war der Lehrer nun landwirt-schaftlicher Arbeiter - die meiste Zeit auf dem sandigen Acker seines Bruders tätig.

Hier lag der Anfang einer leidenschaftlichen Beschäftigung mit der Form und Herkunft der Feldsteine, wobei ihm schließlich die rätselhaften Windkanter nicht nur Erfüllung, sondern auch Leiden verschaffen sollten.

Seine Schreibecke im Wohnzimmer:

Walter Schwenecke schrieb bereits **ab März 1946** mit Schreibmaschine unter dem Titel „FELDSTEINE – Ein neuer Kreislauf in der Natur" in an sich selbst gerichteten Briefen, was ihm an den Steinen aufgefallen war, und was ihn am Stand der Wissenschaft stutzig machte, wobei er seine Gedanken in Schriftsprache formulierte und sehr Persönliches zum Ausdruck brachte. Einige Zitate zur Illustrierung: „Erinnerst Du Dich des Bauern, der einst am Feldrain Steine maß? - Weißt Du noch, wie wir lachten, als er vom Wachstum der Steine sprach und behauptete, dass unser Herrgott die Steine wie das Unkraut einstmals gesät hätte, und dass beide nun wüchsen, die Steine zwar sehr langsam und nur auch dann, wenn sie nicht gestört würden. Er zeigte uns die Samenkörnchen in Form der Milliarden winziger Sandkörner, die auf seinem steinigen Acker lagen. Inzwischen bin ich anderen Landleuten begegnet, die mir dasselbe erzählten. Das hat mir doch zu denken gegeben; ein Wachstum der Steine scheint hier Volksglaube zu sein. Wurde nicht schon oft im Volksglauben ein Kern Wahrheit entdeckt, die die Wissenschaft übersehen hatte? - In unserem Falle ist es so: unser Bauer hat jahraus, jahrein Steine in ungezählten Mengen vor den Augen und in den Händen gehabt; sie lagen ihm vor der Sense, unterm Pflug, vor der Hacke und zwischen den Früchten. Sie haben ihn zum Beschauen und Betasten gezwungen. Äußerlich kann sie niemand besser kennen als er. Seine Ansicht muss deshalb billiger Weise auch ernst genommen werden. - Ich bin nun selbst ein Jahr über den Acker gegangen, nicht der Steine, wohl aber des Brotes wegen. Ich habe gehackt, gepflügt, gemäht und geerntet. Dabei habe ich viele Tausend Steine genau betrachtet, Hunderte gesammelt und sortiert. Mein Freund, ich urteile nicht leichtfertig, wenn ich Dir sage, hier hat der Bauer die bessere Nase gehabt. Kann nicht auch die Wissenschaft mal irren?"

Wir lesen, dass er sich über Entstehung und Herkunft der Steine in seinem Heimatkreis informiert hat, „wie es die Bücher lehren", „daß sich die Gelehrtenwelt über diese Sache sogar auch einig sei." Und weiter: „Es ist nur schade, daß die Steine trotzdem nicht von den Felsen stammen und trotzdem nicht ihre Form durch Fluss und Gletscher erhalten haben; denn das steht für mich fest." Über Windkanter lesen wir: „Beim Sortieren der gesammelten Steine ist mir gestern eine Anzahl aufgefallen, die sich in Form und Zeichnung sehr ähnlich sehen. Die scharfen Kanten waren auf Vorder- und Rückseite von großer Regelmäßigkeit. In einem geologischen Buch werden sie als Windkiesel und Windkanter bezeichnet. Der Verfasser sieht in ihnen die 'auffallendsten Resultate der Winderosion'. Auf den Gedanken wäre ich nicht gekommen!" (…) „Freilich, ein Stein kann Dir wenig sagen; Du müsstest das ganze Dutzend sehen.

Ich habe sie noch einmal in Reih' und Glied aufgebaut und sie mir immer wieder von allen Seiten besehen und betastet. Sieh mal, das Merkwürdigste an diesen Steinen ist die Form, und gerade die Form verursacht meine Zweifel. Der Bauer hat sich nie um ihre stoffliche Beschaffenheit gekümmert. Daß sie leben und wachsen, folgert er aus ihrer Form. Ich habe auch noch keine Steine stofflich untersucht und bezweifle nicht, daß sie aus demselben Stoff bestehen wie das Gestein. Wie hätte man sie sonst überhaupt als Abtrünnige des Gesteins ansehen können." (…) „Der stoffliche Befund spricht nicht dagegen, die Ursache ihrer Entstehung wo anders zu suchen." (…) „Ich bemühe mich, vor der Hand gar nichts 'anzunehmen', sondern nur Steine zu sammeln und sorgfältig zu betrachten. Vielleicht kommt der Zeitpunkt, wo die Steine anfangen zu reden."

(…) „Da muss ich Dir zunächst gestehen, daß ich zum ersten Male in meinem Leben von einer Sache regelrecht 'besessen' bin. Weißt Du wie das ist? - Ob Du stehst oder liegst, ob Du arbeitest oder ruhst, ob Du Menschen um Dich hast oder nicht, Du kommst von bestimmten Gedanken einfach nicht los; Du musst Dich mit einer Sache ununterbrochen beschäftigen, ob Du willst oder nicht. Das bringt Freude und auch Qual, Vorteil und Nachteil. Der Nachteil besteht darin, dass unentwegt dieselbe Blickrichtung gilt Geist und Auge nur nach dieser Richtung hin offen sind. Ist aber die Richtung falsch, so hat sich der Mensch 'verrannt'; er sieht keinen Ausweg und findet auch schwer zurück. Hier ist ein Freund nötig, der sich einen guten Abstand und einen freien Blick bewahrt hat, und der nicht müde wird, immer neue Gesichtspunkte aufzuzeigen; denn wo fände sich sonst wohl der Mensch, der unermüdlich auf Dinge eingeht, die für ihn und unsere Zeit zunächst belanglos erscheinen müssen? - Die Steine habe ich zwischen Sommer und Herbst beim Ackern gesammelt. Sie stammen also ausnahmslos von wenigen Äckern unserer Feldmark. Sie können deshalb hier nicht selten sein. Die kleine Sammlung genügt, um einen geheimnisvollen Zusammenhang zwischen Steinen und dem organischen Leben anzudeuten."

Der gedachte Freund, an ihn hatte er im Verlaufe des Erkenntnisflusses fünfunddreißig „Briefe" gerichtet, konnte letztendlich keinen fachkundigen unvoreingenommenen Gesprächspartner (mit schöpferischen Ideen) ersetzen. Es war an der Zeit, seine umwerfende auf Erkenntnis beruhende Meinung nicht hinter den Berg zu halten sondern kundzutun, um Bewegung in das Windkanterphänomen zu bringen. Es kamen eigentlich nur Fachleute aus den geologischen Wissenschaften infrage; aus Unsicherheit und zudem als Laie, geschah die Suche nach zuständigen Ansprechpartnern noch tastend und in einem für ihn typischen diplomatischen Stil.

„Kanter Sswönje" (Letzlinger Platt) war eine hochgeschätzte Persönlichkeit, was er sagte, galt wie geschworen; auch Bauern aus der Nachbarschaft respektierten seine völlig abseits der täglichen Arbeit liegende Beschäftigung mit Feldsteinen, wie er sie anging und darbot, obwohl sie seine Arbeitsmethode (messen, zig Werte in Tabellen darstellen, maßstäblich skizzieren etc.) nicht nachvollziehen wollten und wohl auch nicht konnten.

Selbst sein Bruder Wilhelm, ein äußerst rational denkender Werkzeugmaschinen–Ingenieur, horchte auf. Wilhelm vermittelte im August 1946 den ersten Kontakt nach außen über einen ihm von früher her guten Bekannten (Maschinenfabrik in Weimar) - und zwar zu Professor Deubel vom geologischen Institut Jena. Aus dem Internet erfahren wir, dass Fritz Deubel Leiter der Reichsanstalt für Bodenkunde war und 1949 den Lehrstuhl für Geologie innehatte. Dem Wissenschaftler wurden zwanzig Steine zur Beurteilung vorgelegt. In einem Schriftstück kam seine Meinung zum Ausdruck: Es handelt sich um normale Kieselsteingebilde. „(...) Interessant ist Stein Nr. 11 mit Dreiecksbildung als sogenannter Windschliff, der dadurch entsteht, dass feinster Sand an einem festliegenden Kieselstein dauernd vorbeigestrichen ist. (...)" So sehr der Professor den Forscherdrang begrüßte, empfahl er jedoch nicht, irgendwelche besonderen Kosten bei weiterem Steinsammeln aufzuwenden, da ein finanzielles Ergebnis letzten Endes kaum zu erwarten bleibt. Trotz dieses ernüchternden (oder gerade wegen des Konflikt schaffenden?) Urteils richtete der Feldsteinliebhaber seinen Blick hauptsächlich auf Windschliffe, also Windkanter. Die noch allgemein veranlagte Feldsteinsammlung vergrößerte sich in kurzer Zeit zu einer stattlichen Windkantersammlung, da nun auch Ein- und Zweikanter sowie Mehrkanter hinzukamen.

Herbst 1947. Der „landwirtschaftliche Arbeiter" (diesen selbst gewählten Berufstitel verwendete Walter Schwenecke auch in den folgenden Jahren wohl aus rein taktischem Grund wegen der herrschenden Ideologie in der sowjetischen Besatzungszone) suchte nunmehr Kontakt zu Publikationsorganen. Zuerst wandte er sich, ahnungslos stellend, leicht provokativ, an: „DER FREIE BAUER das illustrierte Blatt, Organ der Vereinigungen der gegenseitigen Bauernhilfe und Publikationsblatt der Deutschen Verwaltung für Land- und Forstwirtschaft, Berlin". Auf angeblichen Wunsch der Leser hin richtet er an den „Freien Bauer" die Bitte, ob er Genaues über die Entstehung der Feldsteine schreiben könnte, obwohl jener mit brennenden Zeitfragen genug zu tun hätte. Wenn dafür in der Zeitung kein Platz wäre, möge er ihm eine briefliche Nachricht zukommen lassen. Bereits nach zwei Wochen antwortete die Landwirtschaftsredaktion ausführlich in einem Brief: Die Frage wäre nicht ganz klar gefasst, (...) „ob Sie wissen möchten, wie die Feldsteine einmal in den Acker gekommen sind, oder ob Sie wissen möchten, wie trotz alljährlichen Entfernens der Steine aus dem Acker, dieselben stets wieder von neuem vorgefunden werden. Deshalb müssen wir Ihnen kurz beide Fragen beantworten." - „Feldsteine der norddeutschen Tiefebene sind skandinavischen Ursprungs. (…) Eiszeit, mit den Eismassen als Granitblöcke verfrachtet worden, Ablagerung in Moränengebieten, größere Kaliber unter der Bezeichnung 'Findlinge' bekannt." Zur zweiten Frage: „Für dieses dauernde Zutagetreten neuer Steine gibt es zwei Gründe. Einmal ist es nicht unmöglich, daß im unebenen Gelände dauernd Boden von den Höhen abgeschwämmt und abgepflügt wird, so daß sein Steininhalt freigelegt wird. Zum anderen ist es die Erscheinung des Hochfrierens im Boden, die auch im ebenen Gelände eine Rolle spielt. Die Bodenfeuchtigkeit gefriert im Winter unter den Steinen, dehnt sich dabei aus und hebt infolge ihrer Ausdehnungskraft selbst zentnerschwere Blöcke in unzähligen winzigen Schüben im Laufe der Jahre zutage bzw. so weit, daß die Pflugschar anstößt."

Am 15. November 1947 wurde sein Sohn Reinhard in Letzlingen geboren; das soll an dieser Stelle erwähnt sein; ansonsten geht es im Text gleich weiter mit der Feldsteinproblematik.

Mit seinem jüngsten Sohn Reinhard

Januar 1948. Unter dem Vorwand, im altmärkischem Dorfe gäbe es immer noch strittige Ansichten über die Entstehung der Feldsteine, schrieb der Laienforscher (Als solchen darf man ihn inzwischen schon bezeichnen, denn er befand sich auf dem Weg, neues Wissen zu erwerben.) einen Brief an „NATUR und TECHNIK Halbmonatsschrift für alle Freunde der Wissenschaft, Forschung und Praxis" in der Hoffnung, in ihr einen sachkundigen Streitrichter gefunden zu haben. Die Klärung dieser Frage wäre für die Bauern sehr wichtig, weil sie seit Generationen jährlich Steine ohne spürbaren Erfolg abgesucht haben und fügte hinzu: „Wir Landarbeiter jedenfalls sind aufgrund unserer Erfahrung und Beobachtungen geneigt, zwischen Feldsteinen und anderem Gestein einen Unterschied zu machen." Drei Meinungen stellte er mit jeweils kurz dargestellten Beweismitteln in seiner Anfrage gegenüber:

1. Feldsteine sind Teile nördlicher Gesteinsmassen, die von den Gletschern aus Skandinavien in unsere Gegend verfrachtet wurden. (…)

2. Feldsteine wachsen wie organische Wesen im Erdreich, wenn sie unberührt bleiben. In jedem Sandkorn liegen daher gesetzmäßige Entwicklungsmöglichkeiten hinsichtlich der Form und Gestalt. Beweismittel – Lebensvolle Formen und Farben der Feldsteine; die vergeblichen Leistungen, ein Stück Feld steinfrei zu machen. Und

3. Feldsteine sind Versteinerungen früherer Lebewesen.

Ich weiß aus seinem Nachlass, dass sich mein Vater über „lebensvolle Formen" bereits mehr Gedanken gemacht und naturphilosophisch belesen hatte, als er durchblicken ließ, weshalb er sich getraute, sie hier der Wissenschaft gegenüber offen als Beweismittel anklingen zu lassen; es war jedoch erst der Anfang einer vor allem inneren Beschäftigung (Auseinandersetzung) mit Gestaltstufen der Natur, die vom Anorganischen bis hoch zum organischen Leben reichen. Schon nach einer Woche antwortete die Redaktion aus Berlin; sie untermauerte ausführlich die Auffassung 1 und weiter heißt es: „Ihre Auffassung 2 ist nicht haltbar, gerade im Gegenteil wird ein Teil der Feldsteine durch Verwitterung zersprengt und zerkleinert. Dagegen ist Ihre Auffassung 3 teilweise richtig, denn unter den Feldsteinen, besonders unter den Feuersteinen, finden sich Versteinerungen aus früheren Erdzeiten z.B. Seeigel, Donnerkeile usw., aber diese Versteinerungen sind mit den Eisströmen zu uns gebracht worden."

Der acht Schreibmaschinenseiten umfassende Aufsatz „FELDSTEINE Formung und Ursprung" vom Februar 1948 war ein Anlauf, seine Intuition (Wachstum) deutlicher zu formulieren und auch sachlich zu begründen. Hier ein Einblick:

„Dem Wissenschaftler ist der Feldstein ein Stein wie alle anderen auch. Ihm sagt der Name nichts über das Wesen.(...) Unsern Landleuten dagegen ist 'Feldstein' ein fester Begriff. Zu ihren Wesensmerkmalen gehört nicht in erster Linie der Fundort, sondern Gestalt und Herkunft." Daher meinte er, wären nicht alle Steine auf den Feldern „Feldsteine", sondern nur solche, die abgerundete und ausgeglichene Formen besitzen. „Eckig umgrenzte Steine gelten als 'Bruchsteine'." In den geformten Feldsteinen, die auch in Bächen, Bergen und Wäldern anzutreffen sind, würde die volkstümliche Auffassung Lebewesen zutreffen.

Ein auffälliges Beispiel könnten Feuersteine sein, denn hier bestünde eine große Ähnlichkeit mit organischen Körpern; diese sind auch in der Letzlinger Feldmark recht zahlreich vorhanden. Er meinte, dass über den Ursprung der Feuersteine noch keine endgültige Klarheit bestehen würde. „(...) Die Innenfärbung ist blaugrau, teils milchfarbig. Äußerlich sind sie blau, teils gelbbraun. Form und Farbe lassen einen Zusammenhang mit dem organischen Leben vermuten. Das umsomehr, als die die Steine umschließende Kreide aus den Überbleibseln einst lebender Tiere gebildet wurde. (…) In einigen Exemplaren glaubt man Gelenkknochen wiederzuerkennen."

Ein weiteres Beispiel wären Versteinerungen. „Neben einigen versteinerten Seeigeln sind mehrere versteinerte Röhrenknochenteile in unserer Sammlung, die noch deutlich die Knochensubstanz und eine glasartige Füllung erkennen lassen. Zahlreich sind bohnenförmige Feuersteine verschiedenster Größen." Es seien auch Samenkörnchen und verschiedene andere Pflanzenteile eingeschlossen, fügte er hinzu.

„Auf dem 'Hohen Hügel' eng an der Kolbitzer Straße wies auf einem Ackerstück etwa jeder zehnte Stein eine dem Holze ähnliche Struktur auf. Steine derselben Art sind an anderen Stellen der Feldmark, wenn auch nicht so häufig, gefunden worden. Angefeuchtet haben die Stücke mit Holzstämmen Ähnlichkeit, die aus irgendwelchen Gründen dem völligen Zerfall entgangen sind. Wir erinnern uns der Schilderung eines versteinerten Waldes in Neumexiko. Unsere Steine sind bei weitem unscheinbarer in Form und Farbe, trotzdem aber verraten auch sie einen geheimnisvollen Zusammenhang zwischen der anorganischen und organischen Welt. (...) Will man in den Feldsteinen Geröllstücke sehen, so muß man wunderbare und gewaltige Formungskräfte annehmen, die diese so zugerichtet haben. (…) Es bliebe dem Zufall überlassen, was im Einzelnen entsteht. Im Strudel der sogenannten 'Gletschertöpfe' werden Kugelformen gebildet, von denen an Ort und Stelle noch Exemplare gezeigt werden können. Wir haben derartige steinerne Kugeln hier nicht gefunden, glauben sie jedoch schon in Dörfern als Sportgerät kennengelernt zu haben. Dagegen ist bei vielen Steinen unserer Sammlung eine kugelige Grundform unverkennbar." 'Windkanter'. - „Steine dieser Art sind in größerer Anzahl vorhanden. Sie sind hinsichtlich der Form, Größe, Farbe und ihrer stofflichen Zusammensetzungverschieden. Gemeinsam ist ihnen die symmetrische Form und eine deutlich gezeichnete 'Windrippe', dem Rückgrat eines Tierkörpers vergleichbar. Dieses 'Rückgrat' ist scharfkantig und mehr oder weniger flammenförmig gebogen. Alles andere ist zugerundet. Die Flächen ('Windflächen'?) sind nach außen gewölbt, selten eben. Bei einigen Steinen bildet die eine Seite ein ziemlich genaues Spiegelbild der anderen. Die Grundform ist vorwiegend kommaförmig oder oval, ihre Gestalt harmonisch. (…) Aus alledem ist uns klar geworden, daß es sich hier nicht um 'Geröll' handeln kann, auch wenn wir bei gewissen Steinen eine bestimmte Spaltfähigkeit voraussetzen wollten. Wir haben an unseren Steinen keine Spaltflächen wahrnehmen können. Wir haben überhaupt keine Spuren mechanischer Formungskräfte an ihnen finden können. (…)

Übrigens waren es nicht die 'Windkanter', die zuerst unsere Aufmerksamkeit auf sich lenkten. Auch haben unseres Wissens nicht sie die volkstümliche Annahme von lebenden Steinen bewirkt, sondern daran sind in erster Linie Rundlinge der verschiedensten Art schuld. Diese wirken gleichfalls harmonisch und zeigen im großen und ganzen eine größere Annäherung an noch vorhandene Lebensformen. (…) Es mag hier insbesondere auf eine Kastanienform in unserer Sammlung verwiesen werden, die neben der Form auch deutlich eine kastanienbraune Färbung zeigt. (…) Der lebensvolle Eindruck der Rundlinge wird durch ihre Oberfläche betont. Sie ist entweder glatt oder mit Rippen oder Adern versehen. Bei vielen ist die Markierung einer Ansatzstelle oder eines Deckels erkennbar. Die Markierungen deuten eine bestimmte Gesetzmäßigkeit an. Die Größe und Stärke der Oberflächenzeichnung steht zur Größe und Form des Steines in einem harmonischen Verhältnis. Das trifft auch bei den farbigen Bändern zu, die vielfach die gleichmäßige Oberflächenzeichnung unterbrechen und sich bei unseren Untersuchungen als durchgehend herausgestellt haben.

Einige Bruchstücke zeigen außen eine andere Färbung und Beschaffenheit als innen. Vermutlich sind auch stoffliche Unterschiede vorhanden. Wir möchten die Betrachtungen der Rundlinge nicht ohne den Hinweis schließen, dass es uns hier nur auf einem Zwecke dienende allgemeine Orientierung ankam. Es sollte vor allen Dinge deutlich gemacht werden, dass es sich bei ihnen genau so wie bei den sog. 'Windkantern' um merkwürdige Existenzen handelt, deren Ursprung bis heute genau so rätselhaft geblieben ist. (…)

Die Frage, ob ein Körper der organischen oder anorganischen Welt angehöre, ist nicht immer leicht zu entscheiden. Das können besonders die Paläontologen bezeugen. Für uns sollen folgende Gesichtspunkte gelten:

1. Der berühmte Paläontologe C u v i e r (französischer Naturforscher 1769-1832, wissenschaftlicher Begründer der Paläontologie) lehrte, dass jeder Organismus ein harmonisches Ganzes bilde. Dabei ist es möglich, von einem Teil auf das Ganze und vom Ganzen auf einen Teil zu schließen. Harmonisch geformte Gegenstände rechtfertigen daher den Verdacht, einst Organismen gewesen oder auch noch zu sein.

2. Körper sind von Natur aus entweder eckig oder rund begrenzt. Erstere gehören der anorganischen, letztere der organischen Welt an.

3. Bei organischen Körpern ist es der Stoff, der ihr Wesen ausmacht, bei anorganischen die Form.

4. Zoologen und Botaniker finden überall auf und in der Erde neue Formen und Gestalten, Geologen überall dieselben Schichten und Gesteine. (...)

Wer wie ein Bauer tagaus, tagein mit Feldsteinen umgehen muß und sie zugleich wie ein Wissenschaftler betrachten kann, wird weder der einen, noch der anderen Auffassung seine volle Zustimmung geben können. Für ihn bleiben die Feldsteine ein offenes Problem, von dessen Lösung die Geologie und darüber hinaus die Wissenschaft im allgemeinen Wesentliches erwarten dürften. (...) Zusammenfassend ziehen wir aus unseren Beobachtungen und Betrachtungen den Schluss: ein großer Teil der Feldsteine unserer Gemarkung sind kein von Gletschern geformtes 'Geröll'. Das Resultat unserer Untersuchungen erscheint damit durchaus als negativ. Wenn aber auch nicht Wüstenstürme oder Gletscherwasser diese Feldsteine geformt haben, und wenn sie auch nicht in den Hohlräumen zwischen den Bachstationen entstanden sein können, so sind sie dennoch da und ihre lebensvollen Formen und Farben auch. Und wenn sie den Bereichen entstammen 'wo rohe Kräfte sinnlos walten', so müssen sie eben anderen Bereichen angehören. Diese Bereiche in den Feldsteinen geschaut zu haben, ist das Positive unserer Arbeit und hoffentlich auch das Positive unserer Betrachtung."

Nach dem Krieg mangelte es auch an Lehrern. Drängte es Walter Schwenecke, oder hat man ihn sogar gedrängt, wieder in seinen Beruf zurückzukehren? Laut Befehl von Marschall Sokolowski, Chef der sowjetischen Militäradministration, durften Personen, zum Beispiel Lehrer, die nur nominell als Nazis galten, nicht entlassen werden. Der als absolut integer geltende Pädagoge wollte Kinder nicht im Sinne der nun aufkommenden kommunistischen Ideologie erziehen. Er konnte nicht anders handeln als er dachte. Ich habe es selbst erfahren, dass er immer geradlinig blieb, sich auch in sehr ernsten echten Konflikten mit schicksalhaften Entscheidungen nicht verbiegen ließ. Dennoch war er im Frühjahr 1948 bereit, in rein pädagogischen Belangen an der Weiterbildung von Neulehrern mitzuwirken. Selbst dafür war wiederum die Einholung von Führungszeugnissen erforderlich. - Der Bürgermeister der Gemeinde Letzlingen (Hermann Oelze) äußerte sich: „(...) Nach einem Arbeitsunfall auf dem hiesigen Sägewerk arbeitet Walter Schwenecke ununterbrochen in der Landwirtschaft. Er hat sich überall die Wertschätzung seiner Arbeitskameraden und Arbeitgeber erworben. An den Arbeiten für die Gemeinde (Zählungen, Erhebungen, Registrierungen) hat er sich freiwillig und gewissenhaft beteiligt, wie auch an den Löschungsarbeiten zahlreicher Brände in den Staatsforsten. Herr Schwenecke hat damit in den verflossenen drei Jahren seinen ernsten und aufrichtigen Aufbauwillen unter Beweis gestellt. Sein Verhalten und sein Charakter veranlassen mich, seine Wiedereinstellung in den Schuldienst wärmstens zu befürworten."

Ebenso äußerte sich der Bürgermeister der Gemeinde Nelben: „(...) Walter Schwenecke war im Kreise seiner Kollegen sehr beliebt. Alle, die bei ihm in die Schule gingen, behaupten noch heute, bei Schwenecke etwas gelernt zu haben und haben ihren früheren Lehrer in guter Erinnerung. 1935 verzog Schwenecke in den Nachbarort Könnern. Dort selbst ist er ebenfalls als anständiger Charakter bekannt."

Er wurde schließlich mit der Weiterbildung von Neulehrern für den Kreis Gardelegen (Die Ausbildungsstätte war in Letzlingen) beauftragt. In einer vom Schulrat des Kreises Gardelegen erteilten Hospitationsgenehmigung heißt es: „Der Lehrer Walter Schwennecke, Letzlingen, ist als Dozent in der Weiterbildung der Neulehrer tätig und erhält hiermit die Erlaubnis, mit den Schulamtsanwärtern seiner Gruppe in den Grundschulen des Kreises Gardelegen zu hospitieren." Die angehenden Lehrerinnen schätzten ihren Dozenten. In einer Karte, die sie ihm zum Jahreswechsel geschickt hatten, steht: (...) „Möge das kommende Jahr Ihnen Gesundheit u. Kraft bringen, so daß wir immer Ihre dankbaren Hörer bleiben dürfen. Der Arbeitskreis II."

Die Lehrerausbildung in Letzlingen war nur vorübergehend, mit dem Zubrot war es daher bald vorbei.

Oktober 1955. Sein erster Versuch zur Publikation: „Natur und HEIMAT", eine Monatszeitschrift mit Bildern, herausgegeben vom Kulturbund zur demokratischen Erneuerung Deutschlands, war das Ziel seines - wie er selbst wissen ließ - „Versuchsballons", an den er seinen

Beitrag „Merkwürdiges Geröll – Ein typischer Vertreter der sogenannten Windkanter stellt sich vor" sandte und zehn Fotos angehängt hatte.

Die Eröffnung lautete: „Viel Steine gab's und wenig Brot, das läßt sich mit Fug und Recht auch von den Äckern der Letzlinger Heide (etwa 40 km nördlich von Magdeburg) sagen. Der Landmann hat seine liebe Not mit den Steinen; hat er sie in dem einen Jahr von seinem Acker sauber abgelesen, so findet er im nächsten Jahr wieder große Mengen Steine vor. Er wird mit ihnen nicht fertig, in seiner Arbeit nicht und in seinem Grübeln nicht." Es folgten kritische Ausführungen über die Herkunft und Entstehung der Windkanter, wie er sie in verschiedenen Literaturstellen nachgelesen hatte. Wesentlich interessanter und problematischer wäre seiner Meinung nach die Betrachtung unserer Steine vom morphologischen Standpunkt aus. Bisher hätte er selbst in der Fachliteratur über die Gestalt der 'geologischen Körper der Oberflächenzone' jedoch nicht viel gefunden. Weshalb es aber gerade die Form ist, daß wir mit den Feldsteinen als Geröll nicht so leicht und nicht so schnell fertig werden, verdeutlichte er an einem typischen Vertreter - einem Zweikanter. Er hatte ihn ausgewählt, weil dieser Stein eine Gilde vertritt, die bereits wegen ihrer Form von stärkerem Allgemeininteresse wäre. Nach vorsichtiger Schätzung fiel ihm jeder zehnte Stein durch die eigenartigen Kanten und außerdem durch die 'Windrippen' und 'Windflächen' auf. „Unser Stein lässt auf beiden Breitseiten gut ausgebildete Rippen und Flächen erkennen. Er kann daher vollgültig nur die Gruppe der doppelseitig berippten 'Windkanter' vertreten." Es folgten genaue Maßangaben über Länge, Breite, Höhe, Gewicht, spezifisches Gewicht sowie eine Beschreibung der Gleichgewichtslage (Schräglage von 30° auf beiden Flächen) und eine Auswertung der Messergebnisse. „Der lebensvolle Gesamteindruck wird noch dadurch verstärkt, dass die Maße für Länge, Breite und Höhe nahezu den Maßverhältnissen des 'Goldenen Schnitt' entsprechen." Zur vollständigen Beschreibung der steinernen Gestalten gehörte unbedingt auch das, was er fühlte und schaute. Daher waren Fotos, auf denen Formvergleiche mit einem Blatt vom Gummibaum, einem Lindenblatt und mit einem Fisch zu sehen sind, unbedingt erforderlich. Als Fotografen hatte er Willi Janousch aus Letzlingen arrangiert. Jener war vielseitig begabt, wissensdurstig und wollte natürlich verstehen, worum es Walter Schwenecke im Kern ging. Letzlinger, die beide kannten, können sich die lebhaften Diskussionen gut ausmalen. Der Beitrag für die Monatszeitschrift endete: „Merkwürdiges Geröll! - Es ist wirklich kein Wunder, dass der Landmann, der mit offenen Sinnen über seinen Acker geht, mit diesem Geröll nicht fertig wird, zumal er neben den 'Windkantern' noch andere merkwürdige Geröllstücke findet. Er wird sich zweifellos seine eigenen Gedanken darüber machen und – vermutlich unsere Leser auch. Wir alle dürfen und müssen das, solange die Wissenschaft nicht auch die letzte Frage beantwortet hat."

Sein Aufsatz schien ins Leere zu laufen, denn von der Redaktion bekam er kein einziges Signal. Unterdessen hatte sich noch eine Änderung des Textes und eines Fotos ergeben, die er nach Wochen dorthin schickte und aus diesem Anlass auch um eine Rückäußerung bat. Keine Antwort!

Daraufhin schrieb der enttäuschte Autor am 20. Januar 1956 einen Brief an die Redaktion „Natur und Heimat" Berlin mit folgendem Wortlaut:

„Da es mir bisher auf formell – geschäftliche Art (vgl. meine Schr. v. 17.12.55 u. 5.1.56) nicht gelungen ist, Dir irgendeine Gegenäußerung zu entlocken, möchte ich es auch einmal auf persönlich-menschliche Art versuchen. Aber wirklich nur einmal, weil auf dem menschlich-persönlichen Sektor wiederholtes Bitten betteln bedeutet, und betteln wäre in unserer Lage für uns beide, für Dich u. für mich, entwürdigend.

Ich habe Dir am 10.10. v. J. einen, wenn auch bescheidenen Beitrag für 'Natur u. Heimat' persönlich nach Berlin gebracht und will gestehen, daß ich die erste Begegnung wohltuend empfunden habe. Ich hegte dabei sogar die stille Hoffnung, daß meine Sache zu einem beiderseitigen Anliegen geworden sein könnte. Wäre es nicht verständlich, wenn ich gegen eine leise Enttäuschung in letzter Zeit anzukämpfen habe? -

Es sind gewiß nicht Ungeduld und Neugierde, die diesen Brief veranlassen, sondern es ist die Sorge um eine Arbeit, die viel Zeit und Mühe gekostet hat. Der Schriftsatz für Dich läßt zum ersten Male über diese Arbeit verlauten und hat den Zweck zu erkunden, ob die Sache der Mühe und des Schweißes wert ist (was nie ein Mensch für sich und allein beurteilen kann).

Zudem noch ein wirtschaftlicher Grund: Jede Liebhaberei bzw. Leidenschaft kostet Geld. Nun halten sich zwar meine reinen Arbeitsunkosten in einem recht bescheidenen Rahmen, aber leider meine Einkünfte aus der landw. Lohnarbeit auch. Ich wäre meiner Familie gegenüber sehr stolz, wenn ich wenigstens meine Barauslagen durch Schreibtischarbeit verdienen könnte. Auch dafür wirst Du sicher Verständnis haben.

Solltest Du meinen Artikel 'Merkwürdiges Geröll' nicht gebrauchen können, so schicke ihn mir bitte umgehend zurück; die entstehenden Versandkosten trage ich gern (Nachnahme!), weil es mir billiger wird, als wenn ich ihn abholen müßte.

Auf jeden Fall meine herzliche Bitte: Laß recht bald von Dir hören!" Die Redaktion hatte Schweneckes Artikel zur geologischen Begutachtung Dr.-Ing. Ulrich Horst (Berlin) vorgelegt.

Der Gutachter befand in einem Zwischenbescheid: (...) „Ich finde Ihren Beitrag ganz famos und befürworte gleichzeitig die Drucklegung. Wie ich von der Schriftleitung hörte, sind Sie Landarbeiter. Bitte teilen Sie doch der Redaktion mit, ob Sie damit einverstanden sind, daß Ihr Beruf beim Abdruck Ihres Aufsatzes mit angegeben wird. (...)"

Unterdessen hatte Walter Schwenecke einen zweiten Beitrag, ebenfalls mit zehn Abbildungen, unter dem Titel „Ein Geröllstück aus der Wunderwerkstatt der Natur" an dieselbe Monatszeitschrift geschickt. (Vermutlich sollte er den ersten, in dem er Feldsteine mit der Vorstellung eines typischen Zweikanters überhaupt ins Gespräch bringen wollte, mit dem zweiten ausgefeilteren ersetzen, denn einige Teile seiner Ausführungen wiederholten sich.)

Wie die Überschrift erwarten lässt, drehte es sich in diesem Beitrag um die Entstehung der Feldsteingestalten, wobei er anhand seiner Formstudien (am Beispiel eines schönen Einkanters) eine Lanze mit dem ländlichen Volksglauben vom organischen Wachsen der Feldsteine brach.

„Wenn man uns in die Gänge und Klüfte des Bergkristalls führt, dann staunen wir. Würden wir zwischen Feldsteinhaufen an Feldrainen oder auf ödem Brachland geführt, dann stolpern wir und ahnen wohl kaum, was die große Wunderwerkstatt der Natur selbst an diesem unscheinbaren Geröll oft für eine erstaunliche Arbeit geleistet hat. (...) Maßgebend ist vielmehr der Umstand, daß die Landleute bei ihrem täglichen engen Umgang typische Merkmale organischer Formen an den Steinen wiedererkannt haben. Und weil in ihrem (und auch unserem) Erfahrungskreis die Körper mit organischen Formmerkmalen organisch wachsen, muß das eben nach ihrer Meinung auch bei den Steinen mit diesen Merkmalen der Fall sein." Er beschrieb das Aussehen und die Oberfläche des vor ihm liegenden 3,25 Kilogramm schweren <u>einseitig</u> berippten Geröllstückes und legte ein Buchenblatt zum Vergleich sich ähnelnder Grundformen neben diesen 'lebensvollen' Feldstein. „Erscheint es nicht so, als ob in unserer Wunderwerkstatt Vorlagen aus organischen Bereichen verwendet worden wären?

(...) Alle Windkanter sind im Querschnitt wie im Längsschnitt unsymmetrisch. Das wäre uninteressant, wenn sich nicht in Art und Weise der unsymmetrischen Form übereinstimmend eine geheimnisvolle Beziehung zu organischen Formen ausdrückte. (...) Jedes Blatt und jeder Halm sind individuell und eigenartig gestaltet. In der Fülle der Arten und Formen nicht eine einzige Wiederholung! Hier wird uns das Ausmaß und die Wirkung unsymmetrischer Formenbildung klar. Im allgemeinen verletzen zwar unsymmetrische Formen wegen der entstandenen Disharmonie unser Schönheitsgefühl. Wir nehmen aber zum Beispiel keinen Anstoß an der unsymmetrischen Form eines Buchenblattes, sondern sind befriedigt von der Wirkung im einzelnen wie in der Gesamtheit. Das ist hauptsächlich darin begründet, daß die unsymmetrischen Abweichungen das Ebenmaß der Grundform nicht stören, sondern sie noch wirkungsvoller zur Geltung bringen. Es besteht hier ein ähnliches Verhältnis wie zwischen Variationen und Grundmotiv auf musikalischem Gebiet. Auch die Windkanter stellen genau so wie Frucht, Blatt und Blüte Variationen zu bestimmten Grundmotiven dar."

Zu jener Zeit hatte Walter Schwenecke über hundert Variationen an Windkantern erfasst und beschrieben, indem er von jedem Fundstück drei Abdrucke machte – von der Draufsicht, der Seitenansicht und vom Querschnitt und diese auf Papier übertrug. Die so gewonnenen Umriss-Skizzen hatte er mit rechtwinkligen Hilfsrahmen umgeben, woraufhin er nun Maße z.B. von Länge, Breite, Höhe, Diagonalen, Halbierungslinien, Mittelpunkt, Umfang, Innenkreise etc. ermittelte und von den gemessenen Werten Relationen bildete. Somit war es ihm möglich geworden, auf 'Grundmotive' zu schließen. Das Zahlenmaterial hat er in mühevoller Kleinarbeit zusammengestellt und ausgewertet. Der Stein mit der Nummer 54 (Länge 21 cm, Breite 13 cm, Höhe 13 cm) diente für die ausführliche Beschreibung und Schlussfolgerungen in seinem Artikel. Hierzu gehören die markanten morphometrischen Eigenschaften wie der 'Goldene Schnitt', die (schiefe) Gleichgewichtslage und die (leichte) Unsymmetrie; also Eigenschaften, die eigentlich für organische Körper zutreffend sind. „In organischen Bereichen liegt im Schönen zugleich das Zweckvolle. Auch das trifft bei unserem Windkanter zu. (...) Nun lege ich das Stück Geröll dem Leser auf den Tisch. Ich hoffe, daß damit unserem Stein und darüber hinaus seiner ganzen Gilde ausgleichende Gerechtigkeit zuteil geworden ist, besonders aber auch den geheimnisvollen Kräften, die an ihnen wohl spürbar jedoch nicht greifbar geworden sind. Vielleicht ist aus dem 'Stein des Anstoßes' ein Stein des Interesses oder gar der Bewunderung geworden. Neue Rätsel sind aufgetaucht. Ihre Lösungen liegen noch im Geheimfach der Wunderwerkstatt der Natur; sie werden uns sicher auch einmal ausgehändigt, wenn wir uns durch Mühe und Fleiß Anrechte erworben haben."

'Natur und HEIMAT' regte sich endlich: „Lieber Herr Schwenecke! Auf den 'Geröll – Aufsatz' ist ja nun endlich die Antwort unseres geologischen Mitarbeiters Dr. Horst, erfolgt. Wir bitten Sie, die lange Wartezeit nicht allzu übel zu nehmen; Dr. Horst war in den letzten Monaten wirklich mehr als vielbeschäftigt. Mit freundlichen Grüßen (...)" Der Gutachter schlug im Briefwechsel vor, beide Beiträge in einem zusammenzufassen, der alles Wichtige enthält. „Ich werde aber bitten, in Ihrem Sinne von der Nennung Ihres jetzigen Berufes Abstand zu nehmen." Da

Walter Schwenecke ohnehin an einer zusammenhängenden Darstellung der Windkanterformen arbeitete, aber neue wesentliche Merkmale in der vorgeschlagenen Darstellungsform noch nicht mit verarbeiten könne, einigten sich beide auf die Veröffentlichung nur des ersten Beitrages. Im Juni 1956 ließ Dr. Horst wissen, dass er mit der Redaktion vereinbart habe, „daß Ihr Beitrag 'Merkwürdiges Geröll' für den Abdruck im Monat Oktober vorgesehen wird, vorbehaltlich der Zustimmung des Chefredakteurs und des Redaktionsbeirates."

Walter Schwenecke hatte inzwischen wohl einen weiterreichenden Plan ins Auge gefasst: „Da ich beabsichtige, den Ihnen im Dezember v. J. vorgelegten Aufsatz 'Merkwürdiges Geröll' im Rahmen einer größeren Arbeit zu verwenden, ziehe ich ihn hiermit zurück. (...)", und er bat die Redaktion um die Rücksendung seines Manuskriptes. Ein Schreiben gleichen Inhaltes richtete er an den geologischen Gutachter und dankte ihm herzlichst für alle Mühewaltung.

Juli 1956. Sein Artkel „Merkwürdiges Geröll" für 'Urania' Monatsschrift über Natur und Gesellschaft Jena wurde vom Redaktionskollegium geprüft: „Wir sind der Auffassung, daß Ihre Art der Beweisführung der fachwissenschaftlichen Kritik nicht standhält und glauben daher im beiderseitigen Interesse zu handeln, wenn wir von einem Abdruck Abstand nehmen."

Walter Schwenecke bedankte sich bei der Schriftleitung für die Mühewaltung und fügte die Bitte hinzu: „Es würde jedoch für mich und meine Arbeit eine große Hilfe bedeuten, wenn ich die fachwissenschaftliche Kritik des Redaktionskollegiums im einzelnen erfahren könnte. Ich weiß, daß die Redaktion nicht die Wünsche aller Einsender erfüllen kann, glaube aber, daß sie dort helfen wird, wo sie ein ernsthaftes Ringen um ernsthafte Dinge vermutet und hoffe deshalb, daß sie mir eine ausführliche Stellungnahme meiner Arbeit nicht versagen wird."

Antwort der Redaktion September 1956: „Sie beschreiben die Morphologie einiger Kantengerölle, ohne deren petrographischen Charakter zu berücksichtigen. Es wird also auf den nicht unwichtigen Zusammenhang zwischen Form und Material nicht eingegangen und hier liegt bereits eine Fehlerquelle. (...) Die abgeleiteten geometrischen Beziehungen treffen nur für bestimmte Formen zu.

Es erhebt sich hier die Frage, wie das Ergebnis aussieht, wenn man <u>wahllos alle</u> auf einer genügend großen Fläche (etwa 400 Gerölle auf 100qm) aufgesammelten Windkanter untersuchen und auswerten würde. (...) Diese Bedingungen sind bei der vorliegenden Studie offensichtlich nicht erfüllt. Unser Gutachter ist der Meinung, daß sich bei der oben angegebenen Methode die Formen nicht so mathematisch exakt einordnen lassen. Er vermutet deshalb in der angewandten Methodik eine weitere Fehlerquelle. Ferner wird nicht auf die Genese der

Windkanter eingegangen, die als durchaus geklärt angesehen werden kann." Verweis auf die Beschreibungen von J. Walther, E. Kayser und R. Brinkmann. „Eine schöne Ergänzung bilden die Versuche R. Hedström, der mit Hilfe eines Sandstrahlgebläses auf künstlichem Wege die von Ihnen beschriebenen Formen erzeugt hat. (...) Von der Genese her werden die Formen und die damit aufgezeichneten Zusammenhänge verständlich, und wir haben durchaus keine 'merkwürdigen Gerölle' vor uns."

Schluß!

Januar 1957. Walter Schwenecke trat wieder in den Schuldienst ein. Der Arbeitsvertrag zwischen dem Rat des Kreises Gardelegen Abteilung Volksbildung, beauftragt vom Ministerium für Volksbildung, und Herrn Schwenecke galt für die Zeit vom 24.1. bis 6.7.57 als Lehrer an der Hilfsschule Gardelegen mit wöchentlich 24 Stunden. Im Punkt 5 des Vertrages steht: „Herr Schwenecke verpflichtet sich, die anvertrauten Schüler im Geist der demokratischen Schulgesetzgebung zu unterrichten und zu erziehen und erklärt, daß ihm die Rechte und Pflichten der Dienstordnung für Lehrer an allgemeinbildenden Schulen bekannt sind."

Am 1. September 1957 wechselte er, mit einem unbefristeten Lehrauftrag in der Hand, zur Heimsonderschule in Polvitz (etwa fünf Kilometer von Letzlingen entfernt). Die Heimkinder waren hier besser untergekommen, denn sie konnten dem Unterricht an „normalen" Schulen nicht folgen, sie hatten außerdem zumeist kein oder ein „schwieriges" Elternhaus. Hier sollten die Kinder Lesen und Schreiben lernen und soviel Rechnen, das sie ihren Lohnstreifen verfolgen können, und vor allem kam es darauf an, dass sie sich im Erwachsenenleben zurechtfinden werden. Das war selbst für gestandene Pädagogen wie Walter Schwenecke eine außergewöhnlich anspruchsvolle Herausforderung. Dennoch war er dort mit Lust und Freude Lehrer; einige Schüler haben ihn später als Berufstätige besucht und sich herzlich bedankt. Seine chronischen Kreislaufstörungen wurden im Laufe der Jahre immer größer und andere unheilbare Krankheiten traten noch hinzu, weshalb ihm der Schuldienst immer schwerer fiel, und er den Unterricht schließlich nicht mehr im erforderlichen Maße wahrnehmen konnte. 1965 wurde sein Antrag auf Invalidenrente auf Grund der „Verordnung über die zusätzliche Altersversorgung der Intelligenz an wissenschaftlichen, künstlerischen, pädagogischen und medizinischen Einrichtungen der Deutschen Demokratischen Republik vom 12.7.1951" positiv beschieden. In einem Nullachtfünfzehnschreiben dankte der Kreisschulrat dem angehenden Ruheständler u.a. mit den Worten: „Zu den Heimkindern hatten Sie einen guten Kontakt. Sie besaßen ihr Vertrauen und verstanden es, sie bildungsmäßig und erzieherisch zu fördern."

Aber nun hatte mein Vater seinen Kopf weitgehend frei für eine ungestörte Arbeit an den Windkantern, für Letzlinger „Platt" und für Heimatgeschichte.

Um 1960. Walter Schwenecke rückte zur Klärung des Formproblems Dreikanter in den Mittelpunkt; zum einen, weil sie nach seiner Einschätzung über ein Drittel der Kantensteine (etwa 10% aller Feldsteine seien Kantensteine) ausmachen und zum anderen die größte Aussagefähigkeit hinsichtlich der Genese böten. In seinem „Bericht über morphologische Studien an Dreikantern im Gebiet der Letzlinger Heide" meinte er unter Bezugnahme auf die von A. Heim aufgestellte Grundrisstheorie „ … dennoch bliebe u.a. die Frage nach den geometrischen Figuren, die den Kantensteinen als Entwicklungsbasis zugrunde liegen müssen. Von der Lösungdieser Frage dürfte ein entscheidender Anstoß zur Lösung des Windkanterproblems zu erwarten sein." In dem zwölfseitigen Bericht, dem er Maßskizzen, Tabellen seiner an zehn Dreikantern durchgeführten Berechnungen sowie Fotos von deren Breit-, Schmal- und Vorderseite und von der Gleichgewichtslage angehängt hatte, beschrieb er wohl als Erster in der Windkanterforschung eingehend die Form der Dreikanter:
„Die Dreikanter können sowohl auf einer als auch auf beiden Breitflächen die für sie typischen Kanten haben (dementsprechend müßte eigentlich bei letzteren von Sechskantern gesprochen werden). Wo auf der einen Breitfläche die Kanten fehlen, werden sie durch mehr oder weniger starke Auswölbungen angedeutet. In der Regel entspricht der Kantenverlauf auf der einen Seite etwa dem auf der anderen. Je drei Kanten auf einer Breitfläche weisen in ihrem Scheitelpunkt die größte Stärke und Schärfe auf. Der Scheitelpunkt stellt damit auf der Breitfläche die höchste und schärfste Erhebung dar. Nach der Peripherie zu verflachen und verlaufen sich die Kanten allmählich. Der Aufbau ist pyramidenförmig, die Basis in ihrer Grundform herzförmig und an den Seitenrändern verschiedenartig gewölbt. (…) Bei der Aufnahme von der Vorderseite liegen die Gesteinskörper ausbalanciert auf einer kleinflächigen Unterlage. Es soll damit auf eine Besonderheit aller untersuchten Kantensteine hingewiesen werden, die mit ihrer Form unmittelbar zusammenhängt. Der Unterstützungspunkt liegt im Schnittpunkt der Halbierungslinien von projizierter Länge und Breite. Wo auf den Bildern das Volumen der einen oder der anderen Hälfte größer erscheint, darf angenommen werden, daß Stärke und Verlauf der Kanten – die im Bild nur schwach sichtbar werden – an der Herstellung des Gleichgewichts beteiligt sind. (…) Noch eine andere Erscheinung steht mit der Grundform in Zusammenhang: die besondere Anordnung der Kanten. Die Anzahl der auf einer oder auf beiden Breitflächen

vorhandenen Kanten entspricht der Anzahl der markantesten Randauswölbungen der herzförmigen Grundform. Die drei Kanten verlaufen von den drei 'Herzspitzen' in Richtung ihrer Halbierungslinien zur Mitte, sich allmählich verstärkend und verschärfend. Sie bilden um ihren gemeinsamen Scheitelpunkt regelmäßig Winkel von 110, 120 und 130 Grad. Zugleich mit diesen Winkeln ist die Lage der 'Herzspitzen' zu einander und im weitgehenden Maße auch die Größe der von den Kanten zweiseitig begrenzten Flächen bestimmt. Die gesamte Breitfläche bekommt dadurch ihre geregelte symmetrisch – asymmetrische Grundform. Für Variationen um diese Grundform bleibt indessen immer noch ein gewisser Spielraum. Das zeigen die unterschiedlich gelagerten und geformten Zwischenwölbungen des Umrißrandes. (...) Die auf der Breitseite vorhandenen drei Schliffflächen sind verschiedenartig gewölbt und zwar so, das die beiden sich gegenüberliegenden Flächen eine 'Luv- und Leeseite' bilden. (...) Die von R. Brinkmann erwähnte Stromlinienform, die bei den anderen Kanterarten sowohl am vertikalen als auch am horizontalen Längsschnitt sichtbar wird, zeigt sich bei den Dreikantern am Umriß der vertikalen Längsschnittform. Im Querschnitt ergibt sich bei allen untersuchten Kantern in der Regel die rhombische Grundform bei der jeweils die Längskanten und die Seitenkanten die Ecken bilden. Bei einseitig berippten Steinen wird die eine fehlende Ecke fast immer durch eine entsprechende Auswölbung angedeutet. (...) In der vorliegenden Studie sind genetische Gesichtspunkte nur scheinbar in den Hintergrund getreten. In Wirklichkeit dürfte mit der Aufdeckung bestimmter Körperproportionen und der dabei hervorgetretenen und auf eine bestimmte Gleichgewichtslage ausgerichteten Formungstendenz für die Erforschung der Entstehungsursache dieser merkwürdigen Steine mancherlei gewonnen sein."

Den Bericht schickte er an die 'Geologische Gesellschaft in der Deutschen Demokratischen Republik' Berlin Invalidenstraße 44, um Rat und Hilfe bei der Bewältigung der Problematik zu suchen und stellte zugleich die Frage nach der Verwendungsmöglichkeit. Sein „Bericht ..." konnte in der Fachzeitschrift „Berichte der Geologischen Gesellschaft in der DDR" nicht veröffentlicht werden, weil sie nur Berichtsorgan für die Vorträge und Veranstaltungen ihrer Gesellschaft ist; daher wurde das Manuskript an ein Redaktionsmitglied (Dipl. Min.) der Zeitschrift „Angewandte Geologie" zur fachlichen Beurteilung weitergeleitet. Die Gründe zur Ablehnung wurden in einer ausführlichen Kritik zu Inhalt und Form des Berichts dargestellt: „Der Kardinalmangel Ihrer Arbeit scheint zu sein, daß zur Berechnung von Richtwerten 10 Beispiele nicht ausreichen. Um hier eine allererste gültige Aussage machen zu können, müßten nach dem Gesetz der Wahrscheinlichkeitsrechnung mindestens 20 Proben als Grundlage dienen. (...) um

34

das Moment des Zufalls weitgehender ausschalten zu können." Und zum Schluss: „(...) bitte Sie, nicht nachzulassen in der Bearbeitung des Problems und der Ausfeilung Ihres Manuskriptes. Mir scheint die Sache wert, weiter verfolgt zu werden. (...) Es bleiben Ihnen zwei Wege, die ich Ihnen anheim stellen möchte. 1. Sie können das Manuskript ohne den rechnerischen Teil an eine populärwissenschaftliche Zeitschrift wie 'Urania' oder 'Wissen und Leben' senden mit der Bitte um Veröffentlichung. 2. Arbeiten Sie weiter an den Problemen und reichen Sie zu gegebener Zeit ein neues Manuskript mit erweiterten und exakteren Berechnungsunterlagen an eine wissenschaftliche Zeitschrift z.B. 'Geologie', Berlin N 4, ein."

Walter Schwenecke: „(...) herzlichen Dank! Ich habe mich entschlossen, am behandelten Problem weiterzuarbeiten, die Berechnungsgrundlage im vorgeschlagenen Sinne umzugestalten und das Ganze auszufeilen. Ich wäre glücklich, wenn ich gegebenenfalls wieder hilfesuchend zu Ihnen kommen dürfte."

Bei der Spezies Dreikanter verdoppelte der Laienforscher die Anzahl des repräsentativen Untersuchungsmaterials nunmehr auf zwanzig Stück. Diese Steine boten noch eindeutigere Meßansätze und erforderten von der Größe her gesehen keine erschwerende bzw. verwirrende maßstäbliche Umrechnung von jeweils fünfzig Berechnungswerten, und sie waren zudem noch gut handhabbar, um beispielsweise Volumen und Dichte zu bestimmen sowie den Schwerpunkt (die Gleichgewichtslage) zu zeigen. Die anderen Windkanterarten behielt er in Anbetracht der gesamten Formproblematik (folglich auch der Genese) im Auge. Literaturhinweise von den Gutachtern nahm der Laie sehr gern an, wobei ihm in vielen Fällen sein Sohn Walter sowie Freunde aus der längst vergangenen Seminarzeit Bücher aus dem „Westen" schickten.

Walter hatte von Westberlin aus (später aus der Bundesrepublik) die Forschungsarbeiten mit besten Kräften unterstützt. Unter anderem hat er Verbindungen zu dortigen Wissenschaftlern anberaumt; er hat wichtige arbeitsmethodische Hinweise in Richtung wissenschaftlicher Ausdrucksweise gegeben, kritische Bemerkungen angefügt; und er hat in mühevoller aufwendiger Arbeit eine Vielzahl an Skizzen von den jeweils drei Ansichten der Windkanter sowie die handschriftlichen Berechnungstabellen penibel und ansprechend in eine publikationsfähige Form übertragen. Er war in jeder Hinsicht eine verlässliche Stütze.

Die zunehmenden gesundheitlichen Einschränkungen machten meinem Vater das Reisen fast unmöglich, an Telefonieren war wegen des damaligen beklagenswerten Standards und wegen der sich verstärkenden Hörminderung gar nicht mehr zu denken. Es blieb für den Kontakt nach außen eben nur das feierliche Briefeschreiben und die mündliche Übermittlung seiner Anliegen durch Dritte.

Seine Ehefrau Luise, meine Mutter, starb, neunundfünfzig Jahre alt, im Januar 1967 an den Folgen eines zweiten Schlaganfalls. Sie hat in all' den Jahrzehnten auch an seiner Forschungsarbeit bei freudigen wie auch leidvollen Ereignissen teilgehabt. - Wie unerhört wichtig war doch das!

In einem Brief vom 1. August 1967 wandte sich Walter Schwenecke hilfesuchend an seinen früheren Seminarfreund Willi Koch (Kreismuseum Haldensleben): „Nach einer längeren Pause habe ich die Arbeit an den 'Windkantern' (Teilgebiet der Geschiebeforschung) wieder aufgenommen. Vielleicht kannst Du Dich meiner und ihrer aus unseren Gesprächen vor etlichen Jahren noch erinnern.

Obwohl ich inzwischen auf Grund meiner morphologischen Analyse dieser Steine ermunternde Zuschriften von verschiedenen kompetenten Stellen erhalten habe, belastet mich – besonders in technologischer und methodischer Hinsicht – in zunehmendem Maße die sich aus dem Untersuchungsgegenstand ergebene Isolierung.

Soweit sich das übersehen läßt, kann ich hier im Kreise eine entsprechende Hilfe nicht erwarten. Dagegen halte ich es durchaus für möglich, daß ich im Rahmen Eurer Museumsarbeit eine wertvolle Unterstützung finden könnte. So wäre mir u.a. schon außerordentlich geholfen, wenn ich mir dort einige Ratschläge bezüglich der vor zwanzig Jahren bereits begonnenen Windkantersammlung holen dürfte.

Ich wäre Dir, lieber Willi, sehr dankbar, wenn Du in meiner Sache bei der dortigen Museumsleitung einmal Deine Fühler ausstrecken und mir gegebenenfalls eine Aussprache vermitteln könntest.“

In Koch's Antwortschreiben heißt es: „(...) Wir haben im Redaktionskollegium über Deine Arbeit gesprochen und sind bereit, sie zu veröffentlichen und damit zur Diskussion zu stellen.“ Er meinte aber, dass sein Nachfolger im Amte des Museumsleiters noch Bedenken hätte, dass die Sache nicht wissenschaftlich wäre. Außerdem „müßten wir auch eine Verständigung herbeiführen, welche Tendenz die Veröffentlichung haben soll; denn ich sehe es so, daß es darauf ankommt, zunächst einmal das Problem aufzurollen und in weitere Kreise zu tragen. Man wird ja dann sehen, was bei einer Diskussion herauskommt. Man könnte in freier Abwandlung des Bibelspruches sagen: Ist das Werk vom Geiste, so wird es bestehen.“

Walter Schwenecke hatte daraufhin seinen Schriftsatz „Merkwürdiges Geröll" der Redaktion vorgelegt; sie gab ihm mehrere drucktechnische Empfehlungen, die er umgehend befolgte. Um ein fachliches Gutachten (das in solchen Fällen üblicher weise eingeholt werden musste) hatte die Museumsleitung Dr. rer. nat. Gerhard Klafs (Greifswald) gebeten. Der Wissenschaftler ließ in einem an den Museumsleiter (Bruno Weber) persönlich gerichteten Schreiben kein gutes Haar am Manuskript von Herrn Schwenecke: „(...) Eines scheint mir festzustehen: Wenn Sie die Arbeit in der vorliegenden Form drucken, ist sie kein ernstzunehmender Beitrag zur Problematik der Windkanter. Der rationale Kern der Sache ist mit so viel unwesentlichem und veraltetem Zitatenmaterial belastet, daß nur der Laie auf diesem Gebiet dem Autor die Behauptung abnimmt, daß in der Windkanterforschung gar nichts klar sei – sie in einer 'Sackgasse' und 'Stagnation' und in einem 'Dilemma' stecke. Ich möchte es so sagen: Die Grundzüge des Phänomens sind absolut gesicherte Kenntnisse – in Details können sich überraschende neue Gesichtspunkte ergeben, die aber an der Erkenntnis nichts ändern können, daß 'Windkanter' eben tatsächlich Windkanter sind. (…) hieße es der Sache einen schlechten Dienst erweisen, wenn man einen Beitrag ohne Überarbeitung veröffentlicht, der zu viele Merkmale des Dilettantismus aufweist." Der Gutachter gab eine ganze Reihe konkreter Änderungshinweise; er fügte noch folgende weitergreifende Bemerkungen hinzu: „Die Windkanter im Kleinstformat sind zwar nicht ganz unbekannt, wären aber für die Absicht des Autors der Sache neue Seiten abzugewinnen, wirklich gutes und interessantes Material, wenn sich wirklich dreißig in einer Streichholzschachtel unterbringen ließen – was ich übrigens nicht ohne weiteres glaube. (…) Die morphologischen (besser vielleicht morphometrischen) Studien erscheinen mir interessant und als Studie durchaus publikationswürdig (allerdings weiß ich nicht, ob sich das nicht mathematisch – geometrisch klarer und verständlicher fassen läßt)."

Der Beitrag von Walter Schwenecke „Merkwürdiges Geröll – eine morphometrische Studie über Dreikanter im Gebiet der Letzlinger Heide" ist dennoch fast unverändert in der Jahresschrift des Kreismuseums (30) abgedruckt worden. Der Autor bedankte sich insbesondere bei Willi Koch, indem er schrieb: „ (…) Ich bin sehr glücklich, daß es mir dadurch möglich geworden ist, die mich in Bezug auf diese Steine bewegenden Fragen öffentlich und noch dazu in Eurer Jahresschrift anzusprechen. Die Reaktionen darauf werden voraussichtlich recht unterschiedlich sein. Es wäre auch nicht unmöglich, daß sie zunächst überhaupt ausbleiben. Ich bin auf alles gefaßt. Man wird jedoch früher oder später diese Gesteinsstücke als 'Gestalten' (i.e.S.) anerkennen und nach neuen genetischen Lösungen suchen müssen." Und an anderer

Stelle äußerte er: „Ich habe mich darüber gefreut, weil ich seit 1956 etwa wußte, daß ich anderswo zwar mit den 'morphometrischen Studien', nicht aber (schon gar nicht in Fachkreisen) mit meinem Zweifel an der Richtigkeit der Windkantertheorie ankommen würde."

Auf eine „offizielle, verbindliche" Reaktion von fachwissenschaftlicher Seite wartete Walter Schwenecke vergebens, obwohl er an alle kompetente Stellen, mit denen er schon vorher korrespondiert hatte, die o.g. Jahresschrift verbunden mit der Bitte um ihre Meinungen geschickt hatte. In einem Brief an einen Mitarbeiter des Geologischen Instituts Universität Münster, mit dem er seit Jahren sogar persönlichen Kontakt hatte, lesen wir: „(...) Anläßlich der Veröffentlichung war ich auf allerhand Staub und Wirbel gefaßt und bin nun dadurch irritiert, daß sich seitdem g a r   n i c h t s getan hat. Am meisten bedrückt es mich, daß nun auch diejenigen schweigen, die mir vorher in so freundlicher Weise behilflich gewesen sind. Woran könnte das liegen? Ich würde mich sehr freuen, wenn Sie mir dazu ganz offen Ihre Meinung schreiben könnten." - Keine Antwort. Allerdings reagierten die Sektion Geographie der Martin-Luther-Universität Halle-Wittenberg als auch das Paläontologische Institut im Museum für Naturkunde an der Humboldt-Universität zu Berlin, indem beide empfahlen: Er möge sich an Herrn Dr. B. Nitz, Sektion Geographie der Humboldt-Universität zu Berlin wenden. „Herr Dr. Nitz hat über das Problem der Windkanter gearbeitet und wird Ihnen sicher eine erschöpfende Auskunft erteilen können."

Der Wissenschaftliche Oberassistent vom Paläontologischen Museum machte unter Hinweis, dass sie sich im Museum weniger mit Fragen der allgemeinen Geologie befassen, einige kritische Bemerkungen zur Arbeit des Laienforschers: „Die zweifelsohne interessante Arbeit beruht auf ein fleißig zusammengetragenes und ausgewertetes Material, die es Wert ist, weiter ausgebaut zu werden." Die ganze Sache, so klang der Tenor, müsste aber dem neuesten Stand bezüglich der Literatur und der modernsten, einfachsten, rationellsten und dabei übersichtlichsten Methoden, um Geschiebe, Gerölle und Sande nach der Form und Gestalt zu diagnostizieren, behandelt werden. Für die Beurteilung der Vergleiche von Windkanterformen mit Blättern etc. fühle er sich überfragt.

Dr. B. Nitz gilt als DER Fachmann für Windkanterfragen. Auf die schriftliche Bitte von Walter Schwenecke um entsprechende Hinweise zur Formproblematik äußerte der Wissenschaftler im Juli 1970: „(...) Diese Dinge (Mechanismus der Windkanterentstehung, vielfältige Formen) waren durch umfangreiche Laboruntersuchungen von R. A. BAGNOLD (1941 bzw. 1954) so weit geklärt, daß zumindest zur Physik des 'sandbeladenen Windes' nichts hinzuzufügen war.

(...) auf dessen bahnbrechenden Forschungen alle späteren Autoren fußen. (...) Bleibt die Frage der Windkanterformen. Es gilt heute als sicher, daß die Gestalt der einzelnen Windkanter primär abhängig ist von der Ausgangsform, die ein Geschiebe zu Beginn der Windschliffeinwirkungen hatte. Gestützt wird diese These dadurch, daß sich die ersten 'Windkanten' stets an vorgegebene Bruchkanten des (späteren) windgeschliffenen Geschiebes anlehnen. Im Anfangsstadium ist daher ein windgeschliffenes Geschiebe lediglich ein geringfügig vom 'natürlichen Sandstrahlgebläse' überformtes normales Geschiebe von beliebiger Gestalt. Erst mit zunehmender Dauer der Windschliffeinwirkung entwickeln sich aus den 'unfertigen' Gestalten jene auffälligen Geschiebeformen, die wegen ihrer oft glatt durchgehenden Kanten die Bezeichnung Windkanter erhalten haben. In gewisser Hinsicht steckt in dieser Bezeichnung ein Irrtum, denn nicht die Kanten sind das wesentlich Neue, sondern die in zahlreichen Fällen ideal polierten Windschliffflächen. Zwischen zwei solchen Flächen bzw. zwischen einer Schliffffläche und einer normalen Gesteinsfläche entsteht so gleichsam als passives Begrenzungselement eine Kante, deren Verlauf ganz eindeutig abhängig ist von Richtung und Ausbildung der angrenzenden Flächen. In ideal ausgebildeter, finaler Form ist demnach ein Windkanter ein aerodynamischer Körper mit wohl nur zwei Formvarianten: bei länglichem Grundriß ein Firstkanter, bei dreieckigem Grundriß ein Dreikanter. Alle übrigen, oft sehr abenteuerlichen Formen sind Übergangsgestalten zwischen einem normalen Geschiebe und dem idealen aerodynamischen Körper. Und zum Schluß: mehrere Schliffflächen an einem Geschiebe sind zurückzuführen auf wechselnde Windrichtungen während des Schleifprozesses, aber auch auf Drehung des Geschiebes durch periglaziale Vorgänge. (...)" (Periglazial heißt: 'in der Umgebung von Eisgebieten'.) - Walter Schwenecke bedankte sich für den freundlichen Brief: „(...) mit großem Interesse gelesen und freue mich sehr, eine dem neuesten Stand entsprechende Orientierung auf dem Gebiete der Windkanterforschung erhalten zu haben. (...) Als jedoch meine morphometrischen Untersuchungen an Dreikantern eine größere Problematik anzudeuten schienen, glaubte ich einsehen zu müssen, daß die laienhafte Betätigung eines Einzelnen zu deren Bewältigung nicht ausreicht. Auf Drängen meiner Freunde habe ich in der beigefügten Jahresschrift des Kreismuseums Haldensleben (1968) im Hinblick auf die untersuchten Dreikanter über meine Arbeit berichtet, in der Hoffnung, dadurch Kontakt und Hilfe zu finden. Darf ich Sie, sehr geehrter Herr Dr. Nitz, um ihre Mühe bitten, mir über meinen Aufsatz Ihre sachkundige Meinung, die mir für meine weitere Arbeit sehr viel bedeuten würde, zu schreiben? (...)" - Der Laie erhielt keine Antwort.

Walter Schweneckes Dank an das Paläontologische Museum: „(...) Aus gesundheitlichen Gründen komme ich erst jetzt dazu, mich bei Ihnen herzlichst zu bedanken. Ich habe mich über
Ihre ausführliche und hilfreiche Stellungnahme zu meinem Aufsatz 'Merkwürdiges Geröll' sehr
gefreut, insbesondere auch über die Möglichkeit, mit meinem Anliegen zu Ihnen nach Berlin
kommen zu dürfen. Für alles vielen Dank! (...) Ich bin z.Z. dabei, die sog. 'Windkanter' im
Kleinstformat zu bearbeiten unter Berücksichtigung Ihrer wertvollen Ratschläge, obwohl ich
überzeugt bin, daß sich auch diese Arbeit nicht im Alleingang bewältigen läßt. Mein Vorhaben
ist, die Arbeit auf diesem Gebiet so weit voran zu treiben, daß die Problematik, wie sie sich
mir darzustellen scheint, wissenschaftlich interessant und ernsthaft diskutabel wird. (...)“

Die von Walter Schwenecke anfangs nur so nebenbei gesammelten Winzlinge hatten es
aber in sich. Alle Erkenntnisse aus dem Studium ihrer Eigentümlichkeiten waren neu und von
weitreichender Bedeutung, so dass aus seiner Sicht eine Wiederbelebung der Windkanterforschung unter völlig anderer Denkweise einsetzen müsste. Doch eins nach dem andern. Er sah,
schaute und schlussfolgerte – seine Miniaturwindkanter sind „Dreikanter ganz anderer Art!“
Da es für diesen bisher unbekannten Windkantertyp noch keinen Terminus gab, nannte der
Entdecker ihn zur Unterscheidung von den allgemein bekannten Dreikantern „Dreikantsteine“.
Wir nennen den Neuling „Dreiflächenkanter“ weil diese Bezeichnung noch bildhafter zutrifft
und eine namentliche Verwechselung gänzlich vermieden werden soll.

Der erste Entwurf für eine Veröffentlichung: „Ein besonderer Formentyp unter sogenannten
Feld- oder Lesesteinen – seine morphologische Analyse und sein Rekonstruktionsmodell“ - von
ihm zunächst als „Fundmeldung“ gedacht – beginnt: „Über 1250 sogenannte Lesesteine (dieses) eigentümlichen Formentyps stehen z.Z. zur Verfügung, um die vorliegende morphologische Studie zu rechtfertigen. Eine so verbreitete und weitgehende formelle Übereinstimmung
ist wohl sonst kaum auf petrographischem Gebiet anzutreffen und wirft Fragen auf, die vermutlich auf andere Wissensgebiete übergreifen und deren Bearbeitung m.W. noch nicht in Angriff genommen worden ist. Diese Steine unter geologischen Aspekten als Windkanter unterzubringen (ist fraglich); es bedarf sicher besonderer Erklärungen, wie sie den Sandwinden in
ariden und periglazialen Räumen den zum An- und Abschleifen erforderlichen Widerstand hätten bieten können. (Dem Kreismuseum Haldensleben habe ich davon 30 Stück in einer
Streichholzschachtel zur Verfügung gestellt!) Es muß in diesem Zusammenhang auch darauf
hingewiesen werden, daß überhaupt die Größe der Steine offensichtlich nicht die gebührende
Beachtung gefunden hat, obwohl jede Größe noch zusätzlich gewisse Formeigentümlichkeiten

aufzuweisen hat." (...) „Als die auffallendsten Kennzeichen möchte ich die drei in Längsrichtung verlaufenden Kanten, die davon begrenzten, in doppelter Richtung gewölbten Flächen und das augenfällige Ebenmaß des Körpers insgesamt anführen. Allerdings habe ich sie bisher nur im Längenmaß bis 40 mm antreffen können."

Walter Schwenecke hatte aus seiner Sammlung von Dreikantsteinen 100 Stück für eine Formanalyse ausgewählt und diese in Länge – Gruppen erfasst: 7 Stück 16,6 bis 17,5 mm lang in Gruppe 1 bis hin zur Gruppe 12 mit 5 Stück, die zwischen 29 und 38 mm lang sind. Jeden Stein hatte er in drei Dimensionen vermessen und von jedem vier Abdrucke zur Bewertung der in beide Richtungen gewölbten Flächen sowie vom Querschnitt hergestellt. Er hatte Mittelwerte berechnet und Relationen gebildet und dadurch schließlich eigentümliche Gesetzmäßigkeiten erkannt. Es wären, als Rosettenmuster dargestellt, drei Kugeln, die ineinander greifen. In einem Brief an das Paläontologische Museum Berlin schrieb er u.a „(...) Außerdem bietet sich im Endergebnis der Analyse eine Konstruktionsformel an, die – wie eine Vorlage – in bildhafter Darstellungsweise alle speziellen Formelemente des Längs- und Querschnittes umfaßt und aus dem Breitenmaß einer Seitenfläche abgeleitet werden kann. Dadurch mutet der Formungsprozeß wie im Falle einer Programmierung an, zu der die erwähnte Konstruktionsformel den Schlüssel (Code) darstellen könnte. - Ich suche nun eine Stelle, die sich von der Ernsthaftigkeit der Arbeit überzeugen ließe, sich das erarbeitete Material ansehen würde und mir auch in formaler Hinsicht Ratschläge geben könnte." Das Paläontologische Museum (Dr. R. Herrmann) hatte daraufhin eine Verbindung zu Fachspezialisten ermöglicht, nämlich zu Dr. S. M. Chrobok und Dr. J. Mrazek von der Sektion Geographie der Humboldt-Universität zu Berlin. Beide Wissenschaftler meinten in ihren Antwortschreiben: „Bei den vorgelegten Exemplaren von 'Geröllen' handelt es sich ohne Ausnahme um kleine Geschiebe nordischen Ursprungs, deren Gestalt durch die schleifende Wirkung sand- bzw. staubbeladener Winde erzeugt wurde, es sind also durchweg Windkanter. Aus der einheitlichen Bearbeitung des Materials erklärt sich deren prinzipiell gleiche Gestalt. In unserer Sektion befaßt sich Herr Dr. Nitz mit den Problemen der Genese und der regionalen Verbreitung von Windkantern. Wir werden ihm diese Proben vorlegen. Sofern sich aus seiner Sicht in ihrem Gebiet wissenschaftlich Interessantes bietet, wird er sich an Sie wenden." Keine Reaktion!

Prof. Dr. H. Stille, Direktor des Zentralinstituts für Physik der Erde Potsdam, teilte in einem Antwortschreiben Walter Schwenecke zu dessen Arbeit (Resümee, Bericht ...) u.a. folgendes mit: „(...) Speziell die Windkanter aus dem Gebiet der Letzlinger Heide sind Produkte der

Eiszeit. Die vom Eis transportierten Geschiebe wurden im Stadium der Vegetationslosigkeit, kurz nachdem das Eis abgeschmolzen war, durch Wind und Sand in ihre heutige Form überführt. Die Kanten lagen senkrecht zur Windrichtung. Vielkanter können bei Änderung der langzeitigen Windrichtung oder Drehung des Geschiebes bei gleichbleibender Windrichtung entstehen. Mithin liegt dieser Erscheinung also kein innerer struktureller Bauplan zugrunde, sondern sie ist die Folge der exogenen Dynamik, des Klimas. Hinsichtlich dieser Tatsache werden Sie auch nunmehr in der Lage sein, die 8 Punkte Ihres Resümees zu deuten."

Die Fachredaktion 'Zeitschrift für Geologische Wissenschaften' beim Akademie – Verlag Berlin reagierte auf Walter Schweneckes 'Bericht über die morphometrische Untersuchung von Dreikantsteinen im Gebiet der Letzlinger Heide' unter Bezugnahme auf ein weiteres Gutachten von Dr. Mrazek, in welchem jener u.a. darauf aufmerksam macht: „(...), daß die Genese der windgeschliffenen Geschiebe heute als geklärt zu betrachten ist und wir von dieser Seite her unseren Lesern mit Ihrer Arbeit keine neuen Informationen bieten. Herr Dr. Mrazek empfiehlt Ihnen, Ihre Arbeit in erweiterter Form, nämlich mit Bemerkungen über die saaleeiszeitlichen Ablagerungen in der Letzlinger Heide in einer populärwissenschaftlichen Zeitschrift – z.B. der Fundgrube – zu veröffentlichen."

Prof. Dr. Karl Mägdefrau, Deisenhofen bei München an Walter Schwenecke: „(...) Die kleinen 'Dreikanter' deren Musterkollektion ich Ihnen anbei wieder zurücksende, haben mit den echten Dreikantern (1-5 Kantern) zwar die äußere Gestalt gemeinsam, aber es fehlen ihnen die ausgeprägt scharfen Kanten, wie sie für durch Windschliff gebildete Steine kennzeichnend sind. Ich habe in einer Kiesgrube der 'Münchener Schotterebene' danach gesucht und auch hier eine ganze Anzahl solcher Miniatur – Dreikanter mit gerundeten Kanten gefunden. Ihre Entstehung dürfte auf Kluftflächen zurückgehen, aber mit den echten Windkantern haben sie m.E. genetisch nichts zu tun."

Prof. Paul G. Hunziker, Dornach (Schweiz) schrieb an Walter Schwenecke: „(...) Nach Empfang Ihrer Muster war mir sofort klar, daß ich als Geophysiker nicht zuständig war. Das war Sache der Paläontologen und ich fragte dann bei den betreffenden Fakultäten in Basel und Bern an. (...) Von beiden Professoren bekam ich ungefähr dieselbe Antwort: Sie hätten sich meine Glyptolithen angeschaut und hätten bei diesen keine Merkmale festgestellt, die nicht schon in den Handbüchern oder Fachliteratur beschrieben worden wären. Beide verweisen auf die Windschlifftheorie und betrachten den Fall als erledigt." Walter Schwenecke am 24.7.1974: „Sehr geehrter Herr Professor Hunziker! Für diese Dreikantsteine ist also die Zeit noch nicht gekommen. - Herzlichen Dank für alle Mühe! (...)"

Walter Schwenecke legte nunmehr das Windkanterthema zu den Akten.

Wir möchten unbedingt noch folgende wegweisende Sätze aus seinen Aufzeichnungen zitieren:

+ „Die Antworten auf den Bericht („Ein besonderer Formentyp...") lassen erkennen, daß die Geowissenschaft morphologische Fakten und Daten im Rahmen der Windkanterforschung im Hinblick auf die Lehrmeinung von Windschliff für bedeutungslos hält (und auch wohl deshalb so wenig morphologische Angaben zu bieten vermag). Das aber steht im Gegensatz zu anderen naturwissenschaftlichen Forschungsrichtungen, die zwar auch die genetische Frage für die wichtigste, aber in methodischer Hinsicht die morphologische für die dringlichere halten.

+ Die Schwierigkeit, ihrem Ursprung auf die Spur zu kommen, liegt nicht begründet in ihrem Format bzw. Gewicht, sondern in der Problematik mit der die sog. Windkanter im allgemeinen behaftet sind. An den kleinen Steinen wird die Problematik deshalb so deutlich, weil nicht einmal schwache Ansatzpunkte für die Windschlifftheorie zu finden sind.

+ Es hat den Anschein, als ob die Kanten und Flächen der größeren Kantensteine hauptsächlich unter dem Aspekt der Windbearbeitung betrachtet und eingeschätzt worden wäre und ihr Zusammenhang mit anderen Formeigentümlichkeiten der einzelnen Stücke keine wesentliche Rolle gespielt hätte. Morphometrische Studien an Dreikantern haben mir gezeigt, daß man so dem Erscheinungsbild der Steine in keiner Weise gerecht wird. Und ich habe in der Arbeit (Jahresschrift des Kreismuseums Haldensleben, Bd. 9) nachzuweisen versucht, daß es sich (mindestens bei den untersuchten Dreikantern) um 'Gestalten' (im engeren Sinne des Wortes) handelt, die keine isolierte Betrachtungsweise einzelner Formteile zulassen, wenn man ihren Ursprung begreifen will. Die kleinen Kantensteine bieten sich besonders an, ihre Form ohne genetische Vorurteile zu untersuchen.

+ Wenn über 'Windkanter' im Kleinformat geschrieben werden soll, so stellt sich gleich die Frage, welche Gesteinsstücke als 'Windkanter' angesehen werden dürfen. Die einschlägige Literatur gibt uns darüber keine befriedigende Antwort. (...) danach setzt die Bestimmung der Steine die Kenntnis des Windschliffes voraus, um dann die entsprechenden Gesteinsflächen identifizieren zu können.

+ Dann aber liegt die Problematik in der Gestaltung der Umrißformen.

+ Eine unvoreingenommene morphologische Betrachtungsweise kommt auch an einer anderen bemerkenswerten Tatsache nicht vorbei. Obwohl die Typenform der Dreikantsteine so deutlich und umfassend bei jedem einzelnen Stein in Erscheinung tritt, gibt es unter den vorliegenden 1100 Steinen keine, die sich gleichen. Das ist eine erstaunliche Leistung, die uns vom Biologischen her bekannt ist. Es gleicht beispielsweise kein Lindenblatt dem anderen, dabei ist kein Blatt dem Lindenblatt so ähnlich wie eben ein Lindenblatt.

+ Gegenüber den Schotterstücken werden sie durch auffällige Wölbungen und Rundungen ausgewiesen, außerdem durch schartenlose, ungebrochene Kanten.

+ Die formelle Kennzeichnung ist eindeutig. Misch- und Übergangsformen wie bei anderen Formentypen kommen kaum vor. Dagegen sind mir stoffliche Besonderheiten gegenüber anderen sog. Lesesteinen nicht aufgefallen.

+ Es erscheint mir bemerkenswert, daß sich im Größenbereich der Dreikantsteine Formentypen mit anderen kombinierten Flächen- und Kantenbildungen nicht finden ließen.

+ Auffallend ist neben der eigenartigen Form auch das relativ starke Aufkommen. Der zahlenmäßige Anteil dieser Kantensteine an der Gesamtzahl gleich großer Steine beträgt an den abgesuchten Stellen etwa 30%. Mir ist unter den Feld- bzw. Lesesteinen kein Formentyp bekannt, der sich in dieser Hinsicht auch nur annähernd damit vergleichen ließe. Es ist deshalb besonders verwunderlich, dass diese Steine bisher öffentlich nicht mehr Beachtung gefunden haben, als andere Gesteinsstücke auch.

+ Die stoffliche Beschaffenheit der untersuchten Steine ist zu 37% heterogen und 63% homogen.

+ Schon die unmittelbare Anschauung vermittelt davon einen ersten Eindruck
und verhindert eine Verwechselung mit anderen Formentypen. Aber erst die Messwerte geben den tieferen Einblick in das Zustandekommen dieser harmonisch symmetrischen Figur, die offenbar für die Gestalt des Steines von ausschlaggebender Bedeutung ist.

+ Soweit ich das feststellen konnte, liegen morphometrische Arbeiten über diese Steine nicht vor.

+ Im Verlauf der Untersuchungen wird sich allerdings erweisen, daß eine andere Kennzeichnung der Typen erforderlich ist, zumal eine eindeutige Charakterisierung der hierbei zu zählenden Kanten kaum möglich ist.

+ Es hat den Anschein, als ob an Stelle fehlender Kanten entsprechende Auswölbungen gebildet worden wären.

+ Auch bei Ein-, Zwei- und Mehrkantern sind die Kanten nach Zahl und Beschaffenheit nicht kennzeichnend für die Gesamtform.

44

+ Es kann sehr wohl der Fall eintreten, daß uns die kaum bekannten gesteinsformenden Kräfte nicht mehr ausreichend erscheinen, und wir nach ganz neuen Möglichkeiten suchen müßten, ohne zunächst zu wissen wo.

+ Sie haben aber ganz ähnliche Flächen und Kanten wie die größeren Steine und - wie ich glaube nichts, was auf eine andere Entstehungsursache, schließen ließe.

+ Die Ein-, Zwei- und Dreikantensteine im größeren Format haben im Querschnitt eine rhombische und im kleineren eine dreieckige Gestalt. Bei beiden können auch einzelne Ecken des Querschnittes durch entsprechende Wölbungen angedeutet sein. Es zeigt sich also, daß die Kantenzahl nicht als das charakteristische Merkmal angesehen werden darf."

Im Frühjahr 1969 heiratete Walter Schwenecke Alma Hötling, Witwe des Eisenbahners Wilhelm Hötling aus Letzlingen. Sie wohnten zunächst auf dem Grundstück (Resthof) in der Magdeburger Straße, welches Walter von seinem Bruder Ernst geerbt hatte. Sie konnten die Arbeit jedoch nicht mehr bewältigen - zogen um in ihr Haus in der Siedlungsstraße und überließen das Grundstück Walters Sohn Manfred.

Dort blieb die Steinsammlung (hauptsächlich Windkanter und etwa 500 Versteinerungen) in einem Nebengebäude zurück. Walter Schwenecke wollte mit den Steinen möglichst bald „reinen Tisch" machen. Das Kulturhistorische Museum Magdeburg hatte nach einer Besichtigung Interesse an den Versteinerungen, aber das ganze Vorhaben ist im Sande verlaufen. Manfred hat 1976 das marode Gebäude samt der Steinsammlung abreißen lassen.

Walter Schwenecke befasste sich bis zu seinem Tode am 2. Januar 1984 intensiv mit weiteren recht anspruchsvollen Themen: Er war „Auf den Spuren eines Unbenannten" (dem Phänomen eines mineralischen Fädchens), Letzlinger „Platt" und Heimatgeschichte.

Im Jahre 2000 wurde der Diplomgeologe Hans-Eckhard Offhaus aus Salzwedel auf das „Merkwürdige Geröll" in der Jahresschrift von 1968 des Kreismuseums Haldensleben (30) aufmerksam. An Hand eines beachtlichen Teiles vom Schriftverkehr, Aufsätzen und sonstigen Aufzeichnungen aus dem Nachlass von Walter Schwenecke konnte er dessen wissenschaftliche Arbeit nachvollziehen und die darin enthaltenen Ergebnisse durch eigene statistische Berechnungen im wesentlichen bestätigen und öffentlich würdigen. Es würde sich lohnen, weiter zu machen, meinte er. Auf seine Initiative hin wurde der o.g. Beitrag in der Bücherei der Gesellschaft für Geschiebekunde (Hamburg) unter der Rubrik Sonderdrucke III 694 Schwenecke W.

1968 aufgenommen. In der Zeitschrift 'Geschiebekunde aktuell' Heft 17 (4): 145-146 (25) erinnert er in einem gemeinsamen Beitrag mit Steffen Langusch, Leiter der Interessengemein-
schaft Geologie Salzwedel, an den Heimatforscher Walter Schwenecke.

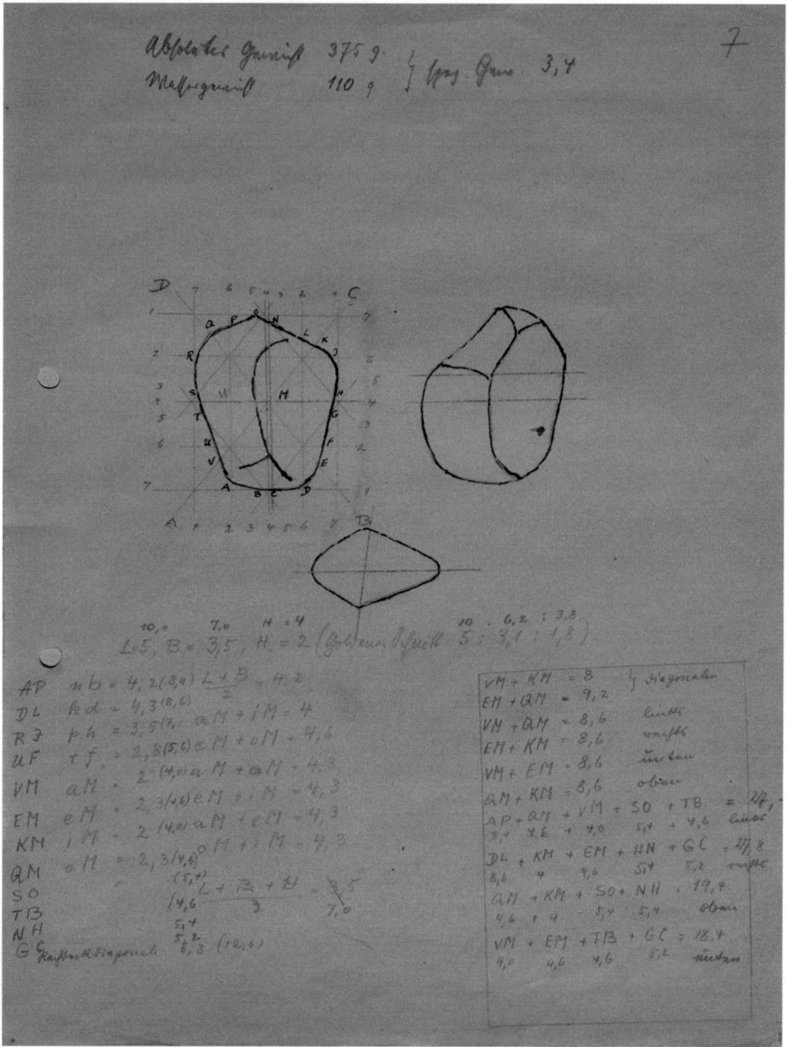

Morphometrische Studien erster Funde

(33)

Gestalt: „materielles Gebilde, das sich durch seine räumliche u. physikalische Beschaffenheit von seiner Umgebung deutlich abhebt."

„Ich bezeichne also für den Augenblick das einzelne materielle Ding selbst u. nicht die allen gleich gleichgestalteten Einzeldingen gemeinsame abstrakte Eigenschaft „Form" als eine Gestalt."

C.F. v. Weizsäcker, Die Geschichte der Natur, Vandenhoeck & Ruprecht Göttingen, 5. Aufl. 1962
S. 63/4

„Die Klassifizierung erfolgt, statistischen Regeln entsprechend, nach Gruppen. Die Gruppen werden gebildet nach Größe, Form, Lagerungseigenart, Zusammensetzung oder sonstigen Merkmalen des Materials."
Köster, S. 3

(34) Um das hier angestrebte Untersuchungsverfahren besser vom morphometrischen Verfahren unterscheiden zu können, möchte ich es als „Morphologie" bezeichnen, obwohl dann das Vermessen die ausschlaggebende Rolle spielt. ~~Die Unterschiede~~ Es unterscheidet sich grundlegend vom morphometrischen darin, daß es aus den morphologischen Aspekt gelten läßt, die räumlichen ~~... ...~~ also bemüht, ganz unvoreingenommen zu betrachten.

(35) Das zeigt sich schon in der Auswahl des Untersuchungsmaterials. Gesucht ~~u. gebraucht~~ werden „Gestalten" (also „morph."). Dabei mög. gelten, was „Gestalt" unter „G.F. v. Weizsäcker" ein materielles Gebilde" verstanden werden, das sich durch seine räumliche u. physikalische Beschaffenheit von seiner Umgebung deutlich abhebt." (s.o.). „Umgebung" bedeutet hier für uns das umliegende Gesteinsmaterial. Schon die oberflächliche Betrachtung einer Anhäufung von Gesteinsstücken zeigt, daß eine Auswahl unterm morphologischen Gesichtspunkt möglich ist u. nur ein kleiner Teil des Gesamtmaterials für eine morphologische Betrachtung in Frage kommt.

(36) Was die „Gestalten" von dem sie umgebenden Gesteinsmaterial abhebt, sind Ebenmaß u. Symmetrie. Beide Merkmale sind auffallend genug, um die Aus –

Aus dem Entwurf „Dreiflächenkanter"

2) Was man unter Windkanter versteht – die klassische und unsere Definition

„Windkanter? - Hab' ich noch nie gehört." So ergeht es wohl den meisten. Es ist ein wissenschaftlicher Name für Feldsteine, auch Lesesteine genannt, die durch ihre eigentümliche mit Kanten versehene Form in geologischen Kreisen allgemein bekannt sind und Forschungsgegenstand (waren). Wer nur den Namen vernimmt, kann sich unter Windkanter eigentlich nichts vorstellen. Eine klare Benennung, die sich auf das Aussehen beziehen müsste, gibt es bisher nicht. Wir möchten das ändern, damit dem Leser ein Bild vor Augen tritt und er solche Gesteinsstücke leicht erkennen kann, wollen aber keinen neuen Namen kreieren, das wäre töricht.

Die Kenntnis über Windkanter zählt nicht unbedingt zur Allgemeinbildung. Wer sich dennoch für diese Spezies in der Gesteinswelt interessiert (die Neugierde dürfte schon bei der ersten Begegnung mit diesen eigenartigen Gestalten geweckt werden), wird mit Erstaunen feststellen, dass in diversen Publikationen ihre vermeintliche Entstehung durch Windschliff im Vordergrund steht. Aber darüber, wie sie aussehen, nur wenig geschrieben wurde. Im Grunde genommen fehlt bis heute eine anerkannte morphometrische Beschreibung. Zumindest erfährt der Leser aus der Literatur und dem Internet fast gleichlautend so viel: „Windkanter. Einzelstein oder Gesteinsbruchstück, das durch Korrasion eine oder mehrere zugeschliffene Kanten erhalten hat. Die Kante entsteht senkrecht zur Windrichtung durch eine im Luv neu geschliffene facettenartige Fläche. Je nach Anzahl der Kanten, die aus der Lageänderung des Gesteins zur vorherrschenden Windrichtung oder aus Änderung der Windrichtung resultieren, werden sie Einkanter, Dreikanter, Pyramidalkanter oder Vielkanter genannt. Die in ehemaligen Glazialgebieten nach dem Eisrückzug korrasiv überprägten Geschiebe heißen Kantengeschiebe" (19). Ohne Bilder wüsste der Leser wohl nicht, wie diese Steine aussehen. Das wird einfach vorausgesetzt. Es sind also Gesteine, die durch ausgeprägte Kanten und eine ziemlich glatte Oberfläche auffallen. Wegen ihrer Kanten unterscheiden sie sich eindeutig von Steinen, die das Wasser mehr oder weniger platt geschliffen hat (z.B. Strand - Steine), und auch von denen, die auf andere Weise abgerundet worden sind.

In Sprichwörtern kommt das Wort „Stein" recht häufig vor. Einige Beispiele:

„Den ersten Stein auf jemanden werfen", „jemandem einen Stein in den Weg legen", „den Stein ins Rollen bringen", „es möchte einen Stein erbarmen", „aus Steinen Brot machen wollen" und viele andere mehr. Edelsteine sind wegen ihrer Schönheit und ihrer Seltenheit sehr begehrt, auch weil man ihnen Heilkräfte zuspricht. Einige Menschen wiederum tragen in ihrem Körper äußerst schmerzhafte Steine, die sie ganz schnell wieder loswerden möchten: Gallen-, Nieren-, Blasensteine bis hin zu Magensteinen. Das Wort „Stein" ist seit Urzeiten, (aus dem Althochdeutschen) umgangssprachlich in Gebrauch; es ist stark maskulin und bedeutet „Fels", „Felsbrocken"; außerdem ist es urverwandt mit dem altslawischen Wort „Stena", das „Wand" und „Mauer" bedeutet (18). Im Englischen steht „ston" für Stein.

Wir meinen im Einklang der Geowissenschaften mit Steinen feste (isotrope) Körper (genauer gesagt Mineralgemenge), die von einem anstehenden Gestein (Felsen) einmal losgelöst worden sind. Alle vom Fels stammenden Teile, ob sie so klein sind wie Sandkörner (und noch viel kleiner bis zum Ton) oder das Ausmaß von Felsen erreichen, fallen unter den Begriff „Gestein". Von der geologischen Klassifikation her gesehen bezeichnet man als „Steine" solche Gesteine, die 6,3 bis 20 Zentimeter groß sind (Kapitel 9). Nun befinden sich aber laut unserer Nachforschungen unter allen Korngrößen vom Kies, über Steine, Blöcke bis zu metergroßen Findlingen Windkanter, deshalb kann und darf die Definition für Windkanter sich nicht, wie oben zitiert, allein auf die Fraktion „Steine" beschränken - das ist sogar irreführend.

Von einem Massiv abtrünnige Teile, die im und auf dem Boden (Pedosphäre), auf Feldern, Wiesen und in Wäldern vorkommen, heißen Lesesteine; zu dieser Kategorie zählen Windkanter. Wir haben sie hauptsächlich auf Äckern der Letzlinger Feldmark gesammelt und die zu schweren Brocken fotografisch erfasst.

In der Literatur kursieren unter dem Oberbegriff „Windkanter" weitere Namen wie: Kantengeschiebe, Kantenkiesel, Windschliffe, Windkiesel, Windflächner, Wüstenkanter, Glyptolithe, Eolithe, Aeroxyste, Pyramidalgeschiebe, Kantengerölle, Facettengerölle, Firstkanter, Flächengesteine, Sandgebläsesteine - und das sind bestimmt noch nicht alle (17) und (4).

Wissenschaftler, genannt sei Johann Walther (1860-1937), beobachteten die schleifende Wirkung des Windes in Wüstengebieten und führten zudem Experimente mit „Sandstrahlgebläsen" durch. Darauf fußt die Namensgebung „Windkanter" (1907) durch den Geologen Vorwerg. Die englische Bezeichnung lautet: „sand-cuttings", „sand – blasted pebbles", "sand- bzw. wind-worn pebbles" (4) sowie „ventifact".

Das häufige Vorkommen von Windkantern in Wüsten und vorwiegend Endmoränen der Eiszeiten bestärkt die o.g. Lehrmeinung (Windschliffthese) der Geowissenschaft. Dieses simple Modell, wir halten es für eine Wunschvorstellung, hat sich seit Beginn der Windkanterforschung um 1858 mit dem Geologen Gutbier bis heute fast unverändert gehalten.

Ob es sich bei Fundstücken jeweils um echte Windkanter handelt, da sind sich die Fachleute nicht immer einig: Die einen meinen „ja", andere halten sie für versteinerte Abgüsse (zum Beispiel einer nussartigen Frucht) oder sie erkennen Merkmale, die gegen Windschliff sprechen, wie z. B. an sogenannten Eiskantern, die Schrammen durch den Transport im Eis bekommen haben. Erwähnen müssen wir auch, dass man Windkanter schon einmal für Artefakte aus der Steinzeit hielt. Wir fanden ab und zu Steine, die an Faustkeile erinnern, oder an Klingen (Schaber); sie hatten aber keinerlei Spuren wie z.B. Abschläge, die von der Bearbeitung mit „Steinwerkzeugen" stammen könnten.

Es gibt nach unserer Einschätzung noch keine klaren Kriterien zur Identifizierung der Windkanter. Hier beginnt das Dilemma der Verständigung darüber was überhaupt Windkanter sind. Außerdem existiert nicht einmal eine eindeutige begriffliche Klärung bzw. Benennung der Einzelheiten wie Kanten, Größe, Flächen und anderer Merkmale. Ungeachtet verschiedener Ansichten über die Entstehung müsste unbedingt erst einmal eine Einigung zur Beurteilung der Gestalten erzielt werden. Die Form bzw. Gestalt steht an erster Stelle, erst danach stellt sich die Frage nach der Entstehung (33) und (21).

Wir finden aufgrund unserer Erkenntnisse aus morphologischen Betrachtungen heraus folgende allgemein gehaltene Formulierung eher zutreffend:

<u>„Windkanter sind Gesteine (Kiesel, Steine, Blöcke und Findlinge) von pyramidalem Habitus mit Proportionen des Goldenen Schnittes. Sie weisen Kanten auf. In den Kanten schneiden sich konvex gewölbte Flächen. Es gibt keine einspringende Ecken und Kanten. Die Kanten verlaufen von den Ecken zur Mitte."</u>

Die beste Definition schafft aber die Natur selbst, man muss die Steine sehen und tasten. Bei der Zuordnung zum jeweiligen Formtyp zählte man bisher nur die „scharfen" Kanten. Daher sind Windkanter unter den Namen Einkanter, Zweikanter (Parallelkanter), Dreikanter und Mehrkanter (Fünfkanter etc.) geläufig. Walter Schwenecke entdeckte im Verlauf seiner Windkanterforschung einen weiteren Formtyp, den er „Dreikantenstein" nannte (Wir nennen denselben Typ Dreiflächenkanter): Das sind Windkanter, die nur im Kleinstformat vorkommen.

Die Ausbildung und Qualität der Oberfläche ist bei der Beurteilung, ob es sich tatsächlich um einen Windkanter handelt, zu berücksichtigen, denn Steine mit konkaven, d.h., nach innen gewölbten Flächen, gehören auf keinen Fall zur Gilde der Windkanter. Bei ihnen stimmen auch die meisten anderen Merkmale nicht mit denen von Windkantern überein. Wir denken dabei an Feuersteine, von denen man z. B. im Internet einige unter „Windkanter" abgebildet hat, obwohl deren Oberfläche Einsprünge aufweisen und die Bruchflächen konkav gewölbt sind.

Die stoffliche Zusammensetzung und Beschaffenheit spielt eine entscheidende Rolle: Windkanter sind durchweg Gesteine, die aus einem Gemenge kristalliner Mineralien (Sandstein, Porphyr, Gneis) bestehen. Trotz dieser heterogenen Beschaffenheit ist die Oberfläche in der Regel glatt mit matt firnisartiger Politur. Sie ist selten gegliedert. Wir haben in den Gesteinsarten Basalt, Glimmerschiefer und anderen, die wir leider nicht sicher bestimmen können, keinen einzigen Windkanter gefunden.

Steinliebhaber sammeln in der Regel spezielle Stücke, z. B. die edlen von besonderem Äußeren. Beschädigte wie auch Bruchstücke bleiben dabei meist unbeachtet. Aber auch Bruchstücke von Windkantern können aus verschiedenen Gründen interessant sein (Kapitel 20). Wem die komplette Gestalt geläufig ist, der wird solche auch gleich erkennen. In diesem Zusammenhang stellt sich die Frage nach „angefangenen" Windkantern, wo laut Windschliffthese der Sandwind sein Kunstwerk nicht vollenden konnte. Wir meinen solche, die von der Gestalt her Windkanter sind, aber mindestens eine „ungeschliffene", also recht grobe ebene Fläche aufweisen. Bisher sind wir nur wenigen unfertigen Exemplaren begegnet – an ihnen sieht man aber, dass lediglich Teile abgeplatzt sind.

Windkanter erfreuen sich allgemeiner Beliebtheit. Kinder spielen überhaupt gern mit Steinen. Sie kommen auf Ideen, daran denkt man gar nicht.

Das animierende Wesen unserer Steine rührt vor allem aus ihrem Habitus - sie sehen auf ihre Art einfach schön aus. Das geübte Auge erkennt sie schon aus der Ferne oder schon allein am „Schattenbild". Selbst wenn sie mit dem „Gesicht" (Kanten) nach unten liegen, hatten wir meistens den richtigen Riecher.

In der Mineralogie ist der Begriff „Habitus" selbstverständlich, man spricht vom „Kristall-Habitus". Kristalle sind geometrische Körper, Windkanter sind unserer Meinung nach deformierte (fast) geometrische Körper. - Folglich halten wir es für berechtigt, alle Gesteine, die diesen Habitus aufweisen, unter dem Begriff „Windkanter" zu führen.

Foto 1 (oben): Dreiflächenkanter/Einkanter, *Foto 2* (unten): Zweikanter/Vierkanter

Foto 3 (oben): Dreikanter, *Foto 4* (unten): Fünfkanter

3) Nachrichten über die Verbreitung

Die Letzlinger Gemarkung erscheint uns, nachdem wir einige andere windkanterträchtige Gegenden besucht hatten, als Paradies für Windkanterfreunde (so viel Patriotismus muss einfach sein!). Die rund zwanzig Meter über Letzlingen ragende Hügelkette: Mühlenberg - Kleiner Bullenberg – Eichenrähmberg - Hoher Hügel - bietet eine reichhaltige Kollektion aller Windkanterformen - vom Einkanter bis zum Fünfkanter sowie Dreiflächenkanter in Reinzucht. Hier ist fast jeder vierte Lesestein ein Windkanter, Bruchstücke nicht mitgerechnet. In der Niederung zum Dorfe hin (ca. achtundsechzig Meter ü. N. N.) lohnt sich die Suche allerdings nicht, dort sind kaum Steine vorhanden. Man findet Windkanter in der Letzlinger Heide und in angrenzenden sandigen Gegenden, allerdings stellenweise in geringer Qualität und niedrigem Aufkommen. „Windkanter - Äcker" begegnet man in mehreren Landstrichen der Altmark.

Es bedarf also deswegen keiner Weltreise. Wer dennoch gerne reisen möchte, würde fündig werden an diversen Meeresküsten, in nord- und südafrikanischen sowie zentralasiatischen Wüsten, in Regionen des höheren Nordens wie in Skandinavien, in Island, auf Grönland und Spitzbergen. Es liegen auch Berichte über Windkanterfunde in Mexiko, Colorado, Nebraska und Neuseeland vor. Die einschlägige Literatur enthält Hinweise auf weitere Fundorte, die wir hier gar nicht alle aufzählen können.

Forscher berichten hauptsächlich über Beobachtungen in libyschen und ägyptischen Wüsten sowie in Gebieten der ehemaligen Vereisung im Norden. Die Rede ist in einigen Publikationen, allgemeiner gehalten, von „windgeschliffenen Geschieben" in interglazialen Wüsten (zwischen den Eiszeiten). Das sind wohl alles - wie der Geologe sagt - aufgeschlossene Funde, d.h., offen liegend. Wie es mit Windkantern unterhalb der Lößschicht bestellt ist, ist in der Regel unbekannt. Dort können Windkanter begraben liegen, wo man sie gar nicht vermutet.

Auch auf anderen Planeten gibt es Anzeichen von Windkantern. Sollten sie dort wirklich, d.h., mit den charakteristischen Merkmalen, wie wir sie hier beschreiben, vorkommen, könnte das von noch größerem wissenschaftlichen Interesse sein. In Aussicht stehen angeblich für dieses Jahrzehnt Einweg-Tickets zum Mars. Wir lassen uns aber gern von dort berichten, wie es auf dem mindestens sechsundfünfzig Millionen Kilometer entfernten Planeten um Windkanter bestellt ist. Auf dem Mars, so meint man, könnten sie vorkommen (35). (Er besitzt eine Atmosphäre und seine Wolken enthalten Staub, Kohlendioxyd und Wasser - und es sind sogar Wanderdünen entdeckt worden (20). Also Wind und Sand sind vorhanden - Windschliffthese! -

stützen diese Vermutung. So gut ausgeprägt wie um Letzlingen sind die Windkanter weder in Mecklenburg Vorpommern noch in der Lüneburger Heide oder in den Harburger Bergen bei Hamburg. Wir meinen aber auch dort an auffallend vielen Feldsteinen die Grundform der Windkanter erkannt zu haben; die Kanten sind nur stärker gerundet. Das betrifft ebenfalls Fundorte wie bei Ammersbek (Schleswig - Holstein), um Tann (Kiesgrube in Niederbayern) und andere. Natürlich richtete sich unser Blick bei Baustellenjobs, wenn sich die Gelegenheit bot, auf Kies und Steine, ob sich unter diesen Baustoffen bzw. dem Aushub Windkanter befinden. Unter hunderten Kubikmetern entdeckten wir so gut wie keinen – aber in Szászhalombatta (Ungarn - Donaunähe), Karlsruhe (Rhein), Köln (Rhein) und Burghausen (Salzach) fand sich doch ein erstaunlich hoher Anteil an Stücken mit pyramidaler Form. Im Habitus stehen diese Exemplare den renommierten Windkantern sehr, sehr nahe. Wir wollen damit sagen, dass das Sammlerherz sicherlich auf dem Geschiebe der Letzlinger Heide höher schlagen würde, aber Windkanterforschung auch an anderen Orten sinnvoll wäre, denn es kommt auf die Flächen, die das Gesteinsstück begrenzen, an und nicht auf die scharfen Kanten. Manch Leser wird jetzt den Kopf schütteln, aber sobald er die anderen Kapitel gelesen hat, wird er uns beipflichten können.

Windkanter fallen auch an Orten auf, an denen sie gar nicht beheimatet sein können. Sie wurden von Menschenhand aus der Ferne herbeigeschafft im Sortiment von Feldsteinen zu Dekorationszwecken und anderer spezieller Verwendungen, zum Beispiel in der Oberpfalz: In Bad Neualbenreuth spazieren wir entlang mehrerer Grundstücke, deren Gebäude mit Feldsteinen umrandet werden und sind erstaunt, dass „unsere" Windkanter dazwischen liegen. Wir haben fast überall, auch in anderen Landesteilen (Pfalz), wo mit Feldsteinen dekoriert worden ist, Windkanterformen gesichtet.

Zur horizontalen Verbreitung lässt sich zusammenfassend feststellen, dass Windkanter sowohl in ihrer idealen Gestalt als auch in der typischen Grundform fast überall auf der Erde anzutreffen sind. Das hat wohl etwas zu bedeuten!

Ebenso wichtig sind Nachrichten über die vertikale Verbreitung. Vertikal bedeutet eine Reise in die Vergangenheit – zu Erdformationen, die vor Millionen von Jahren die äußerste Schicht der Erdkruste einmal gebildet haben. Die gegenwärtige ist das Quartär, aber nicht alle Windkanter gehören zu dieser jüngsten Formation. Über Windkanterfunde aus älteren Formationen schrieb Alfred Dücker in seiner Inaugural - Dissertation (4 s): „Im Algonkium (Walther 1909 im Torridonsandstein Schottlands). Im Kambrium (Nathorst im Eophytonsandstein, 1885, 1886). Unterkambrium (Visingosandstein von Närke durch Sost, 1912). Aus Präkambrium (in der Sammlung von Prof. Wüst aus der Gegend von Wilna). Es wurde festgestellt, dass die Windschliff-Facetten unter dem anhaftenden Muttergestein hindurch verliefen, mithin also das Sandgebläse bereits vor der Diagenese (Umbildung) des Gesteins wirksam gewesen sein muss und somit nicht diluvialen Alters ist. Im Oberrotliegenden am Kyffhäuser (Meinecke 1910), in Baden-Baden (Schmidt 1908, Salomon 1911). Im Zechsteinkonglomerat (Naumann 1910). In der Trias weit verbreitet (Chelius & Klemin 1894, Zimmermann 1907). Im Alluvium vorhandene fossile Windkanter, vielleicht auch heute sich bildende rezente Windkanter. Im norddeutschen Flachland Beobachtungen auch älterer Sandschliffwirkungen (Meyer – als die Reste einer besonderen der vorletzten Eiszeit vorangegangenen Vereisung. Tietze 1910, 1916, 1918)." Der Laie kann da nur sagen „aha?" Es sind zum Teil Bezeichnungen, die heute nicht mehr verwendet werden, uns interessiert aber vor allem das Alter in Jahresangaben. Neue Informationen über das vertikale Vorkommen waren leider nicht aufzutreiben. Fachleute können die obigen Angaben leicht in Jahresangaben „übersetzen". Wir haben es kurzerhand versucht und gelangen zu dem Ergebnis, dass einige Funde älter sind als 550 Mio. Jahre (1,2 Mrd. Jahre), dass einige um 570 Mio. Jahre, um 240 Mio. Jahre, 225 Mio. Jahre alt sind und einige aus der jetzigen nacheiszeitlichen Warmzeit stammen. Wir gehen davon aus, dass die o.g. Funde Aufschlüssen jener Formation/Abteilung entnommen worden sind und nicht etwa losgelöstem Gestein wie Moränen. Mehr sollten wir als Außenstehende dazu nicht äußern. Am besten wäre, Aufschlüsse, wie sie die Natur bietet, selbst aufzusuchen.

Eigene „Aufschlüsse":

Wir haben auf einem brach liegenden Stück am eingangs genannten Kleinen Bullenberg (südlich von Letzlingen) mehrere etwa zwei Meter tiefe Löcher in den Sandboden geschachtet, um zu sehen, ob unter der Bodenkrume Windkanter anzutreffen sind, mussten aber einsehen, dass das mit nur etwa drei Kubikmeter Aushub pro Schachtung sinnlos ist und ohne Einsturzsicherung gefährlich werden kann; es hat aber trotzdem große Freude bereitet. (vergleiche auch Abb. 42 Seite 217). Unter der sehr dünnen Ackerkrume liegt feiner weißer Sand (den man früher in die Stuben gestreut hätte), und dann kommt bei etwa zwei Metern eine Tonschicht. Im Aushub befinden sich vereinzelt Steine, sie sind wie vom Wasser gerundet. Bei Tiefbauarbeiten in Schönebeck, Ortsteil Bad Salzelmen und im benachbarten Welsleben gab es hingegen eine große Überraschung: Unter der rund anderthalb Meter dicken steinfreien Schwarzerdedecke (Magdeburger Börde), liegt eine sehr harte und feste, etwa einen halben

Meter mächtige Knatterschicht, die als Steinsohle bezeichnet wird. In dem Durcheinander aus allen Korngrößen, die miteinander „verklebt" sind, befinden sich Windkanter vom Typ Ein- und Zweikanter und das in Faust- bis Blockgröße sowie viele Windkanterbruchstücke, die eindeutig von diesen Typen stammen. Es sind offenbar Mittelteile und Enden. In dieser Steinsohle befinden sich jedoch keine Stücke, die nur angebrochen sind und gleich auseinanderfallen könnten, obwohl die Steine im Frostbereich liegen. Jene Windkanter, deren Teile in der Steinsole enthalten sind, müssen daher andernorts (durch Gebirgskräfte) zerborsten sein. Auf Kiesel namens Dreiflächenkanter haben wir leider nicht geachtet, weil sie damals noch unbekannt waren.

Begehrte Windkanter:

Besondere Freude bereiten Blöcke, die in Parkanlagen, in Vorgärten und zur Begrenzung an Straßenrändern als ansprechende und zugleich praktische Dekoration Ortsbilder zieren, denn die schönsten unter ihnen sind Windkanter.

Schlussendlich: Eine systematische Erfassung des Windkanteraufkommens, horizontal wie auch vertikal, steht noch aus. Ob der Aufwand sinnvoll wäre, lässt sich im Moment schwer sagen. Das hängt davon ab, welche Konsequenzen sich aus unserer Formanalyse ergeben werden.

Foto 5: *Letzlinger Feldmark*

4) Die Bedeutung des Windkanterproblems – unsere Kritik an der Lehrmeinung vom Windschliff

Das Besondere an Windkantern ist ihre Formeigentümlichkeit, in der sie sich von den umliegenden Gesteinsstücken unterscheiden, sonst wären sie gar nicht aufgefallen. Es ist sehr merkwürdig, dass in einer umfangreichen Fachliteratur keine näheren Informationen über die Erscheinungsformen aufzufinden sind, obwohl insbesondere Formmerkmale den Körper charakterisieren. Bekanntlich setzt die Postulierung der Morphogenese die genaue Kenntnis der Form voraus. Wie lässt sich erklären, dass in den einschlägigen Arbeiten sogar Angaben über Größe und Gewicht fast völlig fehlen, obwohl beide Faktoren auch hinsichtlich der Windschliffheorie eine bedeutende Rolle spielen? - Die Vernachlässigung von Form, Größe und Gewicht lässt sich hauptsächlich auf die festgelegte Meinung über die Entstehungsursache zurückführen. Die zum Lehrsatz erhobene Windschliffthese hat Forschungsarbeiten blockiert. Allenfalls waren (sind?) neue Erkenntnisse willkommen, jedoch nur, wenn sie die These stützen und nicht etwa infrage stellen.

Das gleichzeitige Vorhandensein von Kanten und Rundungen sowie von Proportionen wirft die Frage nach der Entstehungsursache auf, deren Lösung unserer Meinung nach im Wirkungsbereich enorm hoher (Verformungs-) Kräfte zu suchen ist; Wind- und Wasserströmung scheiden in diesem Fall als formende Kräfte selbstredend aus. Windkanter könnten daher als Hinterlassenschaft tektonischer Vorgänge wirklich von großer Bedeutung sein, indem sie zum Erkennen und Deuten jener Kräfte beizutragen vermögen. Soweit Probleme auftauchen, liegen sie nicht beim Stein, sondern bei den Kräften, die ihn geformt haben. Deshalb müsste der Stab von der Windkanterforschung an andere Forschungsgebiete (z.B. Kristallographie, Gefügekunde) übergeben werden.

Warum scheiden Wind- und Wasserströmung selbstredend aus? - Weil Luft- und Wasserströmung ähnlich sind (Strömungslehre). Wasserströmung rundet Steine, das ist eine unbestrittene Tatsache; Luftströmung (Wind) rundet ebenfalls Steine, auch das ist eine unbestrittene Tatsache. Windkanter haben jedoch Kanten! Windkanter sind im Ergebnis unserer Untersuchungen keine Windkanter, deshalb sind sie u.a. als Zeugen für die historische Paläoklimatologie ungeeignet.

Sowohl Luft als auch Wasser polieren die Oberfläche der Gesteine - das heißt aber noch lange nicht, dass Windkanter ihre glatten Flächen (Kapitel 16) ausschließlich dem Wind zu verdanken haben. Es geht um die Formen der Windkanter, und letzten Endes darum, wie sie entstanden sind. Über die Morphogenese bestehen unter renommierten Wissenschaftlern nur noch im Detail Meinungsverschiedenheiten, ansonsten gilt seit jeher der Sandwind als DER Kunsthandwerker. Davon kann sich der Leser mit den folgenden Zitaten ein Bild machen:

Johannes Walther (1860 – 1937) deutscher Biologe, renommierter Geologe und Paläontologe und anerkannter Wüstenforscher. In seinem Buch „Das Gesetz der Wüstenbildung in Gegenwart und Vorzeit" (32 s) beschreibt der Forscher Wüstenstürme und Sandschliff:

Seite 67 ff. über Wüstenstürme: „ Jede Wüste stellt ein Sturmzentrum dar, in welchem die Winde zusammenströmen und von dem die Stürme weit in die humide oder pluviale Nachbarregion hineindringen. Der rote Staub, der im Jahre 1901 aus der südlichen Sahara bis nach Schweden wanderte, bezeichnet den Weg einer solchen zentrifugalen Luftströmung. Aber ebenso bedeutungsvoll sind die zentripedal nach der Wüste eindringenden Winde, die besonders im Sommer auftreten, wenn die Luft aufgelockert emporsteigt. Geführt und geleitet durch Gebirge und Meere, strömt dann fremde Luft nach der Wüste herein und übt ihre abhebende oder auflagernde Wirkung am Boden derselben aus.

(…) Feuchte und trockene, horizontale und vertikale Luftbewegungen, warme Glutwinde und eisige Stürme wechseln Tag und Nacht in regelloser Folge miteinander ab.

(…) Man ist immer wieder überrascht, mit welcher Plötzlichkeit solche Winde einsetzen, welch große Stärke sie erreichen und wie rasch sie ihre Richtung ändern.

(…) daß auch der Wüstenwind ein sehr verwickeltes Gebilde ist, das in tausend Formen auf den Wüstenboden einwirkt, und dessen geologische Wirkung nicht ohne weiteres nach der mittleren Windrichtung, wie sie uns die Windfahne anzeigt, beurteilt werden kann. Bald in vereinzelten Stößen, bald mit breiter Fläche auf den Wüstenboden fallend, setzt plötzlich der heftige Sturm ein, und sofort wird der ruhende Boden lebendig, überall kriechen kleine Gerinne von Fremdkörpern über die Ebene, an jedem Hindernis sich gabelnd, und hinter ihm wieder ineinanderfließend. Jeder Hügel und jede Felswand lenkt die Windströme ab, dort biegen sie wie ein aufgescheuchtes Wild zur Seite, hier klettern sie blitzschnell empor gleiten durch jeden Spalt, kriechen in jeden Hohlraum und kommen rasch, mit lockeren Fragmenten beladen, wieder heraus.(…) Eine geradezu staunenswerte Rolle spielen die vertikal aufsteigenden Winde."

Seite 157: „Heftiger Wind transportiert noch Sandkörner von 2 mm Durchmesser, in seltenen Fällen können kleine Steinchen vom Sturme getragen werden."

Seite 183 ff. über die Entstehung von Windkantern: „Man war früher allgemein der Ansicht, daß sandführender Wind aus eckigen Felsenstücken runde Gerölle erzeugen könne, und als ich vor 20 Jahren meine 'Denudation in der Wüste' veröffentlichte, glaubte auch ich, daß der Sandwind Kiesel runden könne. Auf meinen späteren Reisen habe ich immer deutlicher eingesehen, daß diese Ansicht nicht richtig ist. Nur das Wasser rollt die eckigen Stücke, reibt sie aneinander, entfernt Ecken und Kanten und nähert sie immer mehr der Ei- und Kugelform. Liegen nun solche Gerölle aus einem Material, das weicher als Quarzsand ist oder dieselbe Härte besitzt, über den Wüstenboden zerstreut, über welchen der Sandwind schreitet, dann schleift der Sand nicht immer, aber oft neue Flächen an die Wassergerölle. Die ersten Windkanter beschrieb ich aus der arabischen Wüste (Über die Bildung von Windkantern in der libyschen Wüste, Monatsbericht der Dtsch. geol. Ges., 1901, Nr. 7); jetzt hatte ich am Ostrand der großen Oase Gelegenheit, in einem nur dem Nordwind zugänglichen Tälchen die Entstehung von Sandschliff auf feinkörnigen Kalkgeröllen in 'Reinzucht' zu studieren. In derselben Weise hatte schon früher Verworn und fast gleichzeitig mit mir H. Cloos ähnliche Beobachtungen beschrieben. Gerölle, die lange Zeit durch den Sandwind von einer Seite bearbeitet werden, erhalten eine Schlifffläche, welche gegen die Windrichtung fällt, und die mit einer Kante senkrecht zur Windrichtung streicht. Man bezeichnet derartige vom Wind bearbeitete Gerölle als Einkanter. Werden solche Einkanter durch Unterblasen bewegt, ohne daß ihr Streichen sich ändert, dann kann eine zweite oder dritte Fläche angeschnitten werden, und wir sprechen dann von Parallelkantern.

Die Möglichkeit, daß ein solcher Einkanter um seine senkrechte Achse gedreht wird, ist so gering, daß dieser Fall faktisch nicht in Frage kommen dürfte. Wenn wir daher einen Windkanter finden, der von mehreren Seiten mit Flächen angeschliffen ist, die sich in scharfen Kanten schneiden und den Typus sog. Dreikanter oder 'Pyramidalkanter' darstellen, dann müssen andere Bedingungen bei der Bildung gewirkt haben. Zwischen den obengenannten Ein- und Parallelkantern fand ich nur eine verhältnismäßig kleine Zahl von solchen Vielkantern. Ich spreche hierbei nicht von den Sprungkantern, bei denen nur ein scharfkantiges Felsstück poliert wurde, sondern von den Fällen, wo sich auf einer noch runden Basis drei oder vier Schliffflächen als Pyramide erheben. Hier, wie an anderen Stellen, wo ich diese echten 'Dreikanter' beobachtete, waren sie regellos zwischen den anderen Steinen verteilt, und ihre Kanten ließen keine Beziehung zu den hier allein wirksamen Nordwinden erkennen. Nur in einem einzigen Falle war deren Kante der Windrichtung parallel. Es ergibt sich daraus, daß sie nur dann entstehen, wenn der über den Boden schleifende Sand durch herumliegende Hindernisse in jene kleinen Sandgerinne zerlegt wird, die man während eines Sandsturmes wie Schlangen über den Boden gleiten sieht. Sie teilen sich vor jedem Hindernis, fließen dann wieder zusammen, können so an demselben Geröll von verschiedenen Seiten Flächen anschleifen, die sich in scharfen Kanten schneiden. Die in den Steinen vorhandenen Härteunterschiede werden vom wetzenden Sand oft herausmodelliert."

Seite 320 Interglaziale Wüste: „Sandschliffe entstanden überall, jedes oberflächlich umherliegende Geröll wurde zum Windkanter, und der scharfe Diluvialsand, der mit frischen Ecken und Kanten aus dem Boden stieg, bedingte Korrasionserscheinungen von solcher Schärfe, wie die seit langem gerundeten und bewegten Sandkörner der Wüstendünen kaum zu erzeugen vermögen."

Emanuel Kayser (1845 – 1927 ebenfalls ein bedeutender deutscher Geologe und Paläontologe)

E. Kayser hat sich u. a. mit seinem 'Lehrbuch der Geologie', es sind vier Bände, verdient gemacht (14). Im ersten Band (achte Auflage!) schreibt er auf Seite 311 über die Entstehung der Kantengerölle: „Ein weiteres Erzeugnis des Windschliffs sind die Kantengerölle oder Windkanter (Kantenkiesel, Kanten- oder Pyramidalgerölle, Dreikanter), wie sie in der norddeutschen und mittelrheinischen Tiefebene, an vielen Meeresküsten, besonders aber in den Flugsandgebieten aller Wüsten verbreitet sind: polygonal – pyramidal, nicht selten tetraedisch gestaltete, aus allerhand harten Gesteinen bestehende Geschiebe mit mehr oder weniger scharfen Kanten und geglätteten, einen matten Firnisglanz zeigenden Flächen. Die Zahl und Anordnung ihrer Flächen und Kanten hängt nicht von den Windrichtungen, sondern lediglich von der ursprünglichen Gestalt der Geschiebe ab. Der sandbeladene Wind schleift, je nach seiner Richtung, bald die eine, bald die andere Fläche von unten aus nach oben ab.

Auf künstlichem Wege, durch Anwendung des Sandstrahlgebläses, hat R. Hedström Stücken von Kalkstein, Sandstein, Porphyr usw. die bezeichnende kantige Gestalt, die mattgeschliffenen Flächen und die narbige Oberfläche der natürlichen Kantengerölle gegeben." (Kayser verweist auf Behrendt …, Mickwtz …, Heim …, Johnsen …, Delhaes …, Pfannkuch … und Hedström …)

Über 'Kieswüsten' Seite 320: „ … Infolge größerer Windstärke und des Vorherrschens einer Windrichtung wandern hier nicht nur der Staub, sondern auch die Sandkörner in einer Himmelsrichtung fort, so daß nur unbeweglicher gröberer Kies übrig bleibt, der teils von eckiger

Beschaffenheit ist (Abb. 256), teils durch den Flugsand allmählich mehr oder weniger rund geschliffen wird (Sserir der Libyschen und Arabischen Wüste)."

Die Abbildung 256 wird kommentiert: „Eckiger Wüstenkies, bestehend aus sehr scharfkantigen, aus der Zersprengung größerer Gesteinsstücke durch Insolation hervorgerufenen Stückchen, die zu kleinen Windkantern umgebildet sind. Ausfüllung eines weiten Beckens südlich der Elisabethbucht, Namib. H. Cloos ges. 1910 (Geol. Museum Marburg.)" Insolation heißt: durch Sonneneinstrahlung. Im Zusammenhang mit der Ablagerung von Löß, Seite 345/346: „Indes sprechen die Schichtungslosigkeit des Lösses …; … die an seiner Unterlage gelegentlich vorkommenden Windkanter." Abbildung 277: „Stück eines Windschliffpflasters an der Unterseite einer Lößablagerung. …. Die Pfeile bezeichnen die größeren Schliffflächen." (Vergleiche Kapitel 3 vertikale Verbreitung – Funde bei Schachtarbeiten in der Magdeburger Börde.)

Roland Brinkmann (1898 – 1951 deutscher Geologe und Paläontologe)

in „Abriß der Geologie" (2 s) Seite 56 :

„Auf festes Gestein wirkt die Korrasion, der schleifende Abtrag durch sandbeladenen Wind. Felsbrocken werden der vorherrschenden Windrichtung entsprechend in Stromlinienform mit deutlicher Luv- und Leeseite zugeschliffen. Lose Blöcke erhalten Schliff–Facetten und werden in Windkanter verwandelt."

Wilhelm Pfannkuch

„(…) Die ideal ausgebildeten Formentypen verlangen eine eigene Entstehungsart. Ihre Flächen und Kanten sind etwas Neues und Selbständiges." (27 s)

Hermann Schröder

Zur Entstehung der Windschliffe in den altmärkischen Diluvialsanden (29 s; Seite 103 und 106).

„(…) Funde: Windgeschliffene Fläche mit der Sandoberfläche in einer Ebene.

Diese Form ist nun so entstanden, daß das Geschiebe mit einem Teil seiner unregelmäßigen Gestalt aus dem Diluvialsand herausragte. Dieser Teil wurde vom windbewegten Sand abgeschliffen, und zwar soweit, wie er sich über der Sandoberfläche erhob. Durch die Wegnahme von Gesteinsmaterial wurde nun nicht nur die Gestalt der Geschiebe verändert, sondern auch das Gleichgewicht. Das Gesteinsstück befindet sich nun nicht mehr, wie ursprünglich, im stabilen Gleichgewicht und hat das Bestreben, es wieder herzustellen. So wird es schließlich zu einer Umlagerung des Gesteins kommen. So beginnt das Spiel der Abschleifung von neuem. Für diese Entstehungsart der Kantengerölle genügt also die Einwirkung des Windes aus nur einer Richtung.

Bei der unregelmäßigen Gestalt des Ausgangsstückes ist es nicht gut möglich, zu sagen, wie groß das Maß der Abschleifung war. Anders ist es, wenn es sich um gerundete Gerölle handelt; hier kann man aus der verbliebenen Rundung des Gerölls schließen, wieviel Material weggeschliffen wurde. Wir haben nun auch eine Erklärung für den auffallend hohen Grad der Abschleifung gerade bei diesen gerundeten Geröllen; dadurch nämlich, daß es sich um Gesteinsstücke von annähernd symmetrischem Bau handelt, werden durch die Windabschleifung die Gleichgewichtsverhältnisse schwerer gestört als bei den ungleichmäßig geformten Stücken. Eine Umlagerung findet bei ihnen also nicht so schnell statt. Ist ein Abschleifen des Gerölls bis zur Höhe des Sandniveaus erfolgt, so wird durch Hinwegführen des Sandes an den randlichen Partien des Gerölls ein weiteres Stück freigelegt (Unterblasung), das nun wieder aus dem Sande herausschaut und von neuem abgeschliffen wird. Ähnlich verhält es sich bei Gesteinsstücken mit plattiger Grundform. Aus statischen Gründen neigen also beide Arten von Gesteinsformen zur Bildung von Einflächern.

Durch fortgesetzte Umlagerung sind alle jene Stücke zu erklären, an denen eine ganze Reihe von abgeschliffenen Flächen zonar nebeneinander nachgewiesen werden können. Hierzu gehören auch jene Kantengerölle, die eine doppelseitige Ausbildung erfahren haben, also den Charakter einer Doppelpyramide tragen. Grenzen die einzelnen windgeschliffenen Flächen der Ober- und Unterseite mit ausgeprägten Kanten aneinander, so ist ihre Entstehung durch allmähliches Umlagern des Gerölls aus statischen Gründen in der oben beschriebenen Weise zu erklären. Anders gestaltet sich der Fall, wenn zwischen den Windschliffflächen der Ober- und Unterseite eine Zone nicht abgeschliffener Flächen um das ganze herum eingeschaltet ist, wie wir es an vielen Kantengeröllen beobachten können. Diese Windschliffe sind nur durch plötzliches Umschwenken des Gesteins um 180° in vertikaler Richtung zu erklären, wie es etwa durch Flächenspülung verursacht werden kann. Nicht statthaft wäre die Annahme, daß auch hier ursprünglich Kanten ausgebildet waren, die dann später vielleicht durch allmähliche Drehung des Windes verwischt worden seien, daß also nur scheinbar keine Windbearbeitung stattgefunden hat; denn auch dort, wo sich eine geringe Windwirkung nachweisen läßt, zeigt häufig die verschwommen angedeutete ursprüngliche Bruchfläche an, wie gering die Bearbeitung gewesen ist, und läßt nicht die Deutung einer zweimaligen Windbearbeitung, nämlich die Herausbildung der Kanten, dann Auslöschen der Kante zu.“

Und außerdem meint der Autor: „ Restlos den Formenschatz der Kantengerölle aus den Änderungen der Hauptwindrichtungen zu erklären, ist nicht möglich." (…) „Für Norddeutschland nimmt man nun an, daß am Schlusse der letzten Eiszeit Steppenklima geherrscht hat, und in diese Zeit müssen wir die Entstehung der Dreikanter legen."

Alfred Dücker (1909 – 1986) Inaugural-Dissertation 1933 (4 s)

(…) „Durch die Kanten unterscheiden sie sich wesentlich von den stets gerundeten und geschliffenen Geröllen des Wassers und den durchweg ungleichmäßig gerundeten Geschieben der Moräne. Die Frage nach der Entstehung der windgeschliffenen Geschiebe, insbesondere die Frage nach dem Vorgang und der Bildungsart der so auffälligen Kanten am Gestein, hat eine zahlreiche, weit verstreute Literatur gezeitigt und mannigfache Erklärungsversuche und Theorien entstehen lassen:

Artefakte als Werkzeug oder Waffe (Virchow 1870).

Mit- und Einwirkung des Gletschereises (Gutbier 1858, Keilhack 1883).

Eine besondere Art Wassererosion (Berendt 1885, Gleinitz 1886)

Schütter- oder Packungstheorie (Berendt 1885)

Gegenseitiges Abschleifen aufeinander gepackter Geschiebe, die durch Schmelzwasser in andauernde Schütterung versetzt werden.

In fast allen Wüstengebieten der Erde konnte der Vorgang der Kantenentstehung am Gestein verfolgt und beobachtet werden. Dennoch aber weichen die Ansichten über die Arbeitstendenz und die Wirkungsweise des vom Wind getriebenen Sandes beträchtlich voneinander ab:

Beziehung zur Windrichtung (Cloos 1911, Kayser 1926, Verworn 1896, Walther 1891, 1911, 1924)

Spaltungstheorie, auch wenig befriedigend (Lit. Johnsen 1903, von Leiningen 1908, Lorit 1911, Tesch 1925)

Die ideal ausgebildeten Formentypen verlangen eine eigene Entstehungsart. Ihre Kanten und Flächen sind etwas Neues und Selbständiges (Pfannkuch 1919).

Abhängigkeit von der Umrissform (A. Heim 1887) Heim'sches Grundrissgesetz.

Auch ergibt sich, dass die stets in den Ecken der Basisfläche entspringenden Kanten das Bestreben haben, den Eckenwinkel genau zu halbieren (Pfannkuch 1913).

Damit aber ist jedes windgeschliffene Geschiebe in seinem Formentyp bestimmt, indem ihm als Entwicklungsbasis einfache geometrische Figuren dienen. Die Richtigkeit der äolischen Grundrisstheorie konnte in neuerer Zeit von Kuenen (1928) experimentell nachgewiesen werden. Mit Hilfe eines Staubsaugers wurden aus Kreidepulver hergestellte Modelle einem gleichmäßigen Sandstrom unterworfen. Alle Versuche ergaben in eindeutiger Weise, daß vertikale Flächen unter der Mitwirkung des Sandgebläses immer nach rückwärts (im Sinne der Windrichtung) abgeböscht und geneigt wurden. Dabei nahmen die verschiedenartig geformten Modelle unter beständigem Wechsel der Windrichtung die nach dem Heim'schen Grundrißgesetz zu erwartenden Formen an."

H. Bramer Dipl. Geograph (1 s)

„(...) Nur über die Vorgänge beim Sandschliff und seine Auswirkungen im einzelnen hat es immer wieder Auseinandersetzungen gegeben.

Man darf sich wohl der Ansicht von Beringer anschließen, daß bei Vorhandensein des notwendigen Schleifmaterials zwei Faktoren maßgeblich an der Ausbildung eines Steines zum Windkanter beteiligt sind. Es sind dies der Grundriß des Steines und die vorherrschende Windrichtung oder vielleicht besser die Richtung des wirksamen Bodenwindes. Unter der Richtung des wirksamen Bodenwindes möchte ich die Tatsache verstehen, daß ein Wind aus einer bestimmten Richtung durch mehr oder weniger große Hindernisse, Bodenwellen, andere Gesteine – abgelenkt und in seiner Richtung und damit auf ein bestimmtes Geschiebe oder Geröll verändert wird.

(...) Außer diesen beiden wesentlichen Faktoren sind bei der Windkanterentstehung noch folgende Tatsachen zu berücksichtigen, die eine Bildung beeinflussen, modifizieren, aber nicht grundlegend ändern können:

- das Material (weichere werden schneller abgeschliffen als harte)
- das Gefüge – Struktur und Textur des betreffenden Gesteins (homogene bzw. feinkörnige Steine besitzen allgemein eine glatte Oberfläche im Gegensatz zu heterogenen bzw. grobkörnigen), sowie vorhandene Bruch- oder Spaltflächen (Neigung, Anzahl)
- die äußere Form (Höhe, Breite)
- Besonderheiten der Oberfläche (Sprünge, Risse und dgl.)"

Roger Gheyselinck (6 s Seite 166)

„(...) Eines der auffallendsten Resultate der Winderosion sind die 'Windkiesel'. Manchmal findet man sie in Gebieten, wo heute alles andere als Wüstenverhältnisse herrschen, und dann sind sie die besten Zeugen für radikale Klimaänderungen. Sie verdienen unser Interesse besonders, weil sie auch bei uns zwischen den Findlingen vorkommen; aber ihre Formenverschiedenheit ist so groß, daß der Streit um die Ursache ihrer merkwürdigen Existenz noch nicht entschieden ist. Es ist klar, daß sie Kiesel sind, Geröll, das auf dem Wüstenboden liegenblieb und vom Sandsturm poliert und geschliffen wurde. Aber auch die Geologen sind sich noch nicht ganz einig darüber, wie die übrigens nicht sehr wichtigen 'Windflächen' und 'Windrippen' erklärt werden können, die diese Steine in wechselnder Anzahl und Größe besitzen. Einige meinen, daß bei jeder Windrichtungsänderung eine neue Fläche an den Stein geschliffen wurde. Andere nehmen an, daß der Kiesel über den Boden gerollt wurde, von Zeit zu Zeit festlag, so daß der Wind ihn einseitig abschliff, bis der Stein weiterrollte und in einer neuen stabilen Lage eine zweite Fläche angeschliffen wurde. Noch andere glauben, daß die ursprüngliche Form des Gesteinfragments die Form des Windkiesels bestimmte und von der Winderosion nur verschärft und poliert wurde. Und eine vierte Erklärung sucht man endlich in den 'Spaltflächen' der Gesteine. Viele Steine sind in bestimmten Richtungen besonders leicht zu spalten; sie wären also 'prädestiniert', in bestimmten Richtungen abgeschliffen zu werden."

Bernhard Nitz (Humboldt Universität Berlin)

Zur Frage des Vorkommens windgeschliffener Geschiebe zwischen Fläming und Pommerscher Eisrandlage (25 s Seite 455 bis 473):

„(...) Trifft das Sandkorn am Ende seiner Flugbahn auf einen größeren Stein, so wird es fast ohne Energieverlust erneut hochgeschnellt, und der Flugvorgang wiederholt sich. Dabei entstehen einerseits die mattierten Quarzkörner, die nach A. Cailleux (1936 und später) Kennzeichen für windbewegten Sand sind, andererseits die Schliffspuren auf den Geschieben, die in ihrer Summierung die Herausbildung von Windkantern bewirken.

(...) Windgeschliffene Geschiebe zeichnen sich durch eine besondere Beschaffenheit ihrer geschliffenen Flächen aus, die meist konvex, zuweilen aber auch völlig eben sind und je nach der Art des Gesteins eine unterschiedliche Oberflächengestaltung aufweisen. Bei homogenen Gesteinen, z.B. Quarziten oder dichten kristallinen Gesteinen, ist die Oberfläche eben und außerordentlich glatt, sie zeigt eine mattglänzende Politur. Nur ausnahmsweise treten Unregelmäßigkeiten in Form kleiner Vertiefungen auf. An heterogenen Gesteinen (Porphyre und grobkörnige Kristalline) ist die Oberfläche entsprechend der unterschiedlichen Widerstandsfähigkeit der einzelnen Mineralkomponenten bei aller Glattheit z. T. stark gegliedert."

Bezüglich des Formproblems richtete **Walter Schwenecke** einen Hilferuf an **Dr. Nitz**; im Antwortschreiben vom 6. 7. 1970 lesen wir: „Es gilt heute als sicher, daß die Gestalt der einzelnen Windkanter primär abhängig ist von der Ausgangsform, die ein Geschiebe zu Beginn der Windschliffwirkungen hatte. Gestützt wird diese These dadurch, daß sich die ersten 'Wind-kanten' stets an vorgegebene Bruchkanten des (späteren) windgeschliffenen Geschiebes an-lehnen. Im Anfangsstadium ist daher ein windgeschliffenes Geschiebe lediglich ein geringfügig vom 'natürlichen Sandstrahlgebläse' überformtes normales Geschiebe von beliebiger Gestalt. Nach meinen Erfahrungen in ähnlichen Gebieten müßten bei Ihnen in der Letzlinger Heide sol-che Exemplare in größerer Menge vorkommen.

Erst mit zunehmender Dauer der Windschliffeinwirkung entwickeln sich aus den 'unfertigen' Gestalten jene auffälligen Geschiebeformen, die wegen ihrer oft glatt durchgehenden Kanten die Bezeichnung Windkanter erhalten haben. In gewisser Hinsicht steckt in dieser Bezeichnung ein Irrtum, denn nicht die Kanten sind das wesentlich Neue, sondern die in zahlreichen Fällen ideal polierten Windschliffflächen. Zwischen zwei solchen Flächen bzw. zwischen einer Schliff-fläche und einer normalen Gesteinsfläche entsteht so gleichsam als passives Begrenzungsele-ment eine Kante, deren Verlauf ganz eindeutig abhängig ist von Richtung und Ausbildung der angrenzenden Flächen. In ideal ausgebildeter Form ist demnach ein Windkanter ein aerodyna-mischer Körper mit wohl nur zwei Formvarianten: bei länglichem Grundriß ein Firstkanter, bei dreieckigem Grundriß ein Dreikanter. Alle übrigen, oft sehr abenteuerlichen Formen sind Übergangsgestalten zwischen einem normalen Geschiebe und dem idealen aerodynamischen Körper. Und zum Abschluß: mehrere Schliffflächen an einem Geschiebe sind zurückzuführen auf wechselnde Windrichtungen während des Schleifprozesses, aber auch auf Drehung durch periglaziale Vorgänge."

In Ergänzung zu dem eingangs Gesagten noch einige kritische Bemerkungen zur Windschliffthese:

Die natürliche Entwicklung der Windkanter aus beliebigen Gesteinsstücken konnte (kann) nie-mand von Anfang an bis hin zur fertigen Gestalt verfolgen - geschweige, alle Parameter und die speziellen Umstände exakt erfassen. Die dargebotenen Beobachtungen namhafter Geolo-gen sind dennoch von unschätzbar großem Wert für die Physik des Sandwindes, aber sie sind nicht geeignet für die Genese der Windkanterformen (Morphogenese). Die Versuche zur Physik des Sandwindes insbesondere von Bagnold, (Kuenen und Miotke) brachten Erkenntnis-se (Korrasion eingeschlossen) von fundamentaler Bedeutung. Sie sind heute noch über die Geologie hinaus unentbehrlich. Die Windschliffthese gewinnt jedoch nicht an Glaubwürdigkeit durch Experimente, bei denen mit einem Sandstrahlgebläse die Formbildung wie in einem Zeitraffer nachgeahmt werden sollte - im Konjunktiv formuliert -, weil das im räumlichen und zeitlichen Maßstab gar nicht zu bewerkstelligen ist. Die Windschliffanhänger sehen in Versuchen, die von sehr gut bekannten Forschern wie R.A. Bagnold im Windkanal durchgeführt worden sind, eine Bestätigung ihrer Theorie; ein gelungenes Experiment ist bekanntlich der beste Beweis. Wir zweifeln die Versuche natürlich nicht an, denn wir wissen nichts Näheres und kennen auch nicht deren eigentliche Aufgabenstellung. Aber! - Die Formung eines Gesteinsstückes zu einem ganz bestimmten Typ durch Windschliff geschieht auf komplexe Art und Weise - es sind unzählige Einflussgrößen. Wenn sich auch nur eine davon ändert, kann sich ein (völlig) anderes Ergebnis einstellen. Daher ist eine experimentelle Rekonstruktion des Vorganges nicht eindeutig. Komplexe Systeme haben bekanntlich mehrere Lösungen, weshalb eine bestimmte Form nicht vorausgesagt werden kann. Die entstehende Form ist, wenn sie überhaupt einem Windkantertyp entspricht, eher ein (wunschgemäßes) Zufallsergebnis. Solche Experimente stoßen schon an ihre Grenzen, wo es „nur" um die Optimierung von Strömungskörpern oder Ermittlung von Abtragungsraten geht. Entscheidenden Einfluss auf das Experiment haben Rand- und Anfangsbedingungen wie z.B. Lage, Umgebung und Anfangsform des Strömungskörpers. Diese sind aber nicht bekannt und müssen daher nach der höchsten Wahrscheinlichkeit herausgefiltert oder angenommen werden. Entscheidend für den Ausgang des Experimentes ist die Anfangsform, darauf haben einige der o.g. Geologen deutlich hingewiesen. Erhard Köster (16 Seite 138) geht da noch weiter: „Die Form wird dem Material durch Transport und Klima jedoch erst sekundär aufgeprägt. Die primäre Formgebung entstammt seinen Textur- und Strukturbedingtheiten, deren Eigenarten noch weiter durch tektonische Vorgänge beeinflußt sein können." Das beutet ja nichts anderes, als dass die Gesteinsstücke schon etwa die Formen von Windkantertypen für das Experiment mitbringen müssten. - Ein unsinniges Experiment, denn es dreht sich doch um die Herstellung der Formen und nicht etwa um Abtragung mit einem Sandstrahl.

Noch weitere kritische Bemerkungen zur Maßstabsübertragung für Windkanterversuche im Windkanal:

Beim Abtragvorgang, der ja laut These zu Windkantergestalten führen soll, sind die Ähnlichkeitsparameter Reynoldszahl (Re) und Euler-Kennzahl (Eu) von Bedeutung. Re ist das Verhältnis aus der Trägheitskraft zur Reibungskraft, Eu ist das Verhältnis aus der Druckkraft zur Trägheitskraft. In diese Ähnlichkeitsparameter gehen Windgeschwindigkeit, gleichwertiger Durchmesser des Gesteinsstückes, dynamische Zähigkeit der Luft und der Widerstandsbeiwert ein. Beide Kennzahlen sind aber in diesem Experiment keine Konstanten, da sich mit der Zeit die

Form des umströmten Gesteinsstückes ändert (folglich nehmen der gleichwertige Durchmesser und der Strömungswiderstand ständig neue Werte an). Als weiterer Faktor für die Unsicherheit in den Kennzahlen kommt hinzu, dass das Gesteinsstück unterspült oder teilweise (mit Sand) verdeckt werden kann, was ebenfalls einer Änderung des gleichwertigen Durchmesser gleichkommt. In der Strömungslehre heißt es: Die strömungstechnischen Vorgänge sind dann ähnlich, wenn außer der geometrischen Ähnlichkeit die Re-Zahlen übereinstimmen. Wie wir sehen, können diese Übereinstimmungen zwischen der Natur und dem Windkanal nur am fertigen Windkanter, wenn also keine Formänderung mehr erfolgt, eintreten; damit sind solche Experimente bezüglich der Formentwicklung eigentlich sinnlos. Die Änderung der Windrichtung im Laufe der Zeit kommt als verwirrender Faktor noch hinzu. Welcher Beobachter könnte verlässliche Angaben (über welche Zeit aus welcher Richtung, mit welcher Stärke der Wind wehte) für das Experiment liefern! Eine weitere Diskussion erübrigt sich an dieser Stelle. Ohnehin scheint über die Windschliffthese Gras gewachsen zu sein, das wollen wir auf keinen Fall wieder beseitigen.

Die Ähnlichkeitsparameter Re und Eu sind für Luft und Wasser gleich. Und bei Köster (16) lesen wir auf Seite 201: „Windtransportiertes Material kann die gleichen Bewegungen ausführen wie wassertransportiertes, d. h., es kann gleiten, rollen (kriechen), springen und schweben." Daher müssten trotz der mannigfachen Unterschiede in beiden Strömungen, falls die Windkanter tatsächlich vom Wind geschliffen worden sind, gleiche Formen auch in fließenden Gewässern anzutreffen sein; was aber nicht der Fall ist.

Zum Schluss dieses Kapitels vielleicht der schwerwiegendste Kritikpunkt an der Windschliffthese: Die These gilt offenbar - und das muss sie auch (!) - uneingeschränkt für Windkanter jeder Größe, d. h., auch für Dreiflächenkanter. Aber das ist eine Korngröße, die schon vom Wind in Bewegung gesetzt werden kann und somit selbst als Schleifmaterial infrage kommt. Mit der Transportfähigkeit des Windes befassen sich viele Forscher (es gibt da spannende Berichte); verwiesen sei auf Tabellen von Sokolow (Behrend und Berg 1927) und Louis (1960). Wir haben einige Werte im Diagramm (Abb. 1 Seite 70) dargestellt. - Kleine Steine können bereits ab Windstärke 8 in Bewegung geraten. Zum Schluss noch eine Bemerkung zu Windkanterpflastern: Wir kennen sie nur von einigen Fotos. Unserer Meinung nach sind das in der Längsachse eingeregelte Steine, die wie Windkanter aussehen.

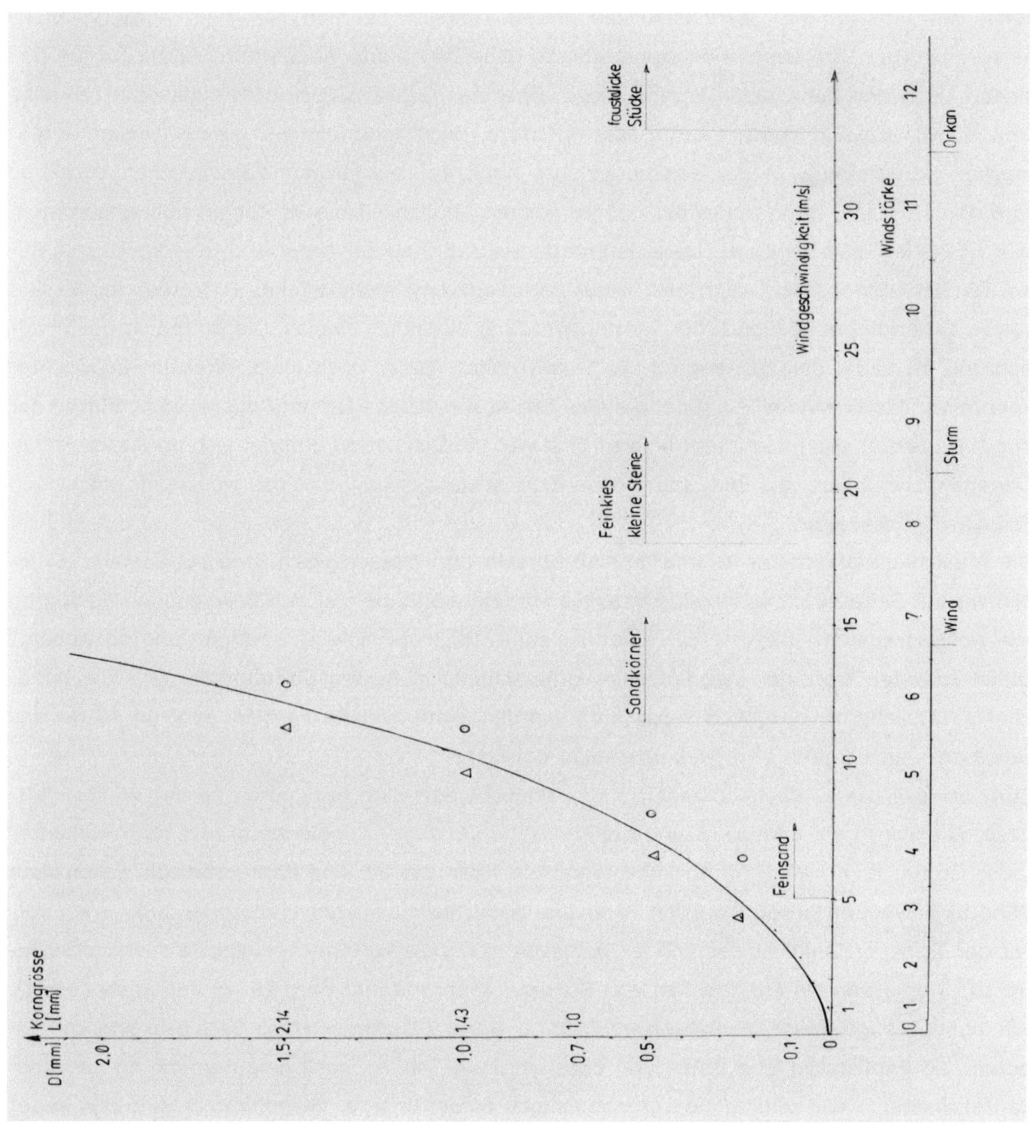

Abb. 1: *Transport von Gestein durch Wind (Angaben aus verschiedenen Publikationen zusammengestellt)*

Foto Nr. 6: *Aus beliebig aussehenden Stücken wie diesem müssten laut Windschliffthese Windkanter entstehen - Wir bezweifeln das*

Bäume und Steine werden dich das lehren, was du niemals von Meistern lernen kannst

Bernhard von Clairvaux

5) Windkanter (der Altmark) im Zusammenhang mit Eiszeiten

Windkanter werden in einschlägigen Publikationen des öfteren mit Eiszeiten in Verbindung gebracht (Kapitel 4). Es besteht ein direkter Zusammenhang darin, dass, allgemein formuliert, Gesteinsmaterial durch das Inlandeis von den Muttergebirgen über weite Strecken zu den Ablagerungsorten verfrachtet worden ist. Dieses sogenannte Geschiebe (Moräne) enthält in der Regel Windkanter.

Mit der Frage, woher die Steine (der Altmark) kommen, waren Geologen noch bis Anfang des vorigen Jahrhunderts beschäftigt. Sie gilt als geklärt. Die mineralische Zusammensetzung der Windkanter (und natürlich auch aller anderen Steine) entspricht genau der von Gesteinen in Skandinavien sowie der von Gesteinen der Gletscherstraße. Das ist inzwischen eine selbstverständliche Erkenntnis und ist gewiss.

Eiszeiten, wie auch die Bewegung des Eises, sind verwickelte Vorgänge, die von mehreren geologischen Disziplinen erforscht werden. Windkanter bilden einen signifikanten Anteil der Geschiebe und spielen daher eine bedeutsame Rolle, die über Nachforschungen zu vergangenen Klimate hinausgehen dürfte. Bezüglich Morphogenese der Windkantertypen bestehen verschiedene Ansichten (Kapitel 4). Eine Meinung, die allerdings kaum Beachtung fand (die genaue Quelle ist latent), geht von einer Beteiligung des Inlandeises aus. Einiges spricht zunächst auch aus unserer Sicht dafür: Der Transport hat mannigfache Spuren am Gestein hinterlassen: durch Reibung - Schrammen an Blöcken und Findlingen sowie Bildung von Eiskantern. Schlag, Scherung und Druck erzeugten diverse Bruchstücke. Einher gingen Angriffe, die man unter Verwitterung zusammenfasst: Es entstand Feinmaterial. Den wichtigsten Anhaltspunkt für eine Formung im Inlandeis bzw. während seines Schmelzens sehen wir jedoch in der Ähnlichkeit mit Auftriebskörpern. Diese Assoziation entsteht, da das mächtige Inlandeis eine in sich in Bewegung befindliche Masse (zäher Brei) war, in welcher Steine „schwimmen". Eine Folge der Bewegung im Eis wäre außerdem die glatte Oberfläche der Steine. Aber wie könnte man sich die Formgebung vorstellen?

Die extrem hohe Eigenlast des Gemenges aus Gestein und Eis kommt einer Druckkraft gleich. Es kam zum Fließen des Eises samt Schotter, und somit wurde aus der Druckkraft eine Schubkraft. Zusätzlich wirkten Frostsprengung und die Strömung des unterkühlten Wassers nebst-Feststoffpartikeln am Grund des Inlandeises, die Partikel wiederum griffen korrasiv an. Dem Kräftemix lagen die Gesteinsstücke mit ihren recht eigentümlichen (richtungsabhängigen) Festigkeitseigenschaften im Wege. Unter solchen Bedingungen konnten Auftriebskörper (Stromlinienform) geformt werden, denn diese bilden den geringsten Widerstand. Die Fakten verleiteten uns nachzuforschen. Wie sich herausstellt, waren wir einem Wunschdenken zum Opfer gefallen. Aber auch das hat etwas Gutes bewirkt, indem wir an die Physik des Eises erinnert wurden und jetzt sogar etwas mehr wissen als allgemein bekannt ist.

Die Windschliffthese (Kapitel 2) nimmt indirekt Bezug auf Eiszeiten, indem sie davon ausgeht, dass Sandwinde in wüstenähnlichen abgetrockneten Landschaften, welche das weggeschmolzene Inlandeis hinterlassen hatte, aus Rohlingen Windkanter geschliffen hat. Das ist sozusagen eine inter- bzw. postglaziale Entstehung (Geburt). - Hingegen behaupten wir aufgrund unserer Formanalyse, dass die Gestalt der Windkanter schon im Muttergestein verankert war. Das bedeutet: Windkanter, die man in der Altmark antrifft, haben die Gewalt der Eiszeiten überstanden und wurden somit zu Zeugen der Gegenden, in denen sie einst beheimatet waren. Das bis zu 3000 Meter mächtige Inlandeis war, um beim Bild zu bleiben, ein Geburtshelfer. Allerdings traten im Zigtausende Jahre dauernden eisigen Wochenbett „Komplikationen" auf. Davon zeugen die mannigfachen Gesteinsstücke der Moräne: Einige Windkanter haben die Tortur – von der Geburtsstunde bis heute – augenscheinlich unbeschadet überstanden, viele wurden beschädigt, noch mehr gingen zu Bruch, und beim Gros erinnern die Goldenen Proportionen und typischen Rundungen an die Ausgangsform.

Über Eiszeiten gibt es unendlich viele Beiträge. Was uns bezüglich Windkanter wichtig erscheint, lautet zusammengefasst:

„Unsere" Windkanter brachte die Saale-Kaltzeit (Beginn vor 330 000 Jahren, Ende vor etwa 130 000 Jahren) in ihrem Warthe-Stadium aus Skandinavien in die Altmark. (Bemerkung: Die Zeitangaben über Eiszeiten generell, sind mit Vorsicht zu genießen, denn unterschiedlich gebrauchte Termini in Publikationen können den Laien und selbst Fachleute irritieren. Begriffe gehen in der Literatur leider durcheinander und die Benennung der einzelnen Stadien des Eisvorstoßes ist nicht einheitlich.) Die weiteste Fahrt der Gesteine führte in der Saale-Kaltzeit bis in die heutige Leipziger Gegend (maximale Vereisung).

Die über Jahrtausende ansteigende Last des Eises samt Gesteinsschutt wurde so groß, dass sich wahrscheinlich unter ihr sogar die zig kilometerdicke Erdkruste verformte, wodurch enorme Spannungen entstanden. Infolge des Abschmelzens bauten sich die Spannungen allmählich wieder ab. Dieser Prozess ist wahrscheinlich noch nicht abgeschlossen, denn in Norddeutschland (Lüneburger Heide) treten mitunter schwache Beben auf, die man auf die Entlastung vom Eis zurückführen kann. Es gibt aber auch andere Erklärungen (FAZ 27.10.2004 S. N1) „Wenn die Heide bebt - Erschütterungen in Norddeutschland: Widersprüchliche Erklärungen" von hra (Horst Rademacher). Und bekanntlich hebt sich der Skandinavische Schild seit jeher.

Das Vordringen des Inlandeises wird in diversen Veröffentlichungen etwa so beschrieben: Das bis zu 3000 Meter (über der Altmark 500 Meter) mächtige aus Schnee gebildete Eis kam ins Rutschen und hat dabei wie ein Hobel, oder ein anderer Vergleich - wie eine Planierraupe - den Grund von Skandinavien als auch den auf seinem rund 1600 Kilometer langen Reiseweg, incl. heutige Ostsee, angeblich bis zu 200 Meter tief abgeschürft. Wir stellen uns jedoch die Abtragung der Gebirgsregionen wie mit einer Halbrundfeile vor, weil man sich das verwickelte Wirken gleich mehrerer wechselnder Kräfte so besser veranschaulichen kann. Die Geschwindigkeit, mit der das Inlandeis gen Süden kroch, lag überschlägig bei dreißig bis fünfzig Zentimeter pro Tag. Die Überschreitung der Altmark wird mit etwa 600 Jahren angegeben, und sie soll unter dem mächtigen Eis 14500 Jahre begraben gewesen sein. Das Eis-Gesteinsgebilde kam mehrmals zum Stillstand, diese Phasen dauerten hunderte von Jahren. Während solcher „Ruhezeiten" zog sich die Eiszunge zurück oder es schmolz etwa soviel Eis wie an Nachschub kam, dabei setzte sich der mitgebrachte Schutt am Rand als Endmoräne ab.

Die Altmark wurde zuvor schon einmal von aus dem Norden kommenden Eises überfahren, und zwar in der Elster-Kaltzeit (Beginn vor 760.000 Jahren, Ende vor 585.000 Jahren). In jenem Glazial setzte sich im Gebiet der Letzlinger Heide eine rund vierzig Meter mächtige Grundmoräne ab, deren Sohle etwa auf heutiger Meereshöhe liegt. Die Grundmoräne der Elster-Kaltzeit enthält laut Müller (24 s) keine Windkanter (er kannte vermutlich nur Dreikanter?). Auf diese Grundmoräne türmte sich die besagte Endmoräne der Saaleeiszeit. Würde man beide Moränen durchbohren, stieße der Meißel auf Gestein des Erdzeitalters Tertiär (vor 65 Millionen bis 1,8 Millionen Jahren).

Die Letzlinger Heide wird von drei Endmoränen-Ketten (aus der Saale–Kaltzeit) durchzogen (34 Claus Werstat „Die Kleingewässer der Colbitz – Letzlinger Heide unter besonderer Berücksichtigung der Vegetation"). Auf der mittleren befindet sich die Letzlinger Feldmark. Unser Windkanterparadies liegt am Kleinen Bullenberg, der auf rund 87 Meter über dem Meeresspiegel von Letzlingen (ca. 69 Meter ü.N.N.) her in Richtung Süden, stellenweise mit etwa zwölf Prozent, ansteigt. Er gehört zu dem sanften Höhenzug mit dem Mühlenberg, dem Eichenrähm und dem Hohen Hügel. Die kuppige Oberflächenform vermittelt in diesem Panorama ein Bild, wie es typisch für Endmoränen-Landschaften ist. Windkanter sind in Grundmoränen der letzten Vereisung, der Weichsel-Kaltzeit (Höhepunkt vor etwa 20 000 Jahren, Grenze lag nordöstlich der Elbe), unseren Beobachtungen nach nicht so deutlich vertreten, obwohl sie auch dort (Mecklenburg-Vorpommern) in großer Menge vorhanden sind. Aber ihnen fehlen zumeist die scharfen Kanten. Es dürfte sich um eine andere Generation handeln. Grundmoräne bezeichnet die Menge des Gesteinsmaterials, das beim Abschmelzen des Eises sich auf dem Grund entlang des gesamten Weges anhäufte und zurück geblieben ist. Ein anderes Bild beschreibt mit Grundmoräne Gesteinsmaterial, das auf dem Grund des Inlandeises südwärts geschoben worden ist. Es gibt offenbar in Fachkreisen verschiedene Ansichten über die Dynamik solch riesiger Eismassen.

In diesem Zusammenhang einige Bemerkungen zum Alter der „altmärkischen" Windkanter. „Wie alt sind diese Steine?" lautet oft die erste Frage der Wissbegierigen. Sie meinen damit die Erscheinung, also den Habitus, und wohl nicht das absolute Alter der Mineralien, aus denen sie bestehen. Alter setzt Geburt voraus. Wir Laien sind beim Alter der Windkanter überfragt, können aber mit Gewissheit sagen, dass sie hier seit der Saaleeiszeit vorkommen, und dass sie so alt sind wie ihre Muttergebirge in Skandinavien bzw. die Feuersteine so alt sind wie der Grund der Ostsee. (Zur Erinnerung: Die Gesteinsart Feuerstein aus der Kreidezeit vor 135 bis 65 Millionen Jahren enthält so gut wie keine Windkanter, wir haben jedenfalls keine echten entdeckt!). Damit sollten wir es bewenden lassen, denn den Altersangaben nachzugehen, kann Laien närrisch machen. Die Benennung der Gesteinsart, Metamorphosen, erdgeschichtliche Zeitskala (gegliedert in Ära, Formation, Abteilung und Stufe, alles mit alten und neuen Bezeichnungen) - diese Angaben schwanken mitunter um einige Millionen Jahre. Dennoch finden wir Anhaltspunkte, um wenigstens ein Gefühl für das absolute Alter „unserer" Windkanter zu bekommen. Geologen verwenden zur datierten Altersbestimmung mehrere physikalische Methoden, z.B. Deutung der Radioaktivität, die jedem Gestein innewohnt. Feldsteine in der Altmark sind stofflich verschieden und haben daher kein gemeinsames Alter, sondern sind so alt wie die jeweilige Gesteinsgruppe, der sie zugehören. Den Angaben (28) zufolge: Granit 2,0 bis 1,4 Mill. Jahre, Porphyr 1,8 bis 1,6, Gneis über eine Milliarde Jahre; Kalkstein 500 bis 400, sedimentierter Sandstein 500 Millionen Jahre und sedimentierter Feuerstein (Synonym für Chert) ist mit etwa 67 Millionen Jahren das jüngste Gestein). Das Gros unserer Windkanter sind Sandsteine, d.h., sie sind rund 500 Millionen (!) Jahre alt. Sie sind recht betagte Zeitzeugen, dennoch jung im Vergleich zum ältesten Gestein der Erde, das laut aktuellen Nachrichten etwa 4,2 Milliarden Jahre misst und somit beinahe so alt wie unser Planet ist. Das Alter des Universums wird mit 14,5 Milliarden Jahren angegeben. (Hier wird wieder einmal bewusst, dass man mit den Begriffen Zeit und Raum eigentlich nichts anzufangen vermag - Unendlichkeit ist nicht vorstellbar. Das Leben eines Menschen dauert nicht einmal ein Augenzwinkern, aber es reicht, um sich dessen bewusst zu werden.)

Unserer Meinung nach liegt die Bildung der pyramidalen Strukturen und somit der Windkantergestalt viel länger als 500 Millionen Jahre zurück. Sie fällt in die Epoche der Gebirgsbildung (Skandinaviens), als im Gestein extrem hohe Drücke und hohe Temperaturen herrschten.

Zurück zum Inlandeis:

„Ein Gletscher ist kein statischer Eisblock, sondern ein dynamisches, fließendes System. Das Eis innerhalb eines Gletschers bewegt sich ähnlich wie fließendes Wasser in einem Fluß. Das vom Eis 'stromaufwärts' aufgelesene Gestein wird zum vorderen Gletscherrand befördert. An diesem Punkt schmilzt oder verdampft das Eis – das Gestein wird abgelagert." schreibt der amerikanische Physiker James Trefil in seinem populärwissenschaftlichen Buch „Physik in der Berghütte - Von Gipfeln, Gletschern und Gestein" (31).

Das ist etwa der heutige Kenntnisstand der Glaziologie über die Bewegung des Eises - für Laien veranschaulicht. An Hand von Experimenten an Gletschern konnte die so beschriebene Eisbewegung allseitig bestätigt werden. Sie wurde genau untersucht und wird sogar für wahrscheinliche Verhältnisse vorausberechnet. Das Fließen des Eises beginnt mitunter schon ab einer zehn Meter hohen Eisschicht. Wir gehen davon aus, dass die Fließeigenschaften der heutigen Gletscher auf das damalige Inlandeis übertragbar sind, obwohl der Maßstab etwa hundertfach größer sein dürfte. Einige Wissenschaftler trennen bei ihren Aussagen die großen Inlandeismassen von den vergleichsweise kleinen Gletschern. Sie werden dafür triftige Gründe haben. Mit dem o.g. Modell sehen wir nunmehr den Vorstoß des Eises mit anderen Augen als er uns vor einem halben Jahrhundert in der Oberschule gelehrt wurde (damals Vergleich mit Planierraupe). Somit sieht der „schicksalhafte" Weg der Windkanter als Einheit mit dem Eis realistischer aus als vorher unzulässig vereinfacht angenommen wurde.

Druck des Eises:

Eine überschlägige Schätzung des Druckes auf den Grund, indem das spezifische Gewicht von Eis 917 kg/m³ mit der Höhe 3000 Meter multipliziert wird, ergibt 275 kg/cm² (bar). Das Inlandeis hatte eine Unmenge an Gesteinen im Gepäck, wodurch der Druck auf die „Feile" noch viel größer gewesen sein muss als bei reinem Eis (das Doppelte?). Er reicht trotzdem für eine bleibende Formänderung (z.B. zu Windkantern) nicht aus. Gesteine reagieren unter diesen Bedingungen in der Regel rein elastisch. Sie werden erst bei einem um ein Vielfaches höheren Druck plastisch deformiert, und das geschieht auch nur unter enormer Hitze mehrerer Hundert Grad Celsius.

Schmelzpunkt des Eises (Regelation):

Der Schmelzpunkt des Eises bzw. der Gefrierpunkt des Wassers ist druckabhängig. Ohne diese (gut bekannte) Anomalie wäre beispielsweise Schlittschuhlaufen so nicht möglich. Das Eis schmilzt unter den Kufen, und das Wasser gefriert danach sofort wieder. Dieser sportliche Vorgang ist ein anschauliches Beispiel für Regelation, darunter versteht man wiederholtes Auftauen und Wiedergefrieren von Schnee oder Eis. Sie ist eine wichtige Voraussetzung für das basale Gleiten eines Gletschers (19 „Regelation"). Daher wird sie auch in einem gewissen Maße die Bewegung des Inlandeises der Eiszeiten beeinflusst haben. Der Schmelzpunkt sinkt um etwa 0,0077°C/bar entsprechend 0,07°C/100m, das ergibt bei 3000 Metern rund -2,1°C.

Tatsächlich war der Druck wegen der zusätzlichen Gesteinslast etwa doppelt so hoch, entsprechend ca. -4°C. Wir wollen damit andeuten, dass das Gestein an bestimmten Orten und zeitweilig von der unterkühlten Flüssigphase aufgenommen, transportiert und dabei zu Auftriebskörpern geformt worden sein könnte.

Ohnehin sind Bilder von Gletschertoren bekannt, aus denen Wasser heftig heraussprudelt. Das Eis wird aber hauptsächlich am Grund festgefroren sein, es war „talwärts" in Bewegung und dabei seine Schubkraft (Scherung) so groß, dass das Gestein losgerissen, abgefeilt worden ist.

Gefrieren, Kristallisationsdruck:

Jeder hat wohl die Erfahrung gemacht, dass gefrierendes Wasser Gefäße sprengt, wenn das Eis eingesperrt ist. Der Kristallisationsdruck kann selbst Gesteine zerbröseln. Bei -1°C beträgt er 130 bar und bei -20°C sind es um die 2000 bar, wenn die Poren und Risse komplett mit Wasser gefüllt sind und die Wände nicht nachgeben.

Das Gestein war bei Einsetzen der Eiszeit mit Sicherheit auf einen Wert weit unter 0°C abgekühlt, und es war vielleicht sogar mit Wasser gesättigt. Da musste es bersten - selbst dann noch, als es unter dem Eis begraben lag. Die Frostsprengung hatte somit einen beachtlichen Anteil bei der Abtragung der Gesteine, indem sie Pionierarbeit vollbrachte.

Eine Bemerkung zum „Geschiebe": Wie sind Windkanter transporttechnisch einzuordnen?: Die Grobsediment-Komponenten (Kies, Steine etc.) der Moränen werden in der Fachsprache unter dem Begriff Geschiebe zusammengefasst, mitunter nennt man sie auch Gesteinsschutt oder Schotter. Kennzeichnend für diese Komponenten ist, dass die ursprünglich scharfen Kanten durch den Eistransport abgerundet worden sind. Geröll wird ebenfalls Geschiebe genannt, das hingegen nur vom Wasser bearbeitet, d.h., insgesamt gerundet worden ist. Windkanter wären laut dieser Definition, da sie Kanten besitzen, Fremdlinge sowohl im Geschiebe als auch im Geröll. Sie sind jedoch in der Letzlinger Endmoräne die Regel. Endmoränen sind charakterisiert mit einem schichtenweisen Durcheinander von Sand, Kies, Steinen, Blöcken und Findlingen. Windkanter gehören dazu, sowohl im Ackerboden als auch in den darunter liegenden Schichten. Eis und Wasser kommen als Transportmittel infrage. Beim Transport fallen „Späne". Fachleute gehen logischerweise davon aus, dass einmal Kanten vorhanden waren. Wir definieren „Kante" im Kapitel 11 und widmen Kanten in weiteren Kapiteln morphometrische Beachtung.

Kurzum: Windkanter sind Gesteinsstücke der Geschiebe, die den Transport insofern überstanden haben, als ihre Kanten erhalten geblieben sind. Diese Erkenntnis dürfte für die Geschiebekunde interessant sein.

*Ein Haufen Steine hört in dem Augenblick auf, ein Haufen Steine zu sein,
wo ein Mensch ihn betrachtet und eine Kathedrale darin sieht*

Antoine de Saint-Exupery

Foto 7 + 8: *Ein heilloses Durcheinander stofflich verschiedener Gesteine in der Letzlinger Endmoräne*

6) Proportionen und Korrelationen – der Grundtyp ist kein Zufall

Andere Worte für Korrelation sind: „wechselseitige Beziehung" und „Aufeinanderbezogensein".
Ob Ein-, Zwei-, Drei- oder Dreiflächenkanter – alle fallen durch ihr Ebenmaß auf. Gäbe es
auch nur einen einzigen Stein von solch regelmäßiger Gestalt, wäre es der Mühe wert, ihn näher zu betrachten. Was zeichnet ihre angenehme Erscheinung aus, ist das Besondere an diesen Feldsteinen? Die erste und sogleich wichtigste Erkenntnis lautet: Windkanter haben
Proportionen; Proportionen sind jedoch der Gesteinswelt eher fremd - im organischen Bereich
hingegen ein Prinzip. Hinter Windkantern muss daher etwas Besonderes stecken, das sich, da
sie in großen Mengen vorkommen, aufklären lässt.

Unsere Sammlung ist mit über tausend Exemplaren groß genug, und wir verwenden Maß und
Zahl um nachzuforschen, wie die Beziehungen aussehen und welchen Regeln sie folgen. Die
Länge bietet sich als DAS Bezugsmaß zu anderen Körpermerkmalen wie Breite, Höhe, Radius
etc. an. (Im Personalausweis wird ja die Größe, d.h., die Länge des Inhabers eingetragen und
nicht etwa seine Schulterbreite oder Kragenweite.)

Die Sammlung wird nach den oben genannten Formtypen sortiert. Vierkanter sind nicht dabei.
Fünfkanter und andere Vielkanter reichen von der Stückzahl her für eine statistische Bewertung nicht aus. Jeder Typ soll unvoreingenommen untersucht werden. Und zwar werden die
Länge L und die größte Breite B gemessen, denn beide bieten bessere Messansätze als die anderen Körpermaße, wodurch der Messfehler gering bleibt.

<u>Fragen:</u> 1. Wie sieht die Beziehung L/B aus? Und 2. Wie hängt das Verhältnis L/B von der Län-
ge (Größe) der Steine ab?

Anschließend wird untersucht, in welchem Verhältnis die Länge zu den Radien der längs und
quer gekrümmten Flächen steht.

Länge und Breite: Dreiflächenkanter

Die Probe enthält 712 Stück (Wie sie zustande kam etc.: Kapitel 14). Der „Haufen" wird der
Länge nach in Gruppen geordnet, um von diesen dann Mittelwerte zu bilden. Ansonsten ent-
stünde bei der „Einzelbehandlung" ein unüberschaubares Datendickicht, das nur statistisch mit
Wahrscheinlichkeitsrechnung zu bewältigen wäre, und wir würden höchst wahrscheinlich „den
Wald vor lauter Bäumen nicht mehr sehen" - manch wichtige Zusammenhänge blieben verborgen. Kurzum: Es kommen 20 Gruppen zustande. Gruppe 1 aus 8 Millimeter langen bis hin
zur Gruppe 20 aus 28 Millimeter langen Steinen; die Toleranz beträgt +/- 0,5 Millimeter.

Unterhalb 8 Millimeter sind die Steine zum Messen zu klein, oberhalb 28 Millimeter reicht die Stückzahl nicht aus. Sämtliche Exemplare sind nahezu unbeschädigt und somit repräsentativ für diesen Typ. Für jede Gruppe wird ein arithmetischer Mittelwert der Länge berechnet, er ist sozusagen ihr Aushängeschild. Es folgt analog die Berechnung der zugehörigen Mittelwerte von der Breite B.

Erstaunlich ist, dass beispielsweise 84 Steine (Gruppe 10) nicht nur gleich lang (17,8 mm) sondern auch gleich breit (10,9 mm) sind (Toleranz +/- 0,5 mm). Das Aussehen eines einzelnen Steines ist charakteristisch für seine ganze Gruppe, d.h., die Angehörigen einer Gruppe sind sich zum verwechseln ähnlich. Diesem Phänomen begegnen wir sogar in allen Gruppen (siehe Foto 16 S. 112); schon das ist eine erste wichtige Erkenntnis, die wir festhalten müssen. Die Beziehung Länge - Breite wird anschaulich, indem wir die Mittelwerte der Länge L und die Mittelwerte der Breite B als Zahlenpaare in ein Diagramm (Abb. 2 Seite 86) eintragen. Um den Maßstab 1:1 beizubehalten und wegen des Buchformates entspricht die Länge der y–Achse und die Breite der x–Achse im rechtwinkligen Koordinatensystem. Die gemeinsamen Punkte streuen nur ganz gering, weshalb man durch die langgestreckte Punktereihe ohne weiteres eine Gerade legen kann. Man kann den Verlauf etwa durch die Funktion L = 1,96B - 4 beschreiben; das eine bedingt nach dieser festen Regel das andere. Bei ca. 4 Millimeter haben Breite und Länge das gleiche Maß. (Übrigens: Das Verhältnis der Länge zu den beiden anderen Breiten haben wir ebenfalls untersucht, auch hier sieht man die gleiche Erscheinung.)

Wir können sagen: Ein Stein steht mit seinem Habitus nicht nur für seine Gruppe sondern auch für die Gattung Dreiflächenkanter, die anderen sind nur größer oder kleiner als er. Das ist eine zweite wichtige Erkenntnis. Soviel zur ersten Frage.

Zur <u>zweiten Frage</u>: Wie hängt das Verhältnis L/B von der Länge (Größe) der Steine ab? Einige Exemplare wirken gedrungen, andere wiederum schlank, die meisten haben aber eine „normale" Figur. - Von jeder Gruppe wird der Mittelwert aus der Länge L ins Verhältnis gesetzt zum entsprechenden Mittelwert aus der Breite B. Der Quotient L/B beträgt: Gruppe der kürzesten (8mm) 1,35; Gruppe der längsten (28mm) 1,71. Das heißt - Dreiflächenkanter werden tatsächlich mit zunehmender Länge schlanker. Der Mittelwert von den 20 Gruppen ergibt 1,62(!). Wie diese „Entwicklung" verläuft, geht aus dem Diagramm Abb. 3 Seite 87 hervor. Die Zahlenpaare Länge – Länge/Breite ergeben eine Punkteschar, durch die man eine harmonische Kurve legen kann. Im oberen Bereich steigt sie steiler an und nähert sich einem „Grenzwert", der bei etwa 1,75 liegt. Der Verlauf der Kurve zeigt eine regelmäßige Abhängigkeit der Proportion von der Länge, wobei der Goldene Schnitt (1,62) den Mittelwert bildet. Das ist die dritte wichtige Erkenntnis.

Es kann nunmehr freiheraus gesagt werden: Proportionen sind eindeutig vorhanden und gehören zu den wichtigsten Wesensmerkmalen der Gattung „Dreiflächenkanter". Hervorzuheben ist der Goldene Schnitt. Und das sei nochmals betont: Proportionen sind bei Steinen etwas ganz Besonderes.

Der Diplomgeologe Hans-Eckhard Offhaus hatte (im Jahre 2001) an 100 Dreiflächenkantern (Länge 16 bis 30 Millimeter) aus unserer Sammlung anhand der ihm übermittelten Achsmaße (Länge, Breite, Höhe) statistische Berechnungen angestellt. Dafür auch an dieser Stelle nochmals ein herzliches Dankeschön! Seine Ergebnisse bestätigen „die gut entwickelte Proportionalität (hohe Korreliertheit)" - der Korrelationskoeffizient beträgt 0,617 (Kehrwert 1,62). Der Korrelationskoeffizient kann zwischen +1 und -1 liegen, bei 0 wäre keine Korrelation vorhanden. Da die Probemenge an Dreiflächenkantern auf 100 Stück begrenzt war, könnte Zufall infrage kommen; das wurde ebenfalls von ihm geprüft: „Zufall ist wegen des hohen Korrelationskoeffizienten ausgeschlossen."

Länge und Breite - Einkanter und Zweikanter

Die mit Dreiflächenkantern durchgeführte Prozedur vollziehen wir in gleicher Weise mit Einkantern und Zweikantern. Allerdings sind die meisten Steine beschädigt, in der Regel fehlt ein Stück von der „wahren" Länge; die Breite ist augenscheinlich unbeeinträchtigt geblieben. Die ursprüngliche Länge kann man jedoch gut schätzen, indem die Kanten über den abgebildeten Verlauf hinaus gezeichnet werden, bis sie sich schneiden. Wir nennen sie korrelierte Länge kL. Sie ist das Aushängeschild und soll das Bezugsmaß zur Breite sein.

Die ermittelten Werte von Länge kL und Breite ergeben, dass sich Einkanter von Zweikantern kaum unterscheiden, sie sind quasi desselben Typs, weshalb wir sie zusammenlegen dürfen. Die vereinte Probe besteht aus 32 Steinen mit einer Länge kL von 120 bis 210 Millimeter. Unterhalb 120 Millimeter reicht die Stückzahl nicht aus, Steine über 210 Millimeter sind zu unhandlich. Es folgt die Gruppenbildung analog Dreiflächenkantern. Bei einer Toleranz von +/-10 Millimeter entstehen 4 Gruppen. Die Mittelwerte der Länge kL und der zugehörigen Breite werden ebenfalls als Zahlenpaar in ein Diagramm eingetragen (Abb. 4 Seite 88). Die Punkte folgen bei diesen 'klassischen' Windkantern einer stark steigenden Gerade, die Mittelwerte weichen nur ganz gering von der „Normalen" ab; die Beziehung zwischen Länge kL und Breite ist auch hier direkt proportional, was ebenfalls durch eine lineare Funktion ausgedrückt werden kann. Die Gesetzmäßigkeit, wie wir sie bei Dreiflächenkantern erkannt haben, besteht also auch bei Ein- und Zweikantern. Soviel wieder zur ersten Frage nach der Art der Beziehung.

Nun zur zweiten Frage nach der Abhängigkeit der Proportion von der Länge (Größe): Der Mittelwert des Verhältnisses Länge kL/Breite ergibt bei jeder der vier Gruppen ca. 1,7. Hier besteht die Abhängigkeit der Proportion von der Länge nicht mehr, alle Gruppen sind etwa gleich proportioniert. Bei Dreiflächenkantern (Abb. 3 Seite 87) läuft die Kurve auf diesen Wert zu. Ein- und Zweikanter kommen in Blockgröße und auch darüber hinaus recht zahlreich vor, aber sie sind für uns zum Sammeln viel zu groß und zu schwer. Das kommt allenfalls bei ganz besonders schönen Stücken infrage. Daher begeben wir uns in die Letzlinger Feldmark. Sie winken schon von weitem aus den Feldsteinhaufen und von Wegrändern. Die meisten sind stark beschädigt; hauptsächlich fehlt ihnen ein Stück (zumeist wie abgebrochen) von der Länge; wie groß sie ursprünglich einmal gewesen sein mögen, lässt sich aber grob schätzen. Ein Gliedermaßstab, den wir längs und quer über die Brocken legen, soll genügen. Bei sporadisch ausgesuchten 20 Steinen, die zwischen 30 und 120 Zentimeter lang sind, zeigt sich im Durchschnitt das gleiche Länge/ Breite-Verhältnis wie bei den kleinen Brüdern - nämlich etwa 1,9. Genauere Messungen sind bei Blöcken vom Aufwand her und auch körperlich nur schwer zu bewältigen; sie würden am Ergebnis auch nichts ändern. - Der „Schlankheitsgrad" geht im Durchschnitt bei Windkantern insgesamt nicht über 1,9 hinaus.

P. S.

Zwei weitere (gedehnte) Gruppen sollen die Lücke füllen, somit wird der gesamte Bereich von 9 bis 230 Millimeter langen Windkantern erfasst. Die eine Gruppe besteht aus 13 Stück Einkanter mit einer Länge von 29 bis 36 Millimeter (Anschluss an Dreiflächenkanter). Die Steine sind im Durchschnitt 32,3 Millimeter lang und 21,1 Millimeter breit. Die andere Gruppe (Anschluss an diese und an die folgenden Dreikanter) enthält 12 Stück Ein- und Zweikanter mit einer Länge von 37 bis 93 Millimeter. Der Mittelwert von der Länge beträgt 52,4 und der von der Breite 35,1 Millimeter. (Eintragungen im Diagramm Abb. 4 Seite 88) Das Länge/Breite–Verhältnis ergibt 1,53 bzw. 1,49.

Länge und Breite - Dreikanter

Wir entnehmen der Sammlung 20 Stück; die Probemenge ist ausreichend. Die Steine sind 60 bis 140 Millimeter lang. Kleinere als 60 Millimeter bieten nur ungenaue Messansätze, längere über 140 Millimeter kommen selten vor. Alle Exemplare sind nahezu unbeschädigt. Das Toleranzmaß beträgt wiederum +/- 10 Millimeter, wodurch 4 Gruppen entstehen. Wir vollziehen mit ihnen die gleiche Prozedur wie bei Dreiflächenkantern bzw. Ein- und Zweikantern. Die Mittelwerte der Länge und der Breite werden wieder als Zahlenpaare in ein Diagramm (Abb. 5 Seite 89) eingetragen. Keine Überraschung: Auch diese Punkte liegen in einer Flucht, sie weichen geringfügig von der Geraden ab. Lineare Proportion besteht - mit einer Funktion beschreibbar, und somit liegt auch bei diesem Typ Gesetzmäßigkeit vor. Aber: Das Verhältnis ergibt 1,15; die Steine sind fast so breit wie lang.

Der niedrige Wert passt für diese Größe überhaupt nicht in das Bild. Dreikanter wären somit „entartete" Windkanter. Sie sind jedoch - wie sich herausstellt - Bruchstücke und daher zu kurz. Man sieht besonders deutlich in den Grundrissen, dass systematisch ein Stück von der Länge fehlt. Das fehlende Teil kann man leicht nachzeichnen, weil die Korrelation förmlich ins Auge springt, wie es analog bei Ein- und Zweikantern der Fall ist. Dreikantern fehlt ganz offensichtlich 1/4 bis 1/3 von der ursprünglichen Länge. Da die ursprüngliche Länge durch Korrelation ermittelt werden kann, nennen wir sie auch hier wieder korrelierte Länge kL. Die gemessene Länge wird also individuell mit dem Faktor 1,25 bis 1,33 multipliziert. Von den ermittelten Längen kL wird wiederum ein Mittelwert berechnet, ebenso von den zugehörigen Breiten. Durch die korrelierte Länge ergibt sich eine Änderung der Gruppenzugehörigkeit, damit ändert sich aber grundsätzlich nichts - ein Stein ist besonders lang und bildet deshalb eine fünfte „Gruppe".

Die Zahlenpaare werden in dasselbe Diagramm Abb. 5 Seite 89 eingetragen. Auch diese Punkte liegen in einer Flucht. Das Verhältnis ist direkt proportional, die Gerade kann ebenfalls als Funktion beschrieben werden. Dreikanter reihen sich in die zuvor besprochenen Typen ein. Die erste Frage nach der Art der Beziehungen ist hiermit in gleicher Weise beantwortet.

Zur zweiten Frage nach der Abhängigkeit der Proportion von der Länge (Größe) : Die Mittelwerte aus dem Verhältnis korrelierte Länge kL – Länge kL/Breite B pendeln um 1,54. Das heißt: Es besteht auch hier keine Abhängigkeit der Proportion von der Länge.

Zusammenfassung Korrelation: Länge (Größe) - Breite

Zwischen Länge und Breite besteht sowohl bei den kleinen bis hin zu den dreißig mal größeren Windkantern derselbe gesetzmäßige Zusammenhang (Diagramm Abb. 3 Seite 87). Der Durchschnittswert Länge/Breite steigt bei Dreiflächenkantern mit zunehmender Länge von 1,3 auf 1,8. Beim Gros der Ein-, Zwei- und Dreikanter schwankt er zwischen 1,5 und 1,7.

Der Gesamtmittelwert beträgt 1,6; der Goldene Schnitt spielt offensichtlich eine entscheidende Rolle, weshalb sich auf einen gemeinsamen Grundtyp schließen lässt.

Foto 9: *Einkanter-Findling*

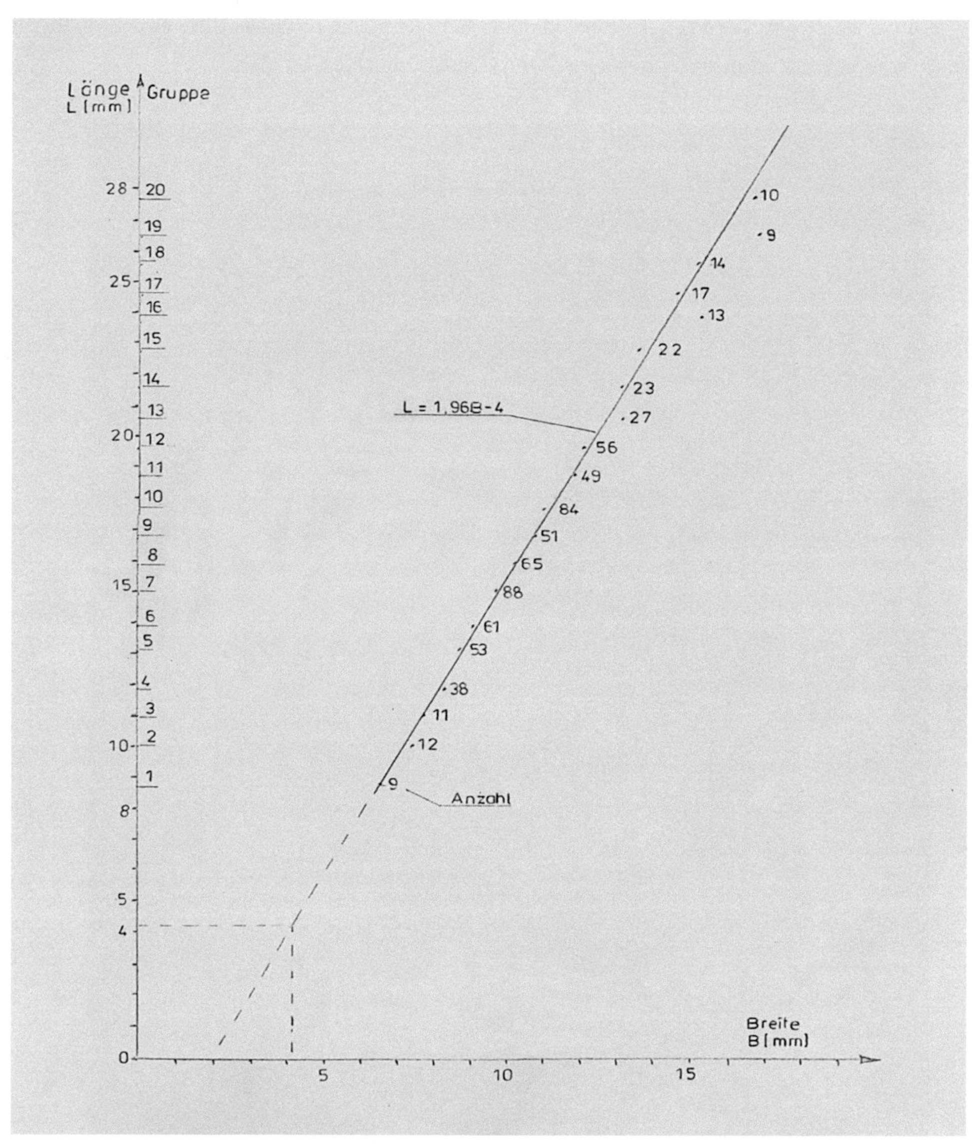

Abb. 2: *Korrelation Länge – Breite der Dreiflächenkanter (712 Stück, 20 Gruppen)*

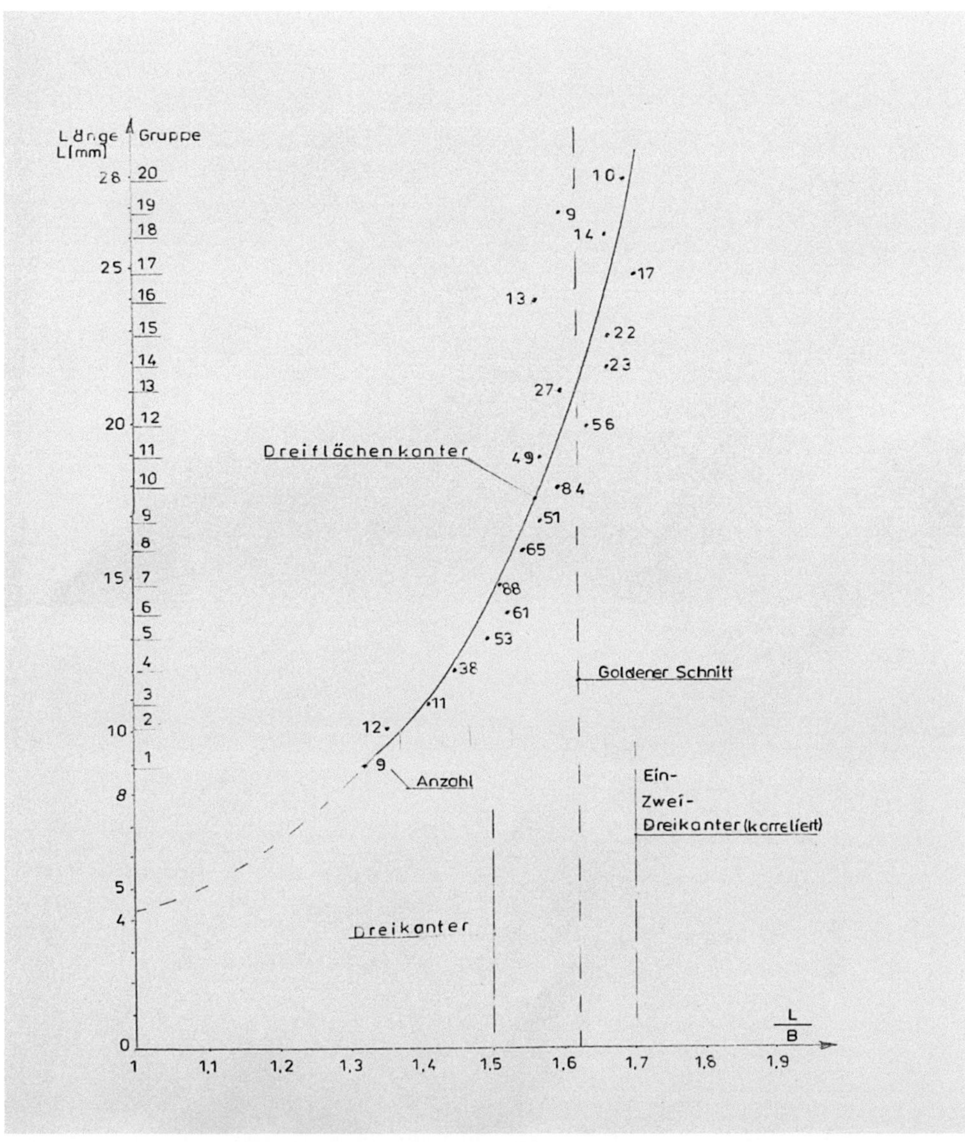

Abb. 3: *Korrelation Länge-Länge/Breite der Ein-, Zwei- und Dreikanter*

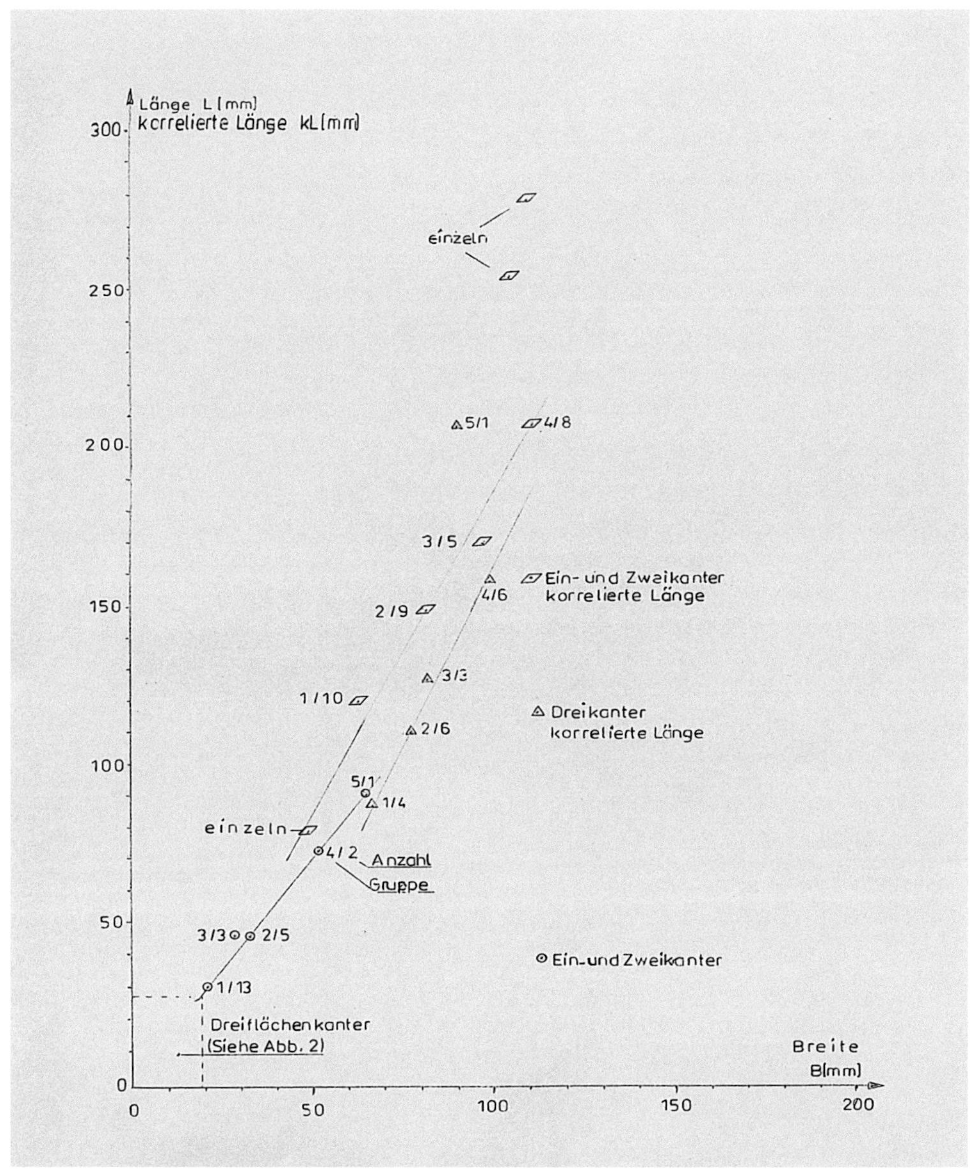

Abb. 4: *Korrelation korrelierte Länge – Breite bei Ein-, Zwei- und Dreikantern*

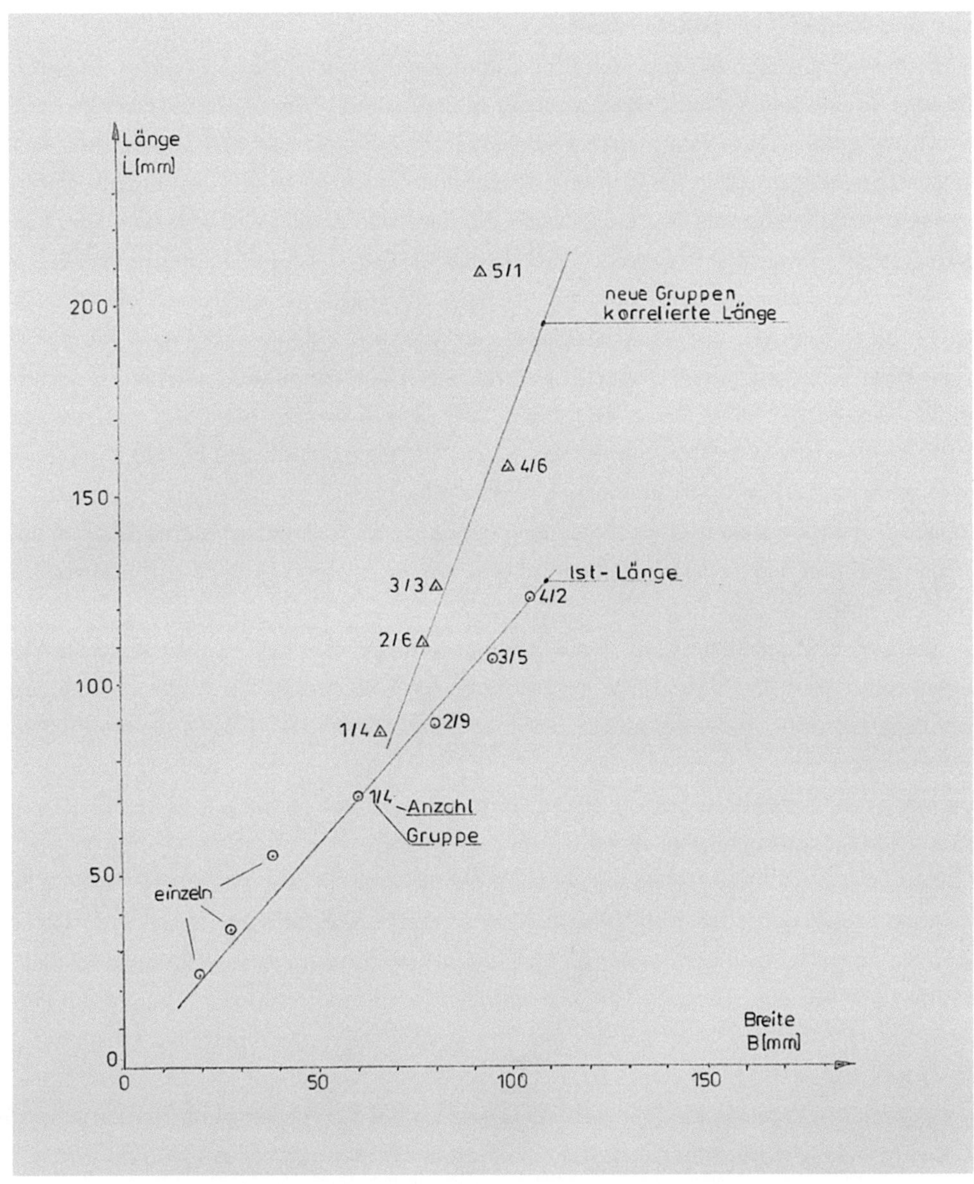

Abb. 5: *Korrelation Länge – Breite bei Dreikantern (20 Stück, 5 Gruppen)*

89

Länge und Radius – Dreiflächenkanter

Zur Beschreibung dieser außergewöhnlichen Körper gehört auch das Verhältnis, in welchem ihre Länge zu den Radien steht (Fragestellung wie bei Länge - Breite). Dreiflächenkanter eignen sich dafür recht gut, weil man mit vertretbarem messtechnischem Aufwand die Radien hinreichend genau ermitteln kann. Ihre Flächen sind sowohl in Längs- als auch in Querrichtung gleichmäßig gekrümmt, das ergibt sechs zu messende Radien. Die Abdrucke vom Längs- und Querschnitt sowie der Draufsicht (Abb. 18 bis 20 Seite 147-149) lassen erkennen, dass sich Kreise überschneiden, obwohl nur ein Bruchteil von jedem Kreis zu sehen ist. Wir können trotzdem durch auflegen von Kreisschablonen, auf denen der Radius abgelesen werden kann und der Mittelpunkt markiert ist, auf den Vollkreis schließen - probieren, welcher Kreis von der Schablone am besten passt. Die Natur kommt hier dem Kreis sehr nahe. Am zuverlässigsten sind die Messwerte von den größten Bögen, das ist die Längskrümmung der beiden Seitenflächen (Radius R2; R3) und der Grundfläche (Radius R6).

Bezüglich Korrelation sollten diese Messungen genügen, wir können auf die wacklige Messung der Querradien mit den kurzen Bögen verzichten. Trotzdem wären es bei 712 Stück doch noch 2136 Messungen.

In Anbetracht der Zielstellung lässt sich der Aufwand auf die besten Exemplare jeweiliger Gruppen reduzieren. In Summe sind es immerhin noch 60 Stück. Die Prozedur läuft analog „Länge und Breite - Dreiflächenkanter" wie oben dargestellt. Der jeweils gemittelte Radius wird der gemittelten Länge zugeordnet und diese Zahlenpaare werden ebenfalls in Diagramme eingetragen; zur besseren Übersicht sind es drei, nämlich: Abb. 6 mit L – R2 (Seite 93), Abb. 7 mit L – R3 (Seite 94) und Abb. 8 mit L – R6 (Seite 95).

Die Diagramme L – R2 und L – R3 ähneln stark dem Diagramm „Länge – Breite" (Abb. 2 Seite 86); die Punkte liegen auch hier beinahe in einer Flucht, von den eingezeichneten Geraden bleiben die Abweichungen gering, der funktionale Zusammenhang ist eindeutig vorhanden. Im Diagramm L – R6, d.h., Länge – Längsradius der Grundfläche, hingegen streuen die Punkte erheblich, eine feste Regel nach der das eine das andere bedingt, ist hier nicht erkennbar (gemeinsames Diagramm Abb. 9 (Seite 96).

Das völlig andere Ergebnis aus der Beziehung L – R6 hat sich schon beim Messen angekündigt: Die Grundfläche hat bei vielen Steinen einen unverhältnismäßig großen Radius, die Zuordnung 'gekrümmte' oder 'ebene' Fläche ist nicht immer eindeutig (Kapitel 14 - zwei Varianten von Dreiflächenkantern). Die Ursache meinen wir erkannt zu haben: Die eine Variante sind

„echte" Windkanter, die andere Variante sind Bruchstücke von Windkantern. Auf eine scharfe Trennung im Nachhinein haben wir verzichtet.

Zur ersten Frage (Wie sieht die Beziehung L/R aus?) können wir feststellen, dass zwischen der Länge und den Längsradien R2 bzw. R3 der Seitenflächen wechselseitige Beziehungen bestehen, die man mit linearen Funktionen beschreiben kann, zu R6 hingegen keine.

Zur zweiten Frage (Wie hängt das Verhältnis L/R von der Länge L der Steine ab?): Das Diagramm (Abb. 10 Seite 97) zeigt deutliche Unterschiede. - Das Verhältnis der Länge L zum Längsradius der Grundfläche R6 streut über alle Gruppen, im Durchschnitt beträgt es rund 0,55. Der Radius ist fast das Doppelte der Steinlänge. Das Verhältnis L/R6 ist von der Länge unabhängig, es ist keine Korrelation zu verzeichnen. - Das Verhältnis der Länge L zum Längsradius einer Seitenfläche R3 variiert von Gruppe zu Gruppe nur gering, es beträgt im Durchschnitt 1,6 (!). Dreiflächenkanter sind unabhängig von der Länge auf dieser Seite gleich gewölbt, zwischen L und L/R3 besteht keine Wechselbeziehung. - Auf der anderen Seitenfläche hingegen korrelieren L – L/R2, indem das Verhältnis L/R2 von 1,0 (9 Millimeter Länge) bis auf 1,47 (28 Millimeter Länge), einem stetigen Kurvenverlauf folgend, ansteigt ; dieser Effekt zeigt sich auch bei der Wechselbeziehung L – L/B. Die Längskrümmung der beiden Seitenflächen verhält sich zur Länge etwa so, wie die Länge zur größten Breite (vergleiche Abb. 3 Seite 87). Die Grundfläche schert in ihrer Längskrümmung aus. Die Ursache ist bekannt (siehe oben).

Länge und Radius: Ein-, Zwei- und Dreikanter

Sie sind um ein Vielfaches größer als Dreiflächenkanter. Daher haben wir eine große Schablone mit diversen Kreisen (Radius 20 bis 100 Millimeter) angefertigt, auf die man den zu messenden Stein legen kann. Die Genauigkeit erwies sich als völlig unzureichend. Hier kommen, wenn es unbedingt notwendig ist, nur moderne elektronische Verfahren wie Scannen infrage, die für uns jedoch zu kostspielig sind. Wir vermuten, dass sich aus den Messungen nichts Neues ergeben würde, was wir bereits bei Dreiflächenkantern erkannt haben. - Die Korrelation zwischen Länge und Breite wird sich zwangsläufig auch bei Länge - Radius wiederfinden.

Zusammenfassung

Der Habitus eines einzelnen Windkanters ist charakteristisch für seine ganze Gruppe. Die Angehörigen einer Gruppe sind sich zum verwechseln ähnlich. - Die Gruppen sind sich ähnlich, nur dass die eine gesetzmäßig größer oder kleiner ist als ihre Nachbarn. Es besteht eine Ähnlichkeit unter den Windkanterarten. - Man kann bei beschädigten Exemplaren (dazu gehören vor allem auch Dreikanter) auf die wahre Länge schließen: Sie ist das Bezugsmaß. Der Durchschnittswert Länge/Breite steigt bei Dreiflächenkantern mit zunehmender Länge von 1,3 auf 1,8. Beim Gros der Ein-, Zwei- und Dreikanter schwankt er zwischen 1,5 und 1,7. Der Mittelwert ALLER Typen ergibt 1,62 (Goldener Schnitt). - Das Verhältnis Länge/Radien bei den Seitenflächen entspricht dem Verhältnis Länge/Breite und verstärkt den Gesamteindruck. - Alle Windkantertypen haben annähernd dieselben Proportionen, wenn sie durch die fehlenden Teile ergänzt werden, d.h., es gibt nur einen einzigen Typ. Korrellationen sind zweifellos vorhanden, die Korreliertheit ist hoch; das heißt, dieser „Grundtyp" kann kein Zufall sein.

Übrigens: In der Paläontologie wäre Korrelation überhaupt nicht wegzudenken. - Wie könnten Wissenschaftler sonst von einem gefundenen Körperteil auf das (Tier) schließen.

Foto 10: *Die fehlende „Wange" möchte man suchen und wieder ankleben*

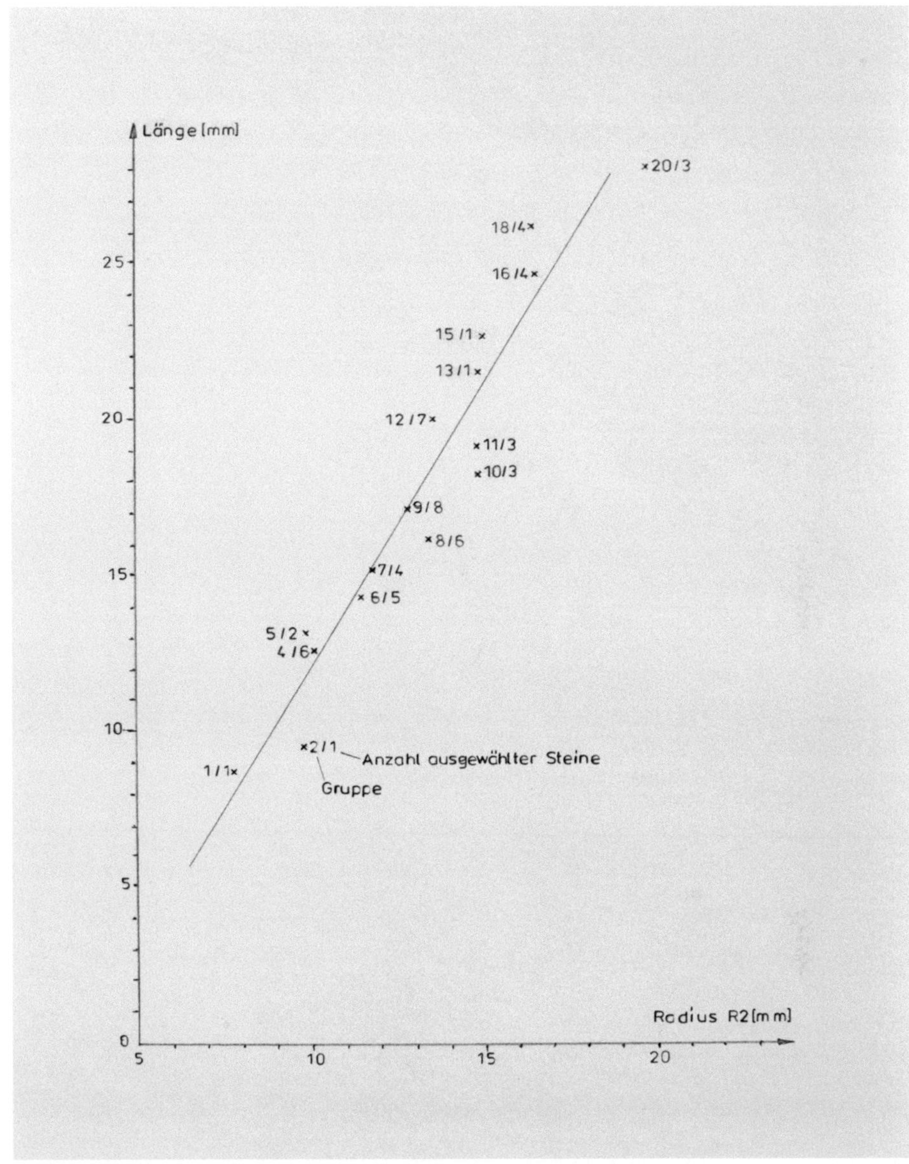

Abb. 6: *Korrelation Länge – Radius R2 Dreiflächenkanter (60 Stück ausgesucht, 16 Gruppen)*

93

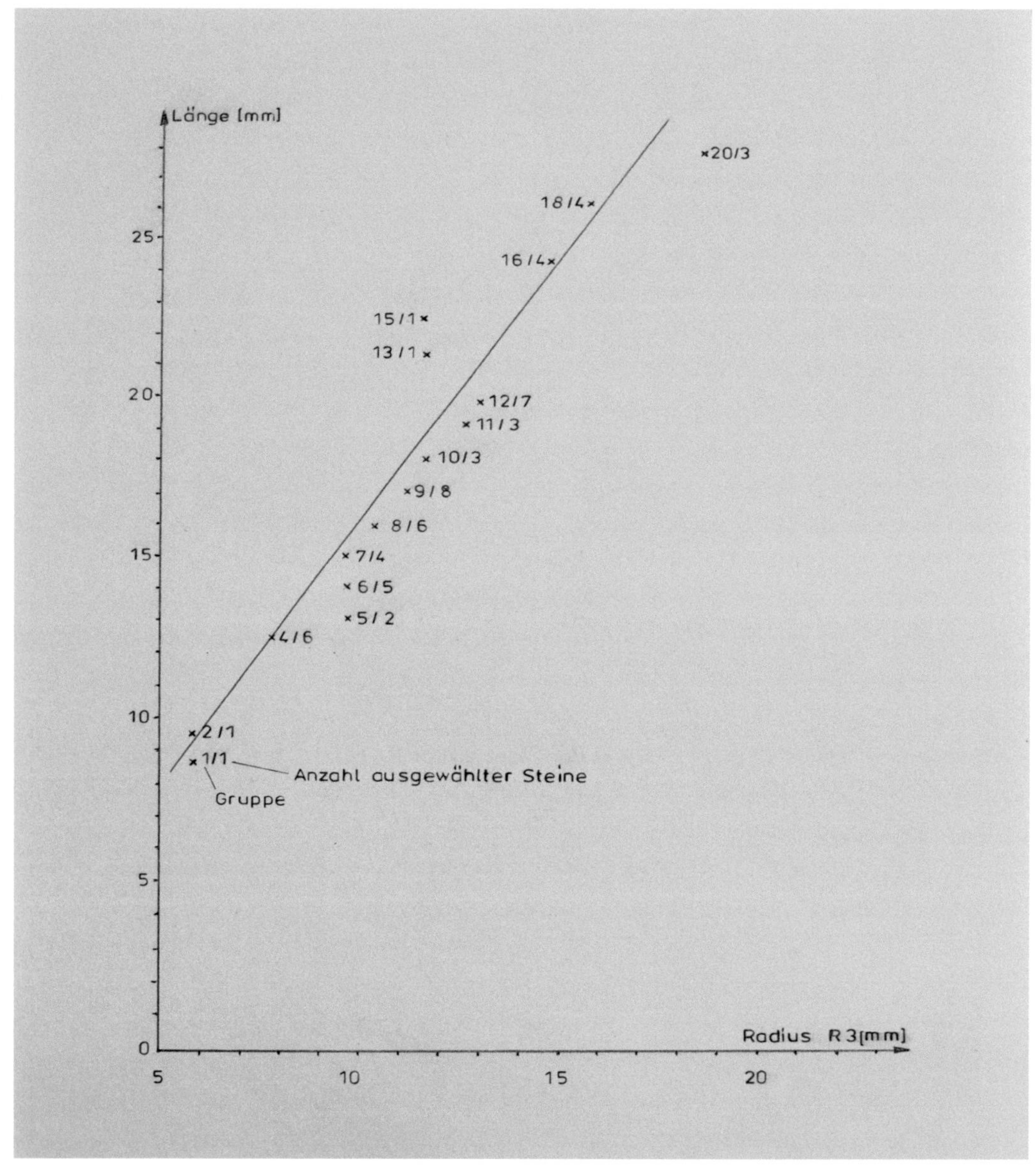

Abb.7: *Korrelation Länge–Radius R3 Dreiflächenkanter (60 Stück ausgesucht, 16 Gruppen)*

94

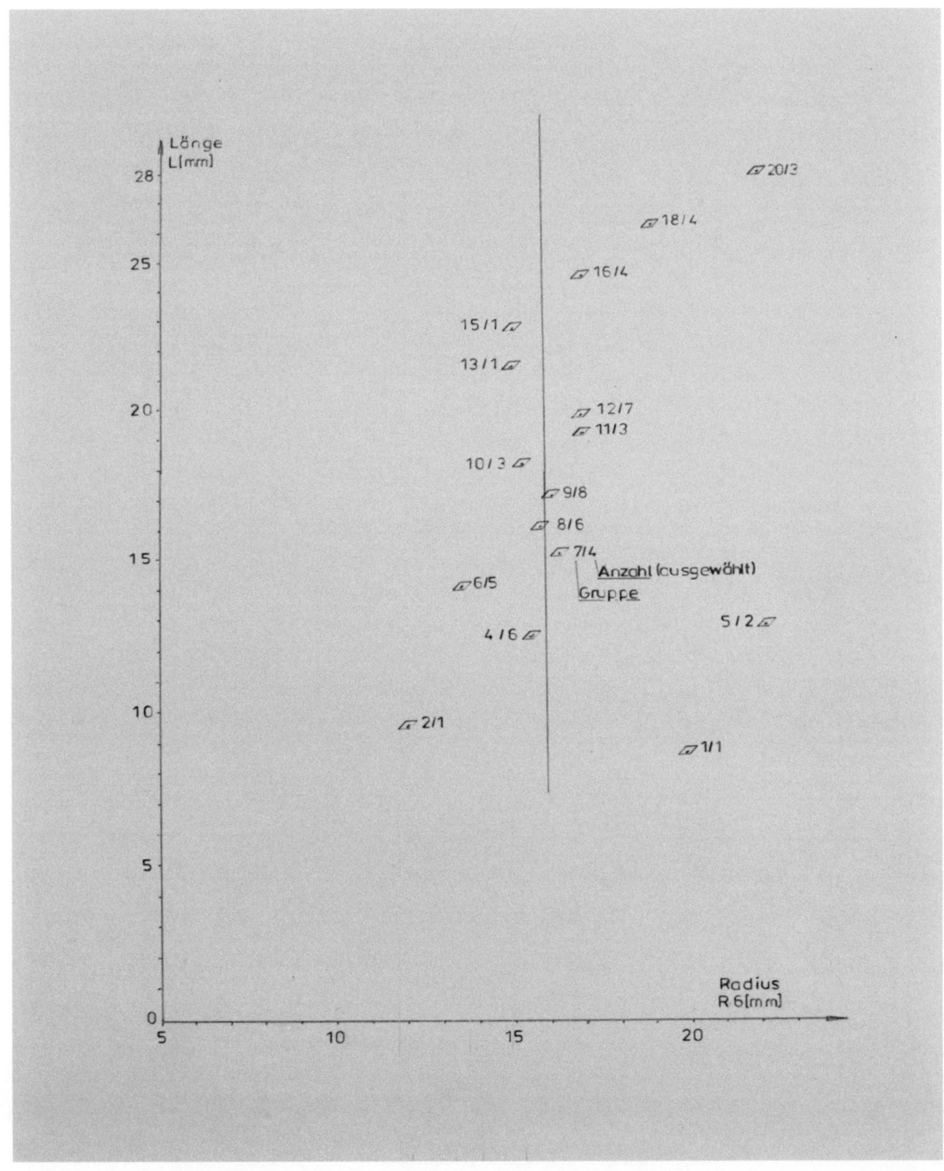

Abb. 8: Korrelation Länge-Radius R6 Dreiflächenkanter (60 Stück ausgesucht, 16 Gruppen)

95

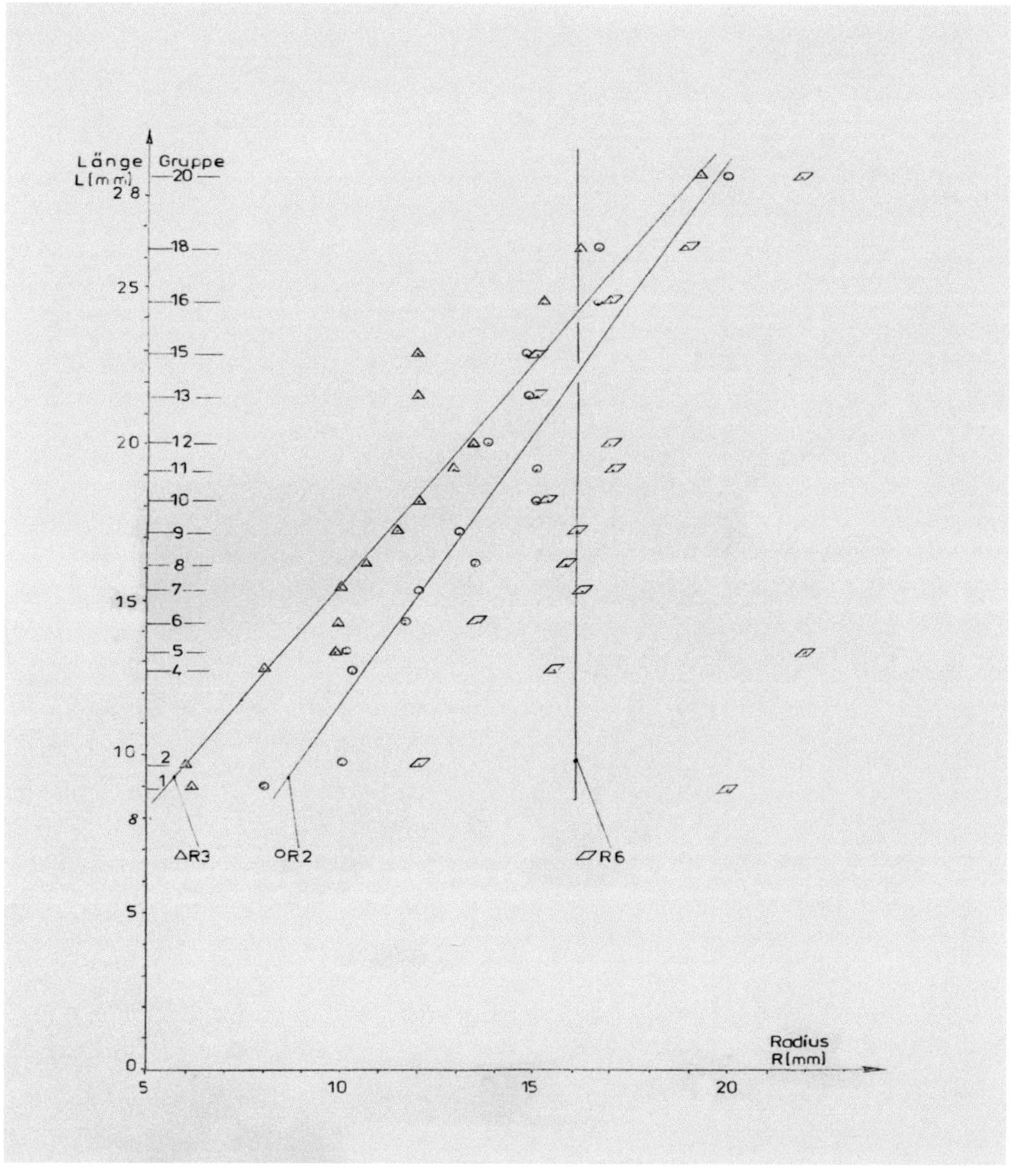

Abb. 9: *Korrelation Länge – R2, R3, R6 Dreiflächenkanter (60 Stück ausgesucht, 16 Gruppen)*

96

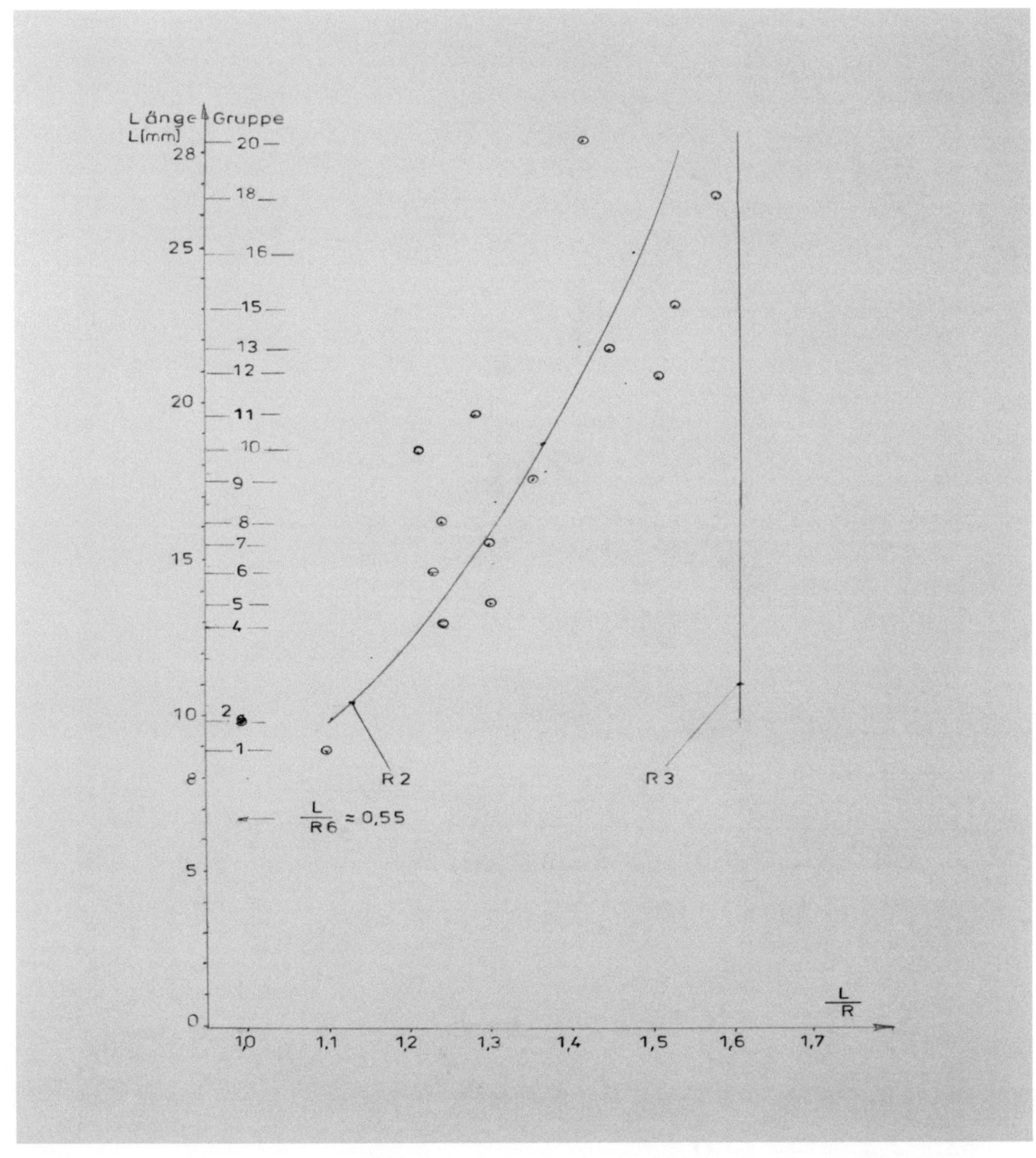

Abb. 10: *Korrelation Länge-Länge/Radius R2, R3, R6 Dreiflächenkanter (60 Stück ausgesucht* 16 Gruppen)

Foto 11 + 12: *Gut vorstellbar, wie diese Blöcke als Ganzes und die fehlenden Teile einmal aussahen*

98

7) Alle Variationen des Goldenen Schnitts im Konstruktionsplan vereint

Eigentlich sind Windkanter Goldene Steine, denn sie vereinen in sich alle Variationen des Goldenen Schnitts. Im Kapitel 6 „Korrelationen" kamen wir zu der ungeahnt wichtigen Erkenntnis, dass sich die Mittelwerte des Länge/Breite-Verhältnisses typabhängig zwischen 1,5 und 1,8 bewegen. Der Durchschnittswert beträgt 1,6 - bis auf die zweite Stelle nach dem Komma genau, die an sich unsinnig ist, da jeder Stein seine individuellen Maße hat, und es „nur" auf einen Trend ankommen sollte: 1,62. - Aber die auf dem Taschenrechner angezeigte Genauigkeit wurde zum Fingerzeig! Denn diese sonderbare Zahl ist aus einer ganz anderen Sphäre, nämlich der bildenden Kunst, als Goldener Schnitt bekannt. Es drängte uns daher, Näheres zu erfahren. Nachdem wir nun aus Publikationen etwas mehr wissen, wird es immer spannend, wenn diese Zahl (1,618033988...) in Erscheinung tritt - ganz besonders für uns, da sie hier aus dem Verhältnis zweier geometrischer Größen (Länge und Breite) hervorgegangen ist. Sie ist die irrationalste Zahl überhaupt, steht für Chaos wie auch für Beständigkeit, und sie liegt in vielfältiger Weise (Wachstums-) Mustern der Natur zu Grunde. Demnach wird es infolge der festgestellten Goldenen Proportion geometrische Regeln geben (müssen), welche die Form der Windkanter maßgeblich bestimmen. Diese können wir mit den vorhandenen Messwerten erkennen und beschreiben.

Die „Göttliche Zahl" fasziniert auf zweierlei Weise: In geometrischen Variationen und in mathematischen Erscheinungen. Beide sind verbunden, woraus eine universelle Sinngebung resultiert. Die einfachste und am meisten publizierte geometrische Variation ist die Teilung einer gegebenen Strecke im Goldenen Verhältnis (1: 0,618 = 1,618). Darauf aufbauend kommen das Goldene Dreieck, das Goldene Rechteck und die Goldene Spirale hinzu. Wie sich bei unseren Betrachtungen herausstellte, bestehen zwischen mehreren Formmerkmalen der Windkantertypen und eben diesen Variationen des Goldenen Schnitts Zusammenhänge. Das versetzt uns in die Lage, solche Kunstwerke der Natur über reine Sinnes-Begriffe wie „Ebenmaß", „harmonisch" oder „schön" hinausgehend zu beschreiben. Und vor allem - was überhaupt nicht zu erwarten war - meinen wir sogar Schlüsse zur Entstehung dieser Gestalten ziehen zu können. Doch zuvor noch einige allgemeine Bemerkungen:

Man muss die Algebrakonstante 1,618... nicht unbedingt in petto haben wie etwa die mathematische Konstante Pi (3,14...) oder die Euler-Zahl e (2,71...), die auch hier eine latente Rolle spielen, aber allein schon das Wissen um ihre Bedeutung bereichert unser Bewusstsein.

Die Harmonie der Natur, die in unzähligen Formen durch die wohlgefälligen Proportionen des Goldenen Schnitts zum Ausdruck kommt, zog bereits seit der Antike Philosophen, Mathematiker und Künstler in den Bann. Nicht wenige glaubten (einige glauben das vielleicht auch heute) an ein verborgenes Gesetz, das die Natur bestimmen würde. Durch Bildung von Maßverhältnissen rückten die Wissbegierigen dem Phänomen auf den Leib; sie konnten daraufhin Vergleiche anstellen, wodurch schließlich die Grundregel der Harmonie erkannt wurde. Sie bewirkt Form und Dynamik, sie ist grenzenlos und zeitlos, sie steht auf allerhöchstem Rang und wird auch „Göttliche Proportion" genannt. Der Goldene Schnitt wäre, so liegt der Gedanke nahe, DER Schlüssel, mit dem sich das Geheimfach der Natur öffnen ließe. Er ist jedoch nach heutigem Kenntnisstand kein Naturgesetz, er führt auch zu keiner Weltformel, nicht zur Entdeckung der Grundgleichung des Universums, denn es gibt keine Ursache für seine Existenz, er ist einfach da. Der Grund für gerade diese gängige Proportion konnte bisher nicht ausfindig gemacht werden. Über den Goldenen Schnitt wurde schon enorm viel geschrieben, das Wissen ist breit gefächert. Zusammengefasst würde es Bände füllen. Er ist und bleibt ein aufregendes Phänomen. Wir wollen aber bei unserem Thema bleiben.

Die 'Göttliche Proportion' befindet sich verborgen im regelmäßigen Zehneck und somit auch im regelmäßigen Fünfeck. Man erkennt sie im Reich der Pflanzen, im Tierreich, in Kristallen, Wolkenbildern und selbst im Universum - und um das hervorzuheben – im Körperbau des Menschen. Aber wir fanden, außer in Walter Schweneckes Aufzeichnungen, nirgendwo einen Hinweis darauf, dass der Goldene Schnitt jemals in irgendeiner Weise jemandem an Gesteinen aufgefallen wäre, obwohl er bei Windkantern ins Auge springt - wenn man ihn kennt. Bei eingehender Betrachtung, ja Verinnerlichung ihres Wesens, wie wir es hier in mehreren Kapiteln versuchen, findet man ein Grundprinzip bestätigt, das besagt: Das Ganze steht zum Größeren genau im selben Verhältnis wie das Größere zum Kleineren. So ist es jedenfalls bei allen Typen in jeder Größe. Es ist zum Leitmotiv geworden, das uns bei der Formanalyse allenthalben begegnet.

Noch treffender als der weit bekannte ungarische Designer György Doczi (Die Kraft der Grenzen) kann man den Goldenen Schnitt mit Blick auf unsere Steine kaum charakterisieren: „Die Macht des Goldenen Schnittes, Harmonie zu erzeugen, liegt in seiner einzigartigen Kapazität, Teile eines Ganzen so zu verbinden, dass jeder seine eigene Identität bewahrt und doch in ein größeres Muster eines einzigen Ganzen verschmilzt." (11 Seite 11) Wir nehmen hauptsächlich die geometrischen Aspekte des Goldenen Schnittes zur Hilfe. Seine mathematischen Eigenschaften würden den Rahmen sprengen und in diesem Kontext eher einer philosophischen Betrachtungsweise bedürfen.

<u>Teilung einer Strecke</u>: Das ist der erste Schritt zum Windkanterkonstrukt (Abb. 11 Seite 108). Die Variationen des Goldenen Schnittes lassen sich eindimensional an einer Strecke und zweidimensional an einem Rechteck, einem Dreieck sowie an einer Spirale veranschaulichen (Abb. 11 Seite 108). Sie haben eine gemeinsame Konstruktionsbasis, nämlich wie bereits gesagt, das spezielle Teilungsverhältnis einer Strecke:

Eine Strecke, die man ja beliebig teilen könnte, wird derart geteilt, dass das Verhältnis der ganzen Strecke zum großen Abschnitt gleich ist dem Verhältnis des großen Abschnittes zum kleinen Abschnitt (A : B = B : C). Das Besondere an dieser Teilung ist, dass die Innenglieder gleich sind, wobei B den Wert 0,618... hat (A = 1 ; C = 0,382...). Proportionen mit gleichen Innengliedern heißen stetige oder zusammenhängende Proportionen; B nennt man auch „mittlere Proportionale" für die Größen A und C. Diese Gleichung gilt immer: Die zu teilende Strecke mag Kilometer lang oder auch nur Mikrometer kurz sein, das Verhältnis bleibt immer dasselbe. Der Goldene Schnitt wird anhand der Streckenteilung auch algebraisch über eine quadratische Gleichung hergeleitet. Deren positive Lösung ergibt einen Quotienten (Phi), in dessen Zähler eins plus Quadratwurzel aus fünf und im Nenner zwei steht, was die irrationale Zahl 1,618033988... ergibt. Die Strecke lässt sich wegen der (unendlich) vielen Stellen nach dem Komma nicht messerscharf teilen, dennoch ist diese geometrisch-algebraische Methode als Basis für weitergehende Betrachtungen geeignet, und mit einer irrationalen Zahl lassen sich trotzdem rationale Schlüsse ziehen.

Der französische Geologe Cailleux verwendete zur zahlenmäßigen Beschreibung der Form von Geröllstücken einen sogenannten Dissymmetrie-Index (gemeint ist der Asymmetrie-Index), indem er den längeren Abschnitt (von der Spitze bis zur dicksten Stelle) ins Verhältnis setzt zur Gesamtlänge des Steines. Wir haben mit dieser Methode für Windkanter generell einen Index von 0,6 ermittelt (Kapitel 13). Ihre Längsachse ist also nach dem Goldenen Schnitt geteilt.

<u>Von der Strecke zum Goldenen Rechteck</u>: Das ist der zweite Schritt (Abb. 11).

Beim Goldenen Rechteck stehen die Seiten a und b im Verhältnis von 1,618 zueinander; analog Windkanter bedeutet das: Länge zur Breite.

Wollten wir einen solch repräsentativen „Edelstein" mit einem rechtwinkligen Rahmen einfassen, was durchaus Charme hätte, dann müssten die Rahmenteile nach dem Goldenen Verhältnis gefertigt werden. Malern, Fotografen und anderen bildenden Künstlern liegt die Gestaltung ihrer Werke nach der Goldenen Proportion im Blut. Das sehen wir beispielhaft an Magrittes surrealistischen Gemälden: „Klare Ideen" und „Schloß in den Pyrenäen". In beiden Bildern hat der Maler gegenüber Wolken und Wellen einen Felsbrocken mit dem Habitus, der einem Windkanter ähnelt, hervorgehoben.

Die Goldene Proportion gilt sowohl in waagerechter, senkrechter als auch in jeder anderen Position.

Die Proportion bleibt analog der Strecke immer bestehen: Möge das Goldene Rechteck so groß wie eine Landebahn oder so klein wie eine Kristallfläche sein. Wir können behaupten: Auch bei Windkantern, seien sie so groß wie ein Hünengrab oder nur so klein wie ein „Bitterer Aprikosenkern", entspricht das Verhältnis von Länge zu Breite im arithmetischen Mittel immer dem Goldenen Schnitt.

Wird ein Goldenes Rechteck nach dem Goldenen Schnitt geteilt, dann entsteht ein Quadrat und als zweite Fläche wiederum ein Goldenes Rechteck. Diese Prozedur lässt sich fortsetzen, bis das Goldene Rechteck so klein geworden ist, dass man es mit Zirkel und Lineal nicht mehr teilen kann und nur noch ein Punkt übrig bleibt. Die Verbindung zweier Ecken eines Quadrates mit dem Zirkel ergibt einen Viertelkreis. Wenn man das bei allen nebeneinander liegenden Quadraten entsprechend vollzieht, entsteht wie von selbst eine Spirale (Abb. 11).

<u>Das Goldene Dreieck</u> (Abb. 11) gewährt einen Blick auf die Stellung zweier sich schneidender Flächen und somit in das räumliche Gebilde. Es ist gleichschenklig (ein Schenkel entspricht einer nach der Goldenen Proportion zu teilenden Strecke). Das Verhältnis der gleichlangen Schenkel zur Basis-Seite beträgt 1,618. Der Winkel, den jede Seite mit der Basis bildet, ergibt 72°. - Das Winkelmaß hat uns sehr überrascht, denn als wir die Winkel–Verhältnisse der Windkantertypen untersuchten, fiel auf, dass ein annähernd 72°- Winkel in allen Vorder- und Seitenansichten erscheint (Kapitel 18). Aber wir wussten in dem Moment noch nichts von einem Goldenen Dreieck und daher auch nichts von einer möglichen Verbindung zum Goldenen Schnitt. Und - was Walter Schwenecke gleich aufgefallen war: In der Draufsicht von Dreikantern bilden die namensgebenden Kanten nach seinen Messungen Winkel von etwa 110°; 120° und 130°. Wir haben, veranlasst durch den Goldenen Schnitt, auf zwanzig Fotos nachgemessen und Mittelwerte gebildet; sie ergaben rund 108°; 115° und 137°.

108° ist der Komplementärwinkel zu 72°, damit die Winkelsumme für das Dreieck 180° ergibt. Und 115° (116°) ist das 1,618 - fache von 72° und der Goldene Winkel hat 137° (137,5°).

Alles ein Zufall? Wir lassen diese Fakten erst einmal so stehen.

Bekanntlich ist das Dreieck das stabilste Vieleck. Vielleicht ist das Goldene Dreieck noch stabiler? Die stabilste Gestalt? Das gilt sicherlich auch im Verbund als Pyramiden im Gefüge des Fels; vermutlich können sie enorm hohem Stress am besten standhalten.

<u>Regelmäßiges Fünfeck, regelmäßiges Zehneck</u>

Man ist bei einer ganzen Reihe von Windkantern geneigt, im Querschnitt die Figur eines Fünfecks zu erkennen (wenn z.B. eine Ecke in der Vorderansicht fehlt). Der Zentriwinkel im regelmäßigen Fünfeck hat 72° (360° dividiert durch 5). Diesem Wert kommt, wie oben beschrieben, eine tiefere Bedeutung zu. Zusammenhänge sind unverkennbar. Hinsichtlich der Genese von Windkantern wäre aber zu bedenken, dass sich regelmäßige Fünfecke nicht absolut lückenlos anordnen (klein kacheln) lassen; das spricht gegen die Gesteinsnatur, die alle Lücken schließt. Bei deformierten Fünfecken sieht das natürlich anders aus. Es bleiben Fragezeichen.

Im regelmäßigen Zehneck hat der Zentriwinkel 36°. Legt man auf ein regelmäßiges Fünfeck ein deckungsgleiches und dreht dieses um 36°, entsteht ein Zehneck. Über seine Seiten erfahren wir bezüglich Goldener Schnitt (15 Seite 190): "Die Seite des regelmäßigen Zehnecks ist der größere Abschnitt des nach dem Goldenen Schnitt geteilten Umkreisradius." Diese geometrischen Beziehungen können bezüglich der Entstehung der Windkanterformen von Bedeutung sein.

<u>Zur Goldenen Spirale</u> (Abb. 11)

Spiralen sind an sich jedem bekannt, aber in dieser „Spiralart" ist der Goldene Schnitt wie in einem Konstruktionsplan verankert. Spiralen wirken durch ihren gebogenen Verlauf dynamisch und lebendig. Die Linie, mit der sie sichtbar wird, geht von einem Punkt aus. Sie wickelt sich in immer größer werdenden Abständen um diesen und mündet in's Unendliche. In entgegengesetzte Richtung ist sie eine aus dem Unendlichen kommende Linie, die in einem Punkt endet - oder sich wie im Fall der logarithmischen Spirale dort im Kleinen, kleiner als ein Nadelstich, verliert. Es gibt nämlich zwei Spiral-Typen: die Archimedische und die Logarithmische. Bei der ersteren wickelt sich die Linie in konstanten Abständen um den Pol, dort ist der Anfang, d.h. der Radius gleich Null; sie ist unendlich (lang). Für die Archimedische Spirale fällt uns kein Beispiel aus der Natur ein.

Der Logarithmischen Spirale hingegen begegnen wir häufig, Stichwort: Schneckengehäuse. Sie könnte auch Natürliche Spirale (Logarithmus naturalis) genannt werden; das käme ihrem

Wesen näher. Der Verlauf entspricht einer Exponentialfunktion mit der Basis „e" (e = 2,7183 eine nach dem berühmten Mathematik L. Euler benannte Konstante). Wir haben erfahren, dass solche Funktionen, die sich mit variablen Exponenten auszeichnen, geeignet sind, Vorgänge mit Ab- und Zunahme zu beschreiben. Für Vorgänge in der Natur hieße das: für Entwicklung, Entfaltung und Wachstum. Die Natur hat aus zweckmäßigem Grunde beispielsweise für den Bau der schützenden und stützenden Gehäuse für Turmschnecken, Treppenschnecken, Schnirkelschnecken (Weinbergschnecke Helix pomatia), Alt-Tintenfische (Nautilidae) und andere schalentragende Weichtiere in die Formel der Logarithmischen Spirale im Exponenten das Verhältnis (Phi) 1,618 bzw. 0,62 eingegeben.

Die Goldene Spirale hat freilich in der Natur einen Anfang und ein Ende. Aus einem Keim bildet sich bei der Schnecke die erste Windung des künftigen Kalkgehäuses, so wie das Tier wächst kommt Gang für Gang (Steigung „k") hinzu, bis das Tier ausgewachsen ist; Schalenkundler würden diesen Vorgang genauer beschreiben. Schnecken derselben Art sehen sich geometrisch zum Verwechseln ähnlich, ohne einen Maßstab würden wir das nur 5 Millimeter kleine „Schneckenkind" nicht von einem 50 Millimeter großen ausgewachsenen Gehäuse unterscheiden können. - Ohne einen Anhaltspunkt sehen wir ebenso keinen Unterschied zwischen einem 15 Millimeter langen Windkanter und einem 200 oder 500 Millimeter großen. Die Skaleninvarianz (Kapitel 8) ist auch bei der Goldenen Spirale vorhanden; das wird deutlich, wenn man Segmente kopiert und die Kopien vergrößert bzw. verkleinert.

Man kann die Goldene Spirale auf verschiedene Weise konstruieren: Die genaueste und einfachste wäre, die o.g. Formel nehmen, d.h., den Computer zeichnen lassen und ausdrucken; da würde uns aber wahrscheinlich Wichtiges entgehen, was wir bei der geometrischen Konstruktion so „nebenbei" erfahren.

Wie man die Konstruktion mit Lineal, Zirkel und Bleistift durchführt, wird in verschiedenen Publikationen eingehend beschrieben. Es gibt da mehrere Varianten. Die Ausführung macht Spaß - wird doch bei jedem Handstrich die Bedeutung des Goldenen Schnitts bewusst. Verblüffend ist der harmonische Übergang der Spirale von Quadrat zu Quadrat. In der Abbildung 11 wird aus zeichnerischen Gründen mit der Strecke begonnen, diese nach dem Goldenen Schnitt geteilt und daraufhin das Goldene Rechteck konstruiert. Dieses wird nach dem Goldenen Schnitt geteilt, wodurch ein Quadrat und ein kleineres Goldenes Rechteck entstehen. Das kleinere wird wieder so geteilt, und es entsteht ein Quadrat und ein noch kleineres Goldenes Rechteck. Das Verfahren wird so fortgesetzt, bis es zeichnerisch nicht mehr weitergeht. Mit dem Zirkel werden, wie bereits angeführt, die Ecken der Quadrate verbunden, wodurch die Spirale sichtbar wird. Es fällt auf, dass ihr Pol außerhalb der Mitte liegt. Seine ganz genaue Lage lässt sich nicht angeben, aber man kann sie gut schätzen. Er hat in der o.g. Abbildung ungefähr die Koordinaten K 0,72 und K' 0,618. Der Umkehrwert von 0,72 ist 1,39. Dieser Betrag ist uns bekannt aus dem Länge/Breite–Verhältnis der Dreiflächenkanter. Es ist das Verhältnis, bei dem man noch ohne weiteres Länge und Breite zu unterscheiden vermag. Es steigt mit zunehmender Länge der Windkanter bis 1,9. Im Mittel beträgt es - wie eingangs angeführt – 1,62. Das ist jedoch der Umkehrwert von K' 0,618. Wir können sagen: Der Pol der Spirale entspricht dem Punkt, in welchem die proportionale „Entwicklung" der Windkanter sichtbar beginnt.

Das Goldene Rechteck übernimmt bei der Konstruktion der Goldenen Spirale eine Brückenfunktion von geraden Linien zu gekrümmten.

Es gibt, zusammengefasst, vier Eigenschaften der Goldenen Spirale, die auch Windkanter aufweisen:

Die grundlegende ideale Proportion des Goldenen Schnitts: Das Verhältnis 1,618

Die „Entwicklung" aus einem Punkt (Pol, Keimzelle) heraus zum Verhältnis 1,618

Die Lage des Ursprungs mit den Koordinaten: Verhältnis 1,39 und 1,618 bzw. 0,72 und 0,618 sowie Skaleninvarianz

Das alles können keine zufälligen Übereinstimmungen oder voreingenommene Interpretationen sein, sondern es sind Hinweise auf die Entstehung der Windkanterform, die im Kleinen wie im Großen vielerorts präsent ist.

<u>Die Fibonaccizahlen:</u> Somit kommen wir kurz zu einer mathematischen Eigenschaft, der wir bewusst oder intuitiv fast täglich in der Natur begegnen: Es sind die sogenannten Fibonaccizahlen. Die Regelmäßigkeit liegt in folgendem: Das kleinste Quadrat soll die Seitenlänge 1 haben, und wir sehen, dass das anschließende die Seitenlänge 2 hat, das nächste 3, das nächste 5, dann 8; 13 und so weiter. Das sind die ersten Glieder der Fibonacci–Zahlenreihe 1; 1; 2; 3; 5; 8; 13; 21; 34; 55 usw. Die Fläche des Quadrates ist jeweils die Summe der Fläche der beiden vorangegangenen Quadrate wie 1 + 1 = 2; 1 + 2 = 3; 2 + 3 = 5; 3 + 5 = 8 etc. Das ist das eine, worin der Goldene Schnitt im Hintergrund wirkt. Das andere besteht darin, und das ist mit Blick auf die Proportion der Windkanter sehr wichtig: Bildet man den Quotient aus einer Zahl dieser Reihe und ihrem Vorgänger, dann bewegt sich das Verhältnis - das ist der springende Punkt - nach fünf Gliedern in Richtung des Goldenen Schnitts und nähert sich ihm

dann in den unendlich vielen Stellen nach dem Komma: 1; 2,00; 1,500; 1,666; 1,600; 1,625; 1,615; 1,619; 1,618 usw. Das Hinbewegen (Anstreben) zum Idealmaß des Goldenen Schnitts sehen wir auch bei Windkantern (im Bereich von kleinen Körnern zu größeren bis etwa 8 mm)!

<u>Bau des menschlichen Körpers:</u> Die Natur hat im Bau des menschlichen Körpers die 'Göttliche Proportion' in faszinierender Weise verwirklicht. Leonardo da Vinci brachte 1509 in seiner berühmten Skizze „Der vitruvianische Mensch" (Logo auf Gesundheitskarten) die idealen Relationen zum Ausdruck. Michelangelos „Statue des David", ebenfalls ein weit bekanntes Kunstwerk, verkörpert den perfekt proportionierten Mann. Nicht alle Männer sind mit derart idealen Körpermaßen begnadet, Männer sind verschieden und doch ist jeder Mann in dieser Hinsicht ein Mann (Mensch).

Nicht alle Windkanter sind von ausgezeichnetem Ebenmaß, keiner gleicht dem anderen, trotzdem sind alle Windkanter Windkanter.

<u>Blüten der Passionsblume:</u> Das hätten wir nie gedacht! - In den Blüten der Passionsblume (Passiflora caerulea), die mehrere Meter weit überallhin klettert, spiegeln sich dieselben Variationen des Goldenen Schnitts wie in Windkantern, obwohl diese Kunstwerke zu völlig verschiedenen Naturreichen gehören. Sie sind ein besonders anschauliches Beispiel für vergleichende Betrachtungen. Es gäbe noch viel mehr Wissenswertes über diese Blume zu berichten, aber wir können nur kurz aufführen, was uns außer der botanisch gut untersuchten Blüten hinsichtlich des Goldenen Schnitts so augenfällig begeistert (Foto 13):

Die Blüte hat zehn regelmäßig angeordnete Hüllblätter, davon fünf in einer „Grundebene" und unmittelbar darüber - allerdings um 36 Grad versetzt - fünf weitere, die so die Lücken der unteren schließen. Dadurch war die Blüte komplett geschützt, bevor sie sich entfaltete. Die Blattspitzen ergeben ein regelmäßiges Zehneck bzw. zwei regelmäßige Fünfecke, wenn man um die Mitte einen Kreis schlägt und die Spitzen geradlinig verbindet. Die Blütenhüllblätter bilden einen nahezu exakten Kreis von etwa 75 Millimeter Durchmesser. (Alle Blüten sind gleich groß!) Und nun kommt das Unglaubliche: Der Abstand von Spitze zu Spitze, also eine Seite des gedachten Zehnecks, liegt zwischen 20 und 25 Millimeter, d.h., er entspricht im Mittel fast genau dem Produkt aus <u>Radius (37,5 mm) x Goldener Schnitt (0,618)</u> = 23,2 mm (wie oben stehend aufgeführt). Zur Erinnerung: Bei Windkantern ergibt im Mittel das Produkt aus Länge x 0,618 = Breite. Der blaue Blütenkranz mit einem Durchmesser von rund 55 Millimeter ist der Blickfang und namensgebend. Das Zentrum der Blüte bildet eine konische

Säule, von welcher als erstes fünf Arme ausgehen, an deren Enden quer - mit dem Gesicht nach unten gewandt - die gelben Staubgefäße hängen. Um ihren Fuß sehen wir harmonische Ringe in den Farben (von außen zur Mitte gesehen) blau – weiß – braun – grün/grün (durch dunkel gepunktete Linie getrennt) – weiß – braun.

Die grünen Tragarme bilden eine äußerst robuste Konstruktion eines wiederum regelmäßigen Fünfecks mit einem Durchmesser von ca. 20 Millimeter. Auf dem Zentrum dieser Träger ruht ein kuppelartiger Fruchtknoten, wie man ihn von Kirschblüten her kennt. Aus diesem ragen drei braune Narben bis unmittelbar an die Staubgefäße heran, küssen sie mit weit geöffnetem Mund. Sie teilen das Fünfeck der Staubgefäße in zweimal zwei Einheiten und einmal eine Einheit. Die Winkel sind dementsprechend zweimal 145 Grad und der dritte hat ca. 70 (!) Grad. Es besteht somit eine Ähnlichkeit zu der Draufsicht auf Dreikanter. Und der 72°–Winkel hat es ja bei Windkantern ohnehin in sich.

Die Blüten der Passionsblume sind ein wahres Wunder an Proportionen, Harmonie und vor allem einfacher Funktionalität sowie Schönheit. Die durch den Goldenen Schnitt sichtbar gewordenen Parallelen von Windkantern und Passionsblumen sind unverkennbar. Dieses ist eines von unzähligen Beispielen für die Einheit der Natur in den Grundregeln des Werdens, Seins und Vergehens.

Foto 13: *Variationen des Goldenen Schnittes in der Passionsblume*

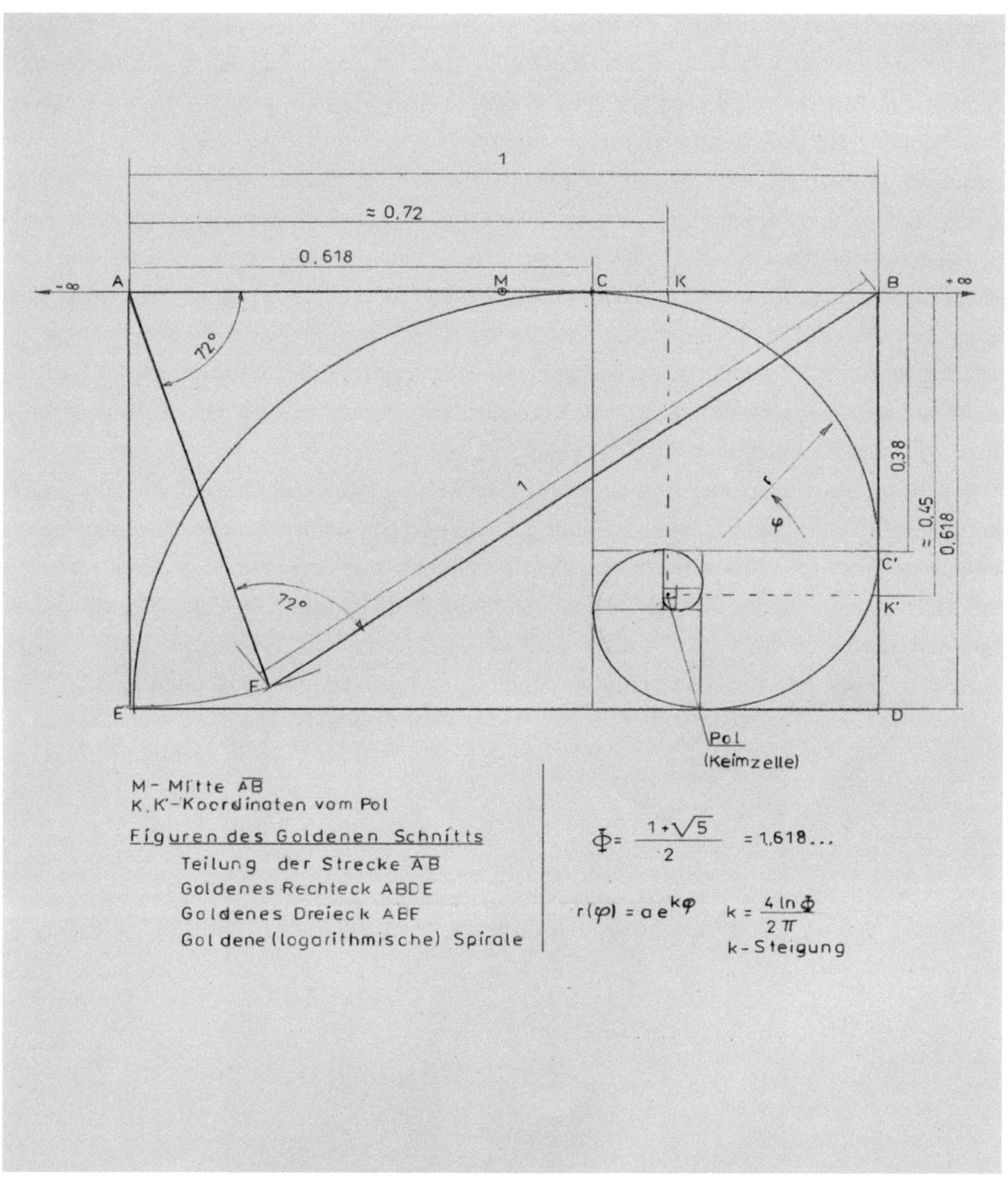

Abb. 11: *Figuren des Goldenen Schnittes*

8) Selbstähnlichkeit/Skaleninvarianz – Beweis für die gesetzmäßige Entstehung

Die Quintessenz aus unseren bisherigen Betrachtungen lautet: Der Habitus der Windkanter lässt stark vermuten, dass hier Regeln der Gesteinswelt am Werke waren, sowohl im kleinen als auch im großen Maßstab. Korrelation und der Goldene Schnitt bedeuten Meilensteine auf dem Weg zu dieser Erkenntnis. Selbstähnlichkeit kommt als nächster hinzu, sie steht in direktem Zusammenhang sowohl mit Korrelation als auch mit dem Goldenen Schnitt.

Selbstähnlichkeit ist durch die irrationale Zahl 1,618... mit den vielfältigen Erscheinungen des Goldenen Schnittes verbunden. Selbstähnlichkeit birgt Skaleninvarianz in sich, beide gehören in ein Paket. Skaleninvarianz wird durch lineare Korrelation (Kap. 6) schon hinreichend bestätigt. Ist die Einheit von Selbstähnlichkeit und Skaleninvarianz wirklich gegeben bzw. zu erkennen, dann stecken hinter dem Ding oder Körper, höchstwahrscheinlich Gesetzmäßigkeiten. Unsere Vermutung, die noch stark vom Gefühl geprägt ist, würde Gewissheit, wenn sich diese Einheit bei Windkantern bestätigt.

Selbstähnlichkeit bedeutet, einfach und allgemein formuliert, „verändert und doch gleich"; ein Synonym haben wir nicht gefunden. In der Mathematik und der Teilchenphysik sind die beiden Begriffe geläufig. Skaleninvarianz bedeutet „ unabhängig von einer Skalierung", d.h., in jedem Maßstab vorhanden, ohne Maßstab verwechselbar; ein Ding, Körper, erscheint in derselben Form in allen Größen. Ohne einen Maßstab kann man die Veränderung jedoch nicht bemerken. Dass wir die beiden Begriffe aus den recht speziellen wissenschaftlichen Disziplinen in Ansatz bringen, mag man uns Laien nachsehen.

Der Selbstähnlichkeit bei Windkantern kommen wir in vier Schritten näher (siehe Fotos 15 - 24):

1) Windkanter desselben Typs und gleicher Größe sehen sich zum Verwechseln ähnlich; man verwechselt sie nur deshalb nicht, weil sie sich farblich unterscheiden und ganz individuelle Merkmale (Grübchen etc.) tragen.

2) Windkanter desselben Typs, aber unterschiedlicher Größe sehen sich zum verwechseln ähnlich, denn ohne Maßstab ließe sich nicht sagen, welcher Stein größer bzw. kleiner ist.

3) Wir wissen aus den Betrachtungen zur Korrelation, dass Windkanter unterschiedlichen Typs, aber gleicher Größe, sich im Gewandt eines Grundtyps entsprechen, daher sind sie sich ähnlich. Daraus folgt die generelle Aussage:

4) Windkanter unterschiedlichen Typs und unterschiedlicher Größe sind ohne Maßstab verwechselbar, d. h. sie sind sich ähnlich.

Wir gehen wohlgemerkt von Mittelwerten aus, die ein „Normstein" aufweist, von dem jedes Exemplar individuell bedingt abweicht. Windkanter sind keine geometrisch exakte Doppelpyramiden. In der Natur gibt es auch keinen Kreis als solchen.

Im Grunde genommen bedeutet das: Unsere Windkanter liegen als veränderte Idealform vor, sie sind aber trotzdem gleich geblieben. Das Ergebnis scheint trivial zu sein, ist es jedoch bei weitem nicht. Selbstähnlichkeit/Skaleninvarianz ist vorhanden. Sie besagt, dass sich das Vergrößern eines aus kristallinen Mineralien bestehenden Windkanters vom Korn bis hin zu Gebirgen und das Verkleinern bis ins Innere des Kornes fortsetzen lässt und im Keim der Kristalle einen Anfang haben muss.

Windkanter (Doppelpyramiden) sind derart verschachtelt, wie wir es beispielsweise von einem Satz gestapelter Schüsseln her kennen: In plus/minus unendlich gedacht, würde die größte nicht mehr ins Zimmer passen, während wir für die kleinste eine Pinzette bräuchten; trotzdem hätte der Stapel die Form einer Schüssel. Die Schüssel hat kein Gegenstück, sondern sie steckt in einer größeren und in ihr wiederum eine kleinere. Mit diesem Vergleich soll die Frage nach möglicherweise fehlenden Gegenstücken zu Windkantern beantwortet sein: Es kann keine geben, sondern (nur) größere und kleinere Windkanter.

Setzen wir gleiche Doppelpyramiden zusammen, dann entsteht eine (beinahe) gleiche größere Doppelpyramide; die Teile erkennen sich wie im Spiegel; „beinahe" - deshalb, weil sie nicht hundertprozentig dicht gepackt werden können, dazwischen bleibt immer etwas „Luft" (Kap. 10).

Selbstähnlich sind auch einige andere Feldsteinformen wie beispielsweise ovale und kugelige. In diesen Fällen hat wahrscheinlich fließendes Wasser mit Sand die gleiche Grundform (unterschiedlicher Größe) stark abgeplattet und zugerundet bzw. kugelig „getrommelt".

Selbstähnlichkeit ist ein Phänomen, das in der Natur häufig vorkommt. Sie fällt allgemein nicht auf, weil durch die Umgebung fast immer ein Maßstab gegeben ist, wodurch Gedanken an Selbstähnlichkeit abgelenkt werden, und weil man diese Eigenschaft erst einmal kennen und darauf achten müsste.

Andere Beispiele für Selbstähnlichkeit in der Gesteinswelt entnehmen wir der Publikation „Was die Steine erzählen" von dem auf Mikrotektonik spezialisierten Geowissenschaftler Maurice Mattauer (23 Seite 97 unter kongruente Falten): „Wie eine Schar fast perfekter Parabeln erscheinen die Schichtgrenzen in diesem Quarzit in Osttibet. Man könnte sie durch Parallelver-schiebung zur Deckung bringen. Das gleiche Phänomen ist in viel kleinerem Maßstab in einem Glimmerschiefer zu sehen." Unter asymmetrische Mikrofaltung Seite 99: „Solche überkippten Falten in Verbindung mit geneigter Schieferung kommen in allen Größenordnungen sehr häu-fig vor. So ist der abgebildete kleine Aufschluss ein Miniaturmodell für viele Kilometer lange Strukturen, bei denen zahlreiche Falten aufeinander folgen, die alle in die gleiche Richtung ge-kippt sind." Und unter überkippte oder liegende Falten Seite 101: „ … werden wir wieder ein-mal den Maßstab wechseln und unsere Überlegungen auf tausendmal größere überkippte Fal-ten übertragen." Aus derselben Quelle zitieren wir im Kapitel 19 den rautenförmigen Quer-schnitt betreffende Beispiele. Übrigens haben auch wir kleines und großes Gestein mit Falten gefunden, bei dem man ebenfalls sagen könnte: „verändert und doch gleich." (Siehe Fotos 31 + 32)

„Selbstähnlichkeit/Skaleninvarianz" ist ein schwieriges Thema. Wir haben sie bezüglich Wind-kanter beschrieben so gut wir konnten.

Foto 14: Ohne Vergleich ließe sich nicht sagen, wie groß diese Dreiflächenkanter sind

Foto 15 (oben): *Dreiflächenkanter einer Gruppe (hier rund 18 mm lang) sind sich ähnlich*
Foto 16 (unten): *Dreiflächenkanter–Gruppen sind sich ähnlich*

112

Foto 17 – 20: *Die Windkantertypen sind sich ähnlich – links oben Dreiflächenkanter, Einkanter (rechts oben), Zweikanter (links unten), Dreikanter (rechts unten)*

Foto Nr. 21 + 22: *Einkanter und einer der größten Windkanter (unten)*

114

Foto 23 + 24 *Dieses Gebirge auf Island (Halbinsel Westfjorde, Bildudalur) ist Windkantern ähnlich*   *Fotos: Alois Hanke, Flossenbürg*

Foto 25 – 27: *Selbstähnlichkeit von runden Steinen, Platten und zugerundeten Ovalen*

Foto 28 - 30: *Selbstähnlichkeit bei Steinen mit rhombischem Querschnitt (Funde bei Bad Neualbenreuth)*

Foto 31 + 32: Selbstähnlichkeit gefalteter Gesteine (Funde bei Bad Neualbenreuth)

Foto 33-36: *Selbstähnlichkeit der Scherungsstücke (Funde auf Feldern Bad Neualbenreuth)*

Foto 37 + 38: *Selbstähnlichkeit Scherungsstücke (hier Lerchenbühl und Block im Wald bei Bad Neualbenreuth)*

120

9) Zuordnung zu den genormten Korngrößen anhand des Längenmaßes

Wie groß sind die Steine? Größe bedeutet Ausdehnung, Volumen. Bisher wurden nur Länge, Breite und Höhe, also die Achsmaße, angegeben. Die Länge übertrifft deutlich Breite und Höhe, während sich letztere nur gering voneinander unterscheiden. Die Messansätze für die Länge sind in der Regel eindeutig, weshalb Messfehler gering bleiben. Sie ist daher ein zuverlässiges Bezugsmaß, um auch die Größe zu ermitteln und ggf. das Volumen zu berechnen. Wie groß Windkanter überhaupt sind, darüber steht nichts in Büchern, auch nicht wie man ihre Größe bestimmen könnte, obwohl die Korngestalt so einfach aussieht. Die Größe ist insofern von Bedeutung, da sie einen zahlenmäßigen Betrag liefert, welcher die Zuordnung zu namentlich bekannten Korngrößen wie beispielsweise „Kies", „Steine" etc. erlaubt und somit bildhafte Vergleiche ermöglicht.

Das Klassieren (Trennung nach Korngröße) mineralischer Gemenge wird mit verschiedenen Verfahren durchgeführt, je nach Art der Zusammensetzung und Zielstellung. Für große Partikel kommt Sieben infrage. Das Gemenge wird hierbei in Korngrößenbereiche (in Siebkorn-Gruppen) getrennt. In der Norm EN ISO 14688, die für den Bereich Erd- und Tiefbau gilt, lauten diese für Sedimentgesteine (unsere Windkanter sind Sedimentgesteine): Blöcke (200 bis 630 mm); Steine (63 bis 200 mm); Grobkies (20 bis 63 mm) und Mittelkies (6,3 bis 20 mm) sowie weitere Gruppen mit noch kleineren Körnern. Hinzufügen möchten wir die vereinzelt vorkommenden Großblöcke (größer 630 mm) und Findlinge (größer 1240 mm, ab ein Kubikmeter).

Als Maß für die Größe wird ein sogenannter Äquivalentdurchmesser (Ersatzdurchmesser) herangezogen. Das sind die Werte, die vorgenannt in Klammern stehen. Sie entsprechen dem Durchmesser einer Kugel, die das gleiche Volumen wie das „Korn" hat. Der Äquivalentdurchmesser der Windkanter ist nicht bekannt, daher war eine Zuordnung nicht möglich. Man kann ihn jedoch analog anderer Kornformen sowohl berechnen als auch experimentell bestimmen.

In Bezug auf die jeweilige Korngestalt werden in der mechanischen Verfahrenstechnik mehr als zehn empirisch ermittelte Formeln angeboten. Sie dienen dort hauptsächlich zur Bestimmung der Maschenweite von Sieben. Wir haben einige, die uns am ehesten brauchbar schienen, probiert, um daraufhin mit dem gleichwertigen Durchmesser das gleichwertige Volumen zu berechnen und dieses mit dem wirklichen Volumen zu vergleichen. Das Volumen wird am einfachstem durch Wasserverdrängung gemessen - je nach Länge der Exemplare in Messzylindern, Eimern oder Kübeln. Die mit den ausgewählten Formeln berechneten Werte sind jedoch ungenügend: Das so berechnete Volumen weicht von dem durch Wasserverdrängung gemessenen Volumen erheblich ab. Für die Kornform der Windkanter erwies sich laut unserer Überprüfung keine als geeignet.

Daraufhin behalfen wir uns auf einfache Weise, indem wir den „Kugeldurchmesser", der aus dem Volumen des verdrängten Wassers errechnet wird, ins Verhältnis zur Länge der Steine setzten. Dabei zeigte sich, dass das Verhältnis Äquivalentdurchmesser D zur Länge L etwa konstant bleibt; das ist wegen der recht einheitlichen Form auch zu erwarten gewesen. Hinzu kam jedoch eine überraschende Erkenntnis: Dasselbe Verhältnis trifft sogar für mehrere Windkanterformen zu. Für Dreiflächenkanter sowie Ein- und Zweikanter ergaben die Messungen einen Mittelwert von D/L rund 0,7 und bei Dreikantern etwa 0,9. Wenn wir bei Dreikantern anstatt der gemessenen Länge L den Wert der korrelierten Länge kL einsetzen (Kapitel 6), dann gilt auch für diesen Typ der gleiche Mittelwert von 0,7. Der äquivalente Durchmessers beträgt also rund 70% der Länge. Die experimentell gewonnene Faustformel genügt unserem Zweck, zumal die ursprüngliche Länge bei beschädigten Exemplaren gut geschätzt werden kann. Wenn Windkanter den o.g. Korngröße-Gruppen zugeordnet werden sollen, dann kann das nunmehr auf einfache Weise geschehen, indem die gemessene Länge mit dem Faktor 0,7 multipliziert wird, bei Dreikantern mit dem Faktor 0,9.

<u>Dreiflächenkanter gehören somit zur Gruppe Kies, Dreikanter zu den Gruppen Kies/Steine, während Ein- und Zweikanter in allen Gruppen vertreten sind.</u>

Die beschriebene Ermittlung der Größe, bei der lediglich die Länge bekannt sein muss, erlaubt einerseits die Zuordnung der Windkanter zu den o.g. Korngruppen und dient somit der Verständigung bezüglich der Größe. Andererseits ist deutlich geworden, dass Windkanter verschiedenen Typs in hohem Grade geometrisch gleiche Körper sind. Das ist wiederum ein wichtiger Fingerzeig auf einen gemeinsamen Ursprung.

Die oben stehenden „Prozentregeln" weisen auf „genormte Maße" hin. Zu beachten sind lediglich die beiden „Varianten": a) Dreiflächen-, Ein-, Zweikanter und b) Dreikanter.

Mit Angabe der Größe und des Typs sind Windkanter so klar definiert, als ob vergleichsweise von Konfektionsgröße, Hutgröße oder Schuhgröße gesprochen wird – und das für „Damen" und „Herren".

10) Hohe Packungsdichte mit Doppelpyramiden und Dreiflächenkantern

Vorweg Mathe, aber nur um anzudeuten, worauf wir hinauswollen. In der Geologie nennt man Windkanter vom Typ Dreikanter auch Pyramidenkanter (Joh. Walther). Dreikanter sehen wie Pyramiden aus; das wird besonders deutlich, wenn wir sie mit der Spitze nach oben ausrichten und in den Boden drücken, damit sie stehen bleiben. So bildet sich zugleich ein Abdruck von der „Grundfläche" mit drei bzw. vier Ecken, bei Dreiflächenkantern sind es in der Regel drei. Es fällt auf, dass nahezu alle Windkanter dabei schief zu stehen kommen. Mit etwas Anstrengung kann man sie geraderücken. Dann zeigt sich aber, dass das Lot außerhalb vom Mittelpunkt der Grundfläche liegt. In der Mathematik finden wir solche Pyramiden unter „schiefe Pyramide"; dieser Typ ist also gut bekannt. Die Grundfläche der Pyramide hat 3 + n Ecken. Ist sie ein gleichseitiges Dreieck, und sind die drei Seitenflächen ebenfalls gleichseitige Dreiecke, und sind alle vier Flächen außerdem noch gleichgroß, dann handelt es sich bei diesem Pyramidentyp um den einfachsten Platonischen Körper, nämlich um ein Tetraeder. Da Dreiflächenkanter sehr stark an doppelte (zusammengefügte) Tetraeder erinnern, kommt Tetraedern bei unseren Formbetrachtungen eine Schlüsselstellung zu.

Namhafte Mathematiker und Philosophen quälen sich seit Jahrtausenden mit der Frage, ob man Platonische Körper (und auch andere geometrische Körper) so dicht packen kann, dass sie den Raum zu 100 % ausfüllen, also mit der Frage nach der größten Packungsdichte. Sie kamen im Laufe der Zeit zu immer neuen sensationell höheren Werten - auch bei Tetraedern. In einem Artikel der „Frankfurter Allgemeinen Zeitung" (12) berichtet Heinrich Hemme, dass es 2008 Elizabeth R. Chen, einer Mathematikdoktorandin an der University of Michigan in Ann Arbor, gelungen ist, alle bisherigen Rekorde am Tetraeder zu übertreffen. „Dazu setzte sie jeweils neun Tetraeder auf komplizierte Weise zusammen und ordnete diese Gebilde kristallin in regelmäßigen Abständen neben-, hinter- und übereinander an." Schließlich „ … setzte sie zwei Tetraeder so zusammen, dass zwei Flächen aufeinander fielen und eine Doppelpyramide entstand. Die Doppelpyramiden konnte sie zuletzt derart in regelmäßigen Abständen anordnen, dass sie den Raum zu 4000/4671 (etwa 85,635 Prozent) ausfüllen." (Unsere Assoziation: Doppelpyramiden - kristalline Anordnung - Pyramidenkanter - Dreiflächenkanter) Bei Kugeln beträgt die „offiziell" errechnete Packungsdichte rund 74,05 Prozent. Im o.g. Artikel erfahren wir auch von einem ungewöhnlichen Weg, den 2007 zwei Physiker beschritten hatten, „ …. sie warfen tetraederförmige Spielwürfel in einen Behälter, schüttelten sie gut durch und zählten anschließend, wie viele in ihrem Behälter waren. Daraus konnten sie eine Packungsdichte von 75% berechnen." Wegen der abgerundeten Ecken und Kanten ergab sich eine Ungenauigkeit dahingehend, dass sie +/- 3% von der Kugeldichte abweicht. Mathematiker konnten sogar herausfinden, auf welche Gegebenheiten der unterschiedliche Betrag beispielsweise zwischen Kugel – Ellipsoid - Tetraeder zurückzuführen ist. Bei regelmäßig geformten Körpern aus der Welt der Mineralien und Gesteine müssten sie aber deren Packungsdichte überhaupt erst einmal kennen. Die Packungsdichte hat nach unserem Dafürhalten die Bedeutung einer Kenngröße zur Bestimmung von Körperformen (Kristallformen).

Walter Schwenecke hatte in seinem „Bericht über Dreikantsteine ..." (wir nennen dieselben Dreiflächenkanter) nicht übertrieben, in dem er schrieb, dass 30 Stück (!) in eine Streichholzschachtel passen. Er wollte damals lediglich Probestücke seiner Entdeckung Fachleuten zuschicken; ihm boten sich Streichholzschachteln als einfache feste Verpackungsmöglichkeit. Wir nehmen ebenfalls eine Zündhölzerschachtel zur Hand, allerdings aus einem ganz anderen Beweggrund: Wir möchten durch ein simples Experiment erfahren, weshalb so unglaublich viele Steine da hineinpassen, also wie dicht man Dreiflächenkanter packen kann. Es kommen ohne weiteres sogar mehr als dreißig unter, wenn wir die Lücken mit kleineren füllen und klopfen. - Da wir jedoch die Packungsdichte unserer Dreiflächenkanter mit der von anderen Körpern vergleichen wollen, müssten weitaus mehr und vor allem gleichgroße Steinchen für das Experiment gepackt werden. Die Streichholzschachtel erweist sich jedoch selbst für nur 12 Millimeter lange Probestücke als zu klein. Man muss sie nämlich für diese Aufgabe so platzieren, dass sie mehrfach neben-, über- und hintereinander zu liegen kommen. Wir verwenden daher Messzylinder, die zu der jeweiligen Steingröße passen.

Zunächst einige Bemerkungen zur <u>Auswahl der Probesteine</u>: Das Problem 'Packungsdichte' bedeutet im mathematischem Sinne möglichst viele Körper gleichen Volumens (Größe) in einem hinreichend großen Gefäß unterzubringen. In welchem Maße sie den Raum ausfüllen, hängt von ihrer Form ab. Dem gerecht zu werden, müssen die Steine alle gleich groß (lang) sein; diese Forderung kann aber hier nicht mathematisch exakt erfüllt werden, denn sie sind nicht genau gleich groß (lang) und jeder weicht auf seine Weise etwas von der „Norm" ab. Dennoch erwarten wir Messergebnisse, die einen Trend anzeigen und neue Informationen liefern. Das Experiment wird mit den bereits bestehenden Länge - Gruppen (Kapitel 6) durchgeführt. Wie bereits dargelegt, beträgt das Toleranzmaß innerhalb jeder Gruppe +/- 0,5 Millimeter. Wollten wir zu genaueren Ergebnissen kommen, dann müsste die Toleranz beispielsweise auf +/- 0,25

Millimeter verringert werden, was aber mit einem enorm höheren Bedarf an Dreiflächenkantern verbunden wäre. Das kann, falls es unbedingt notwendig ist, immer noch nachgeholt werden. Für kürzere als 12 Millimeter und längere als 25 Millimeter reicht die Probe leider nicht aus. Diese „Randgruppen" ließen sich in einer Gruppe der Kleinsten bzw. in einer Gruppe der Obergrößen zusammenfassen, das würde jedoch den Sinn unserer Untersuchungen verfehlen, denn solche Gruppen wären dann ein Gemisch aus unterschiedlichen Korngrößen und somit zum Vergleich ungeeignet. Wir verwenden die Gruppen: 2 (12 mm), 7 (15 mm), 10 (18 mm), 12 (21 mm) und 17 (25 mm). Es sind somit fünf Durchgänge, mit denen das Spektrum an Dreiflächenkantern im Wesentlichen abgedeckt wird.

Zur <u>Durchführung der Messungen und ihre Auswertung</u>: Als erstes messen wir das Volumen jeder Gruppe, indem wir die Messzylinder bis zu einer Markierung mit Wasser füllen und nun die Steine hineingeben; die entstehende Höhendifferenz multipliziert mit der Querschnittfläche ergibt das gesuchte Volumen. Das Wasser wird abgegossen. Durch Klopfen rücken die Steinchen zusammen, die Lücken werden kleiner, das kann man gut beobachten (es rüttelt sich eben hier wie im Leben vieles zurecht). Wenn sich nichts mehr tut, messen wir die Höhe der Packung und berechnen wiederum das Volumen. Der Quotient aus dem Volumen der Steine und dem Volumen der Packung gibt an, in welchem Grad der Raum mit Steinen ausgefüllt worden ist, also die gesuchte Packungsdichte (und wie groß der Lückenanteil ist). Zur Kontrolle der Messwerte wiederholen wir jeden Durchgang. Bei Dreiflächenkantern, die 12 und 15 Millimeter lang sind, beträgt die Packungsdichte 68 %; bei den 18 Millimeter langen 67%. Bei den 21 und 25 Millimeter langen liegt sie etwas über 70%; hier besteht jedoch eine Maßungenauigkeit, weil einige Steine merklich aus der obersten Schicht herausragen und die Horizontlinie nur geschätzt werden kann. Vielleicht hat jemand eine Idee, wie man die Experimente eleganter und genauer durchführen könnte.

<u>Zu den Ergebnissen:</u> Die Werte liegen so nahe beieinander, was darauf schließen lässt, dass die Abweichungen wahrscheinlich aus Messfehlern herrühren. Der Durchschnittswert beträgt 69 %. Im Vergleich zu anderen Packungen liegt die Packungsdichte von Dreiflächenkantern über der für geschüttete Kugeln (62,5%); sie kommt der Packungsdichte für ungeordnete Ellipsoide (Klasse der gestauchten oder gestreckten Kugeln) 70% fast gleich, liegt aber merklich unter dem für geordnete Kugeln mit 74,05% sowie für o.g. „Spieltetraeder" mit 75%. Eine unmittelbare Nähe zu dem Betrag der mathematisch höchsten Packungsdichte von Doppelpyramiden 85,6% war von vornherein nicht zu erwarten. Aber sie liegt insgesamt gesehen ganz

deutlich im Bereich der Packungsdichte geometrischer Körper. (An Mathematiker richten wir die Frage: Wie hoch ist vergleichsweise die maximale Packungsdichte von Doppelpyramiden, die nach dem Goldenen Schnitt bemessen sind?)

Selbstredend, wie auch schon vorher selbstverständlich war, ist die Schlussfolgerung, dass die 12 bis 25 Millimeter langen Probestücke ein und demselben Formtyp „Dreiflächenkanter" angehören, und dass sie gemeinsame Formeigenschaften aufweisen. Das gilt bestimmt ebenso für die Randgruppen.

Das Etappenziel „Packungsdichte" ist hiermit erreicht. Die Experimente auf 60 bis 200 Millimeter lange Windkanter auszudehnen, würde lediglich eine maßstäbliche Übertragung der „Laborverhältnisse" ins „Technikum" bedeuten und daher zu keinen grundsätzlich anderen Erkenntnissen führen; der unverhältnismäßig höhere Aufwand wäre von einem Laienforscher ohnehin nicht mehr zu stemmen.

Gesteinspackungen, die vornehmlich aus ideal geformten und außerdem einheitlich großen Windkantern aufgebaut worden sind, wird man in der Natur vergebens suchen; es sind immer Gemenge verschiedener Korngrößen, und die Formationen gleichen eher einer Schüttung mit unterschiedlicher Schüttdichte. Über geologische Zeiten hinweg kann deren Schüttdichte zunehmen, da die „Schüttung" in Wirklichkeit gar nicht zur Ruhe kommt. Bei der Verdichtung (beispielsweise eines Geschiebes durch wechselnde Eigenlast) richten sich die Gesteine in bevorzugte (noch freie) Bewegungsrichtungen aus, sofern sie nicht daran gehindert werden und „quer" liegen bleiben. Die Lücken zwischen den großen Körnern werden durch kleinere und wiederum noch kleinere bis hin zu Sand- und Tonpartikel ausgefüllt (Rieseln, Sickern). Sie bilden im Laufe der Zeit das sogenannte Lockergestein. Es wäre durchaus keine Sensation, auf Gesteinsschichten mit überwiegend gleichgerichteten Körnern zu stoßen - wir denken an die nicht selten vorkommenden Steinpflaster; Windkanterpflaster könnten darin ihre Ursache haben.

Seit ewigen Zeiten pflastert und mauert man schon mit Feldsteinen. Nach dem Vorbild der Natur wird die handwerkliche Kunst dichter und vor allem stabiler Packungen angewendet. Das verlangt vom Handwerker großes Geschick, Erfahrung und Geduld. Sein Werk muss halten und soll zudem auch schön aussehen. Feldsteine der Moränen sind überwiegend gerundete Steine und verhaken sich längst nicht so intensiv wie scharfkantige Bruchstücke. Die wohlgesetzten Pflastersteine werden mit einer Rüttelplatte fest aneinander gepresst, damit sie sich verkeilen. Die Lücken füllt man mit feinem Splitt oder dergleichen.

Es grenzt an ein Wunder, dass mit Feldsteinen gepflasterte Straßen enorm schweren und noch dazu wechselnden Lasten, für die sie gar nicht konzipiert waren, solange standgehalten haben. Über die alten Letzlinger Landstraßen sind in rund vierzig Jahren bei Manövern zig tausend sowjetische Panzer und anderes Kriegsgerät gefahren. Erst durch noch schwerer werdendes Kriegsgerät wurde das Pflaster schließlich stellenweise in der Spur eingedrückt und für normale Fahrzeuge unpassierbar. Mit diesem Exkurs in die Vergangenheit wollten wir an einem Beispiel zeigen, welch hohen Kräften (Drücken) Pyramiden bzw. Doppelpyramiden standhalten können.

Im Innern kristalliner Mineralien, schließlich im Gestein, wird vermutlich ein gleiches Prinzip stabilster Packung gelten. Sedimentgesteine, zu denen auch unsere Windkanter gehören, sind in der Regel sehr hart, was auf ihre hohe Dichte (spezifisches Gewicht) zurückzuführen ist.

Foto 39: *Dreiflächenkanter 15 – 19 mm lang in ein Glas geschüttet und geklopft – dabei bilden sie an einigen Stellen sogar Lagen*

Foto 40 + 41: *Der Neue Königsweg (Gemarkung Letzlingen) und natürliche dichte Packung in der Kiesgrube bei Markt Tann in Niederbayern*

11) Eine Definition für „Kante"

„Kante" bedeutet vom Wort her: ein scharf abgesetzter Rand, zum Beispiel der eiserne Reifen eines Rades oder Brotrinde. Brot wie auch scharf gebackene Brötchen haben wir im Kindesalter all zu gern auf dem Rückweg vom Bäcker angeknabbert. In der Altmark, wo wir einst zu Hause waren, heißt das Endstück vom Brot „Kanten", Teile vom Brötchen nennt man auf Letzlinger Platt „Knuppen" und Brötchen „Semmel–Knust". Vom runden Brot bleiben, wenn es geschnitten wird, Endstücke mit einer Kante; die Scheiben haben zwei Kanten. Wie die Wörter „Kanten", „Knuppen" und „Knust" womöglich zusammenhängen, das können Etymologen eher beschreiben. Unsere Windkanter gehören zum „Kantengeschiebe" der Eiszeiten. Windkanter sind Gesteinskörper mit Begrenzung durch eine oder mehrere Kanten, sonst würden sie nicht so heißen. Aber sie haben außer Kanten auch harmonische Übergänge, die wir unscharfe Kanten nennen wollen. Die Beurteilung ob „scharf" oder bereits „unscharf" ist subjektiv; daher müssen wir, am besten durch Maßangabe, den Begriff „Kante" auch unter Beibehaltung der bisherigen Terminologie für die Formtypen definieren. Die Grenzlinie zweier Flächen wird als Kante bezeichnet, zum Beispiel die Waterkante (Nordseeküste). Linien und Strecken, in denen Flächen sich schneiden, heißen in der Geometrie Kanten, ihre Endpunkte Ecken. Diese einfache allgemeingültige Regel wollen wir anwenden, zumal sie sowohl für ebene als auch für gekrümmte Flächen gilt. Somit kommen auch solche Kanten in Betracht, die man nicht sieht sondern „nur" tasten kann, oder die sich erst bei der zeichnerischen Rekonstruktion herausstellen. Mit den Ecken verhält es sich ebenso.

Wenn Steine dem Wetter ausgesetzt sind, verschwinden binnen weniger Jahre ihre Kanten; das konnten wir an einigen Blöcken beobachten, haben den Verwitterungsprozess leider nicht dokumentiert. Verwitterung jeglicher Art und auch Korrasion machen Kanten rund. Windkanter müssten eigentlich alle Kanten verlieren, sobald sie im Freien liegen; aber warum sind nicht alle Kanten gerundet worden? Warum einige Kanten so eindrucksvoll erhalten geblieben sind, bzw. im anderen Fall nicht (mehr) erkennen kann, hat auch andere Gründe, worauf wir in den Kapiteln 17 und 18 zu sprechen kommen. Im Grunde genommen erfüllen Kanten (Ecken) in der Natur keine Aufgabe, sie sind in den meisten Fällen überflüssig. Immerhin stellen Kanten in der Eigenart, wie wir sie bei Windkantern vorfinden, etwas Besonderes dar, sie sind aber nicht DAS entscheidende Merkmal. Geradlinig verlaufende Kanten kennen wir von Kristallen und von mehr oder weniger reinen Mineralstücken, weil sie dort die Nahtstelle ebener Flächen bilden. Hingegen weisen Organismen bis auf wenige Ausnahmen (z. B. Zähne, Krallen, Stängel) gar keine Kanten auf. Körperflächen, die quasi parallel zueinander laufen (Beispiel: Blattunter- und Blattoberseite) enden mit einem Rand, an dem man sich bei einigen Gräsern sogar schneiden kann. Von scharfen Kanten und somit auch von Ecken geht bei Gebrauchsgegenständen Verletzungsgefahr aus, daher war es in der Schlosserlehre grundsätzlich angesagt, die Kanten der Werkstücke zu brechen.

Kanten sind dem organischen Bereich fremd. - Der Widerwillen gegen den Bettenbau im Wehrdienst bei der Nationalen Volksarmee (NVA) war bestimmt angeboren: Wie oft hat der Hauptfeldwebel beim Stubendurchgang die Betten wieder eingerissen, weil das Bettzeug nicht penibel eben wie eine Platte und nicht „auf Kante" gelegt worden war!

Allen Kanten der Windkanter, unabhängig vom Typ, ist gemeinsam, dass sie harmonisch verlaufen, d.h., ohne von einer gedachten idealen Linie abrupt zu weichen. Sie verlaufen von den Ecken zur Mitte und halbieren etwa die Eckenwinkel (Heim'sches Grundriss-prinzip).

Nun zu unserer Definition für „Kante" und der sich daraus ergebenden Definition für „Rippe" sowie „Rundung"; und zwar anhand der Abbildung 12 Seite 131: Zwischen zwei in einem bestimmten Winkel zueinander stehenden Flächen soll ein fiktiver Kreis optimal hineinpassen; das ist eher eine Schätzung, gelingt jedoch hinreichend genau. Um allgemeingültige Aussagen treffen zu können, sind dimensionslose Kennzahlen ein altbewährtes Mittel. Es bietet sich an, Relationen anzuwenden; hier: Indem der Durchmesser „d" ins Verhältnis zur Breite „b" gesetzt wird (oder zur Länge, siehe Zurundungs–Index Kapitel 13). Aus dem Vergleich der ermittelten Kennzahlen für Windkanter sehr verschiedener Breite bzw. Länge ergibt sich daraufhin folgende Unterscheidung:

für „Kante" gilt d/b um 0,1

für „Rippe" d/b um 0,2 und

für „Rundung" d/b von 0,21 bis in die Nähe von 1.

Bei Windkantern sind Kanten und Rippen typisch. Das wird mit dem an Beispielen ermittelten Zurundungs-Index (Kapitel 13 Abb. 13 Seite 138) bestätigt. Bei der morphometrischen Beschreibung müssen daher sowohl Kanten als auch Rippen Berücksichtigung finden. Daraufhin wird eine Systematik der Windkanterformen möglich (Kapitel 12).

Ein anderer Weg „Kante" zu definieren, besteht darin, den Winkel, in welchem sich die Flächen schneiden, zu messen (Kapitel 18). Daraus leiten wir ab: Spitze Winkel bedeuten

„Kante", stumpfe Winkel bedeuten „Rippe". Bei einem Winkel größer etwa 140° wird man schon von „Rundung" sprechen.

Die Kanten sind meistens besser erhalten als die Ecken. Man kann sich aber die Ecken gut vorstellen und tastend spüren, obwohl sie öfters tropfenförmig abgestumpft sind. Auch die Ecken haben keine Einsprünge; sie sind mitunter abgebrochen. Da sie den Endpunkt einer jeden Kante, sozusagen einen Treffpunkt, bilden, gehören sie zum geometrischen Bild von Windkantern.

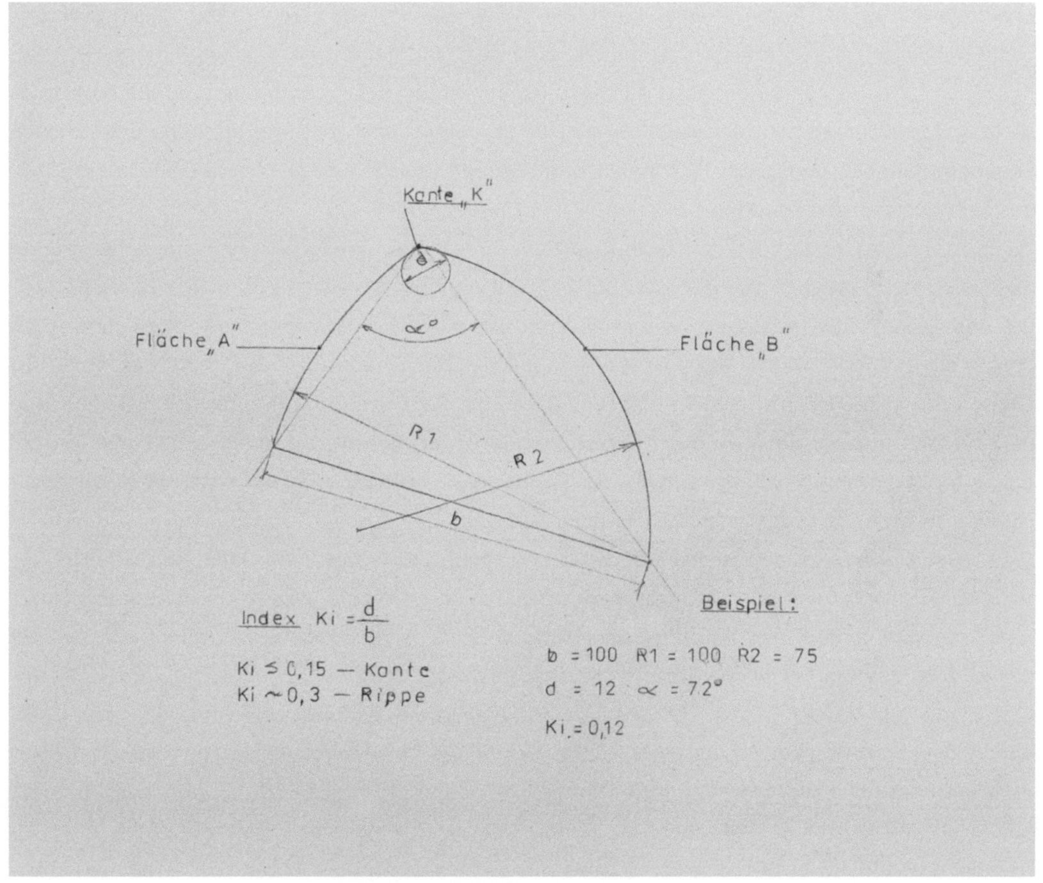

Abb. 12: Definition „Kante"

12) Systematik der Windkanterformen

In der Vielfalt der Windkanterformen wurde bisher noch keine Ordnung geschaffen, sonst hätte man ihre verwandtschaftlichen Beziehungen schon längst erkannt. Unter Berücksichtigung der Anzahl von Flächen, Kanten und Ecken, wie wir es jetzt vornehmen, wird eine Systematik möglich und die Zuordnung eindeutig. Seit Windkanter ihren Namen tragen, wird der jeweilige Typ ausschließlich nach der Anzahl der scharfen Kanten benannt. Das führt zu Missverständnissen, da Kanten mehr oder weniger stark ausgeprägt sein können und somit die Anzahl eine Ermessensfrage ist; zum Beispiel kann ein Dreikanter einem Sechskanter gleichkommen, wenn auf Ober- und Unterseite drei deutliche Kanten zu erkennen sind, was häufig der Fall ist. Solche Irritationen können und müssen vermieden werden. Durch Ordnung wird die Problematik übersichtlicher. Die Formenvielfalt erscheint daraufhin nicht mehr so groß wie ursprünglich angenommen. Wir begegnen fünf Typen – im Grunde genommen gibt es aber nur einen Typ, auf dem alle anderen beruhen.

Zur Bestimmung eines Körpers ist die Anzahl der ihn begrenzenden Flächen und ihre Stellung zueinander maßgebend. Aus der Zahl der Flächen ergibt sich (automatisch) die Zahl der Kanten und Ecken, man muss nur genau hinsehen. Die Flächen der Windkanter sind krumm; wir stellen sie uns jedoch eben vor. Aus mathematischer Sicht haben wir es durch diese Vereinfachung mit Vielflächnern (Polyeder) zu tun. Daraufhin liegt der Gedanke nahe, den Eulerschen Polyedersatz anzuwenden. Er beschreibt folgende Regel: Die Anzahl der Flächen plus Anzahl der Ecken ist immer gleich der Anzahl der Kanten plus zwei ($E + F = K + 2$). Mit dieser Gleichung lässt sich die beabsichtigte Ordnung herstellen.

Die stabile Lage der Steine ist flach und nicht hochkant, sie haben eine Ober- und eine Unterseite, auf diesen befinden sich die Kanten; hinzu kommen die Kanten, in denen sich Ober- und Unterseite schneiden. Zur Unterscheidung von der herkömmlichen Terminologie, bei der die scharfen Kanten bestimmend sind, verwenden wir als Symbol für Kante: „K" und „Ks"; wobei „K" für <u>alle</u> Kanten steht, und „Ks" nur für die vermeintlich scharfen Kanten. „Ks" übernimmt quasi eine Schlüsselfunktion von alter zur neuen Bezeichnung. Der Polyedersatz ist zudem eine Kontrolle, ob beispielsweise eine Kante oder Fläche übersehen worden ist. Er trifft aus Erfahrung her für alle Windkanter zu und ist Grundlage unserer Formtheorie. Wie die Systematik aussieht, zeigt die folgende Tabelle mit den bekanntesten Typen plus Dreiflächenkanter, die neu hinzugekommen sind.

Dreiflächenkanter ist der einzige Typ, der in der Regel nur scharfe Kanten hat. Aber auch bei diesen Winzlingen ist Achtung geboten, denn wie die Rekonstruktion zeigt, haben sie eine Kante, die man allenfalls durch Tasten fühlen kann. Wenn die Krümmung stärker hervortritt, deutet sich eine vierte Kante und somit ein Zweikanter an. (Mehr als ein Drittel von diesen „Kindern" hat eine ebene anstatt gekrümmte Basisfläche und ist daher nicht auf gerader Linie verwandt.)

Dreikanter mit scharfen Kanten auf Ober- und Unterseite werden zu Zweikantern bzw. Vierkantern, wenn man zwei gleiche mit ihrem stumpfen Ende zusammenfügt.

Fünfkanter entstehen, wenn man bei Zweikantern die beiden Ecken schräg abschneidet.

Die Einzelergebnisse E + F = 6 und K + 2 = 6 also 6 = 6 weisen auf einen „Grundtyp" hin; der hat 4 Flächen, 2 Ecken und 4 Kanten.

Der Grundtyp ist vergleichbar mit einer Doppelpyramide (rautenförmiger Querschnitt).

Tabelle zur Systematik der Windkanterformen

Typ	E	F	Ks	K	E+F	K+2
Dreiflächenkanter (alle scharf)	2	3	3	3	5	5
Einkanter (Oberseite scharf)	2	4	1	4	6	6
Zweikanter (Ober- und Unterseite scharf)	2	4	2	4	6	6
Dreikanter (Oberseite scharf)	5	6	3	9	11	11
Dreikanter (Ober- und Unterseite scharf)	5	6	6	9	11	11
Vierkanter	2	4	4	4	6	6
Fünfkanter (Oberseite scharf)	8	8	5	14	16	16
Fünfkanter (Ober- und Unterseite scharf)	8	8	10	14	16	16

13) Asymmetrie - Zurundung - Abplattung

Auf diese formbezogenen Eigenschaften sind wir in „Granulometrische und morphometrische Meßmethoden an Mineralkörnern, Steinen und sonstigen Stoffen" von Erhard Köster (16) gestoßen - haben den Inhalt jedoch nur überflogen, da bei Windkantern von Abplattung keine Rede sein kann und die Zurundung uninteressant scheint, da Windkanter Kanten aufweisen; außerdem ist von Dissymmetrie die Rede. Dissymmetrie bedeutet Chiralität (Händigkeit), die ebenfalls nicht vorhanden ist, aber der Autor und Cailleux, auf den er sich bezieht, meinten offensichtlich Asymmetrie (vermutlich ein Übersetzungsfehler).

Leichte Asymmetrie ist hingegen für Windkanter typisch. Deshalb ist es nicht nur eine Pflicht, sondern auch Neugier, uns mit dem Buch näher zu befassen:

Die charakteristischen Merkmale – Asymmetrie, Zurundung und Abplattung - werden dort mit Indices ausgedrückt. Der Sinn besteht hauptsächlich darin, Formänderungen zahlenmäßig zu beschreiben, woraufhin man auf die einst angreifenden Kräfte schließen kann. Für die Paläoklimatologie sind solche Informationen von großer Bedeutung. Aber für uns steht ohnehin fest, dass weder der Transport im Eis, im Wasser oder durch den Wind noch das Klima die ursprüngliche Form geschaffen und auch nicht verändert haben.

Um Bruchstücke geht es hier nicht und auch nicht um den Grad der Abnutzung, sondern uns geht es darum, ob und wie die Indices die (Primär-) Form der Windkanter spiegeln. Das ist durchaus möglich, denn Köster schreibt (Seite 138): „Die Form wird dem Material durch Transport und Klima jedoch erst sekundär aufgeprägt. Die primäre Formgebung entstammt seinen Textur- und Strukturbedingtheiten, deren Eigenarten noch weiter durch tektonische Vorgänge beeinflußt sein können."

Häufig treffen wir Steine an, die Windkantern sehr ähneln, ihnen fehlen „nur" die Kanten, denn die verschwanden auf verschiedene Art und Weise; solche Funde sind unseres Erachtens treffende Beispiele für sekundäre Formänderung.

Interessant wäre auch zu erkunden, zu welchen Erkenntnissen die Indices bei ganz anderen Gesteinsformen führen, zum Beispiel anhand von Lesesteinen, die auf den Feldern von Bad Neualbenreuth in großer Menge vorhanden sind. Die Mehrheit bilden „Stoi" (abgesprengte plattenförmige Stücke), die hauptsächlich aus Glimmerschiefer bestehen. Diese Gesteinsart hat eine völlig andere Textur und Struktur als Windkanter (Granit, Porphyr, Gneis u.a.).

Asymmetrieindex:

(Dissymmetrieindex bei Köster) Abbildung 13 Seite 138

Fast alle Ein-, Zwei- und Dreiflächenkanter sind etwas außerhalb der Mitte am breitesten und am dicksten. Wo genau die Stelle liegt, das gehört zu ihren speziellen Formeigenschaften. Wer es nicht weiß, dem fällt die Abweichung vom „Normalen" (von der Symmetrie) meist gar nicht auf, nur bei Dreikantern tritt sie deutlich in Erscheinung. Die Lage des exzentrischen Punktes lässt sich auf einfache Weise messen, indem der Stein mit der Breitseite auf Millimeterpapier gelegt wird. Die Länge kann man ebenfalls ablesen. Mit diesen beiden Werten wird der Asymmetrieindex berechnet. Wir verwenden eine Formel von Cailleux (3): Er setzt den größeren Abstand des Punktes vom „dünnen" Ende her gesehen AC ins Verhältnis zur Länge L (vergleiche Kapitel 7: Teilung einer Strecke). Die Werte liegen also zwischen 0,5 und 1 (keine bzw. stärkste Asymmetrie).

Wir verwenden wieder dieselben Größengruppen von Dreiflächenkantern und Dreikantern, wie im Kapitel 6 beschrieben, hinzu kommen 30 Stück Ein- und Zweikanter verschiedener Größe. Die Draufsicht ist am besten geeignet, da sie die größte Fläche abbildet, meistens harmonischer gestaltet ist und somit genauer vermessen werden kann als die Seitenansicht, die auch infrage käme. Die Breite zu verwenden, entspricht der Praxis für diesbezügliche Messungen an Steinen generell. Das Ergebnis überrascht nicht, ist aber dennoch sehr wichtig: Der Asymmetrieindex streut bei Dreiflächenkantern gering um den Mittelwert 0,6; bei Ein- und Zweikantern beträgt er ebenfalls 0,6 wobei doch einige Steine stärker abweichen; und bei Dreikantern erreicht er 0,75 - auch hier gibt es Ausreißer. Würden wir bei Dreikantern anstatt der gemessenen Länge das korrelierte Längenmaß in die Formel einsetzen, dann ergibt sich auch bei ihnen ein Mittelwert von etwa 0,6. Fazit: Die untersuchten Windkantertypen zeichnen sich durch leichte Asymmetrie aus. Starke Asymmetrie läge oberhalb 0,75 vor. Der Zahlenwert 0,6 erinnert an den Goldenen Schnitt, bei dem eine Strecke im Verhältnis 0,618 geteilt wird. Die professionelle Formel von Cailleux liefert dieselbe Erkenntnis, zu der wir im Kapitel 6 „Korrelation" gelangen. Der Goldene Schnitt kommt also auch im Asymmetrieindex zum Ausdruck!

<u>Eine Bemerkung zu Symmetrie:</u> Ein jeder weiß, was Symmetrie bedeutet: Ebenmaß, Gleichmaß, Gleichgewicht und im weitesten Sinne Wiederholung von etwas Gleichartigem. Wir begegnen ihr täglich und überall – und wenn der Kopf einmal frei ist, staunen wir sogar über das „Alltägliche". Die Symmetrie - das gemeinsame Maß - in ihrer umfassenderen Bedeutung auch

Schönheit und Harmonie der Proportionen - ist, Gott sei Dank, in der Natur immer mit kleinen „Mängeln" behaftet. Uns fasziniert die allenthalben vorkommende geringfügige Abweichung von der Symmetrie, die wir auch bei Windkantern sogar mit Zahlenwerten belegen (Symmetrie 0,5 – Asymmetrie 0,6).

Windkanter sind geradezu ein Paradebeispiel für Symmetrie im umfassenderen Sinne. Durch kleine Abweichungen von der „Norm" entsteht das Eigentümliche, das ganz Individuelle - in unendlich vielen Variationen. Was uns an der unscharfen Symmetrie der Windkanter so begeistert - auch mit dem Gedanken an ihre Entstehung -, bringt der amerikanische Schriftsteller Paul Gallico viel besser zum Ausdruck, indem er über die (symmetrische) Schneeflocke schreibt (7 Seite 98): „Doch das Beste von allem war. Sie war sie selbst und keinem ihrer Artgenossen ähnlich. Denn obwohl es Millionen Flocken gab, alle von demselben Sturm gezeugt, unterschied sich doch jede von den anderen."

Zurundungsindex:

Obwohl Rundungen wegen der vorhandenen Kanten eigentlich ausgeschlossen sind, denn das wäre ein Widerspruch in sich, untersuchen wir trotzdem diesbezüglich Dreiflächenkanter (17 bis 27 mm Länge, in Größengruppen gegliedert). Sie haben drei Kanten. Diese sind unterschiedlich scharf ausgebildet und sehen aus wie ein wenig zugerundet. Das bedeutet pro Stein drei Indices. Ebenfalls mit einer Formel von Cailleux (3), in welcher der Rundungsradius ins Verhältnis zur Länge gesetzt wird, berechnen wir den Index. Dabei wird der jeweilige Radius mit einer Schablone dem Querschnitt entnommen.

Das Diagramm Abbildung 14 (Seite 139) zeigt, wie der Zurundungsindex von der Länge abhängt. Siehe da: Bei zwei Kanten besteht eine eindeutige lineare Korrelation, wobei der Index mit zunehmender Länge abnimmt. Oberhalb von 25 mm beginnen die Werte zu streuen. Bei der dritten Kante ist die Abhängigkeit ebenfalls linear, aber die Abweichungen von der Geraden sind größer als bei den beiden anderen, und der Index ist deutlich größer, d.h., sie ist stärker gerundet. Der Mittelwert beträgt jeweils 0,23; 0,26 und 0,32. Bei Dreikantern (80 bis 128 mm Länge) besteht hingegen keine Korrelation, die Mittelwerte von zwei gegenüber liegenden Kanten in der Vorderansicht (Querschnitt) ergeben hier 0,25 bzw. 0,33. Sie entsprechen somit dem von Dreiflächenkantern.

Wir können zusammenfassend feststellen, dass Gesetzmäßigkeit, die wir im Kapitel 6 „Korrelationen" feststellen, auch dadurch bestätigt wird, dass der Mittelwert vom Zurundungsindex zweier Kanten bei <u>allen</u> Windkantertypen etwa gleich ist. Aber wie gesagt, diese Untersuchung ist bei Kantensteinen im Sinne festzustellender Formänderung von geringer Bedeutung, da ja mindestens eine Kante im wahrsten Sinne des Wortes (immer noch) vorhanden ist.

Die Bedeutung des Zurundungsindexes liegt eher in den Winkeln der sich schneidenden (gekrümmten) Flächen, denn da gibt es einen Zusammenhang (Kapitel 18).

Und noch eine Bemerkung: Wenn man in Abbildung 14 die Länge L durch „1,6 mal Breite b" (Kapitel 11 Definition „Kante") ersetzt, dann ergibt sich eine gute Übereinstimmung unserer eigenen Formel mit der von Cailleux angegebenen.

Abplattungsindex:

Der Abplattungsindex bringt uns unerwartet in der Beschreibung der Form und hinsichtlich der Genese ein Stück weiter. Man sollte eben immer unvoreingenommen die Dinge angehen! Zur Berechnung des Abplattungsindexes wird wiederum eine Formel von Cailleux (3) angewendet, in welcher die Länge L plus Breite B zur Höhe 2H ins Verhältnis gesetzt wird. Untersucht werden wieder dieselben Größengruppen von Dreiflächenkantern und Dreikantern wie vor genannt. Auch hier stellen wir in einem Diagramm (Abbildung 15 Seite 140) die Abhängigkeit des Indexes von der Länge dar. Sie ist auch in diesem Fall linear und erinnert an das Länge/Breite–Verhältnis wie im Kapitel 6 „Korrelationen" dargestellt. Im Bereich der Dreiflächenkanter steigt die Gerade von 1,25 bis auf 1,55 an. Mit zunehmender Länge, d.h. im Bereich der Dreikanter, pendeln die Werte zwischen 1,56 und 1,8; der Medianwert ergibt 1,6. Offensichtlich spielt der Goldene Schnitt (1,618...) auch hier eine dominierende Rolle.

Bei Steinen, die von fließendem Wasser abgeplattet worden sind, liegt der Index zwischen 1,6 und 2,0 (siehe Köster (16 Seite 162)); diese Werte entsprechen denen von Windkantern ab etwa 30 mm Länge. Das passt überhaupt nicht zusammen, denn Steinen, die vom Wasser geschliffen worden sind, sieht man sofort ihre „Plattheit" an, während man bei Windkantern große Phantasie haben müsste. Das liegt an der Formel: Je nachdem ob Länge + Breite (im Zähler) oder die Höhe (im Nenner) überwiegt. Andere Formeln haben denselben „Mangel".

Wind kann, wenn er Sand mitführt, Steine genauso abplatten wie es in fließendem Wasser zweifellos geschieht, denn die Strömungsverhältnisse (Kennzahlen, Bewegung der Partikel etc.) sind gleich. „Der Abplattungswert ergibt kein direktes Maß für die Bestimmung des Transportmediums, sondern dass mit ihm lediglich Vergleichswerte geschaffen werden." (Köster 16 Seite 162).

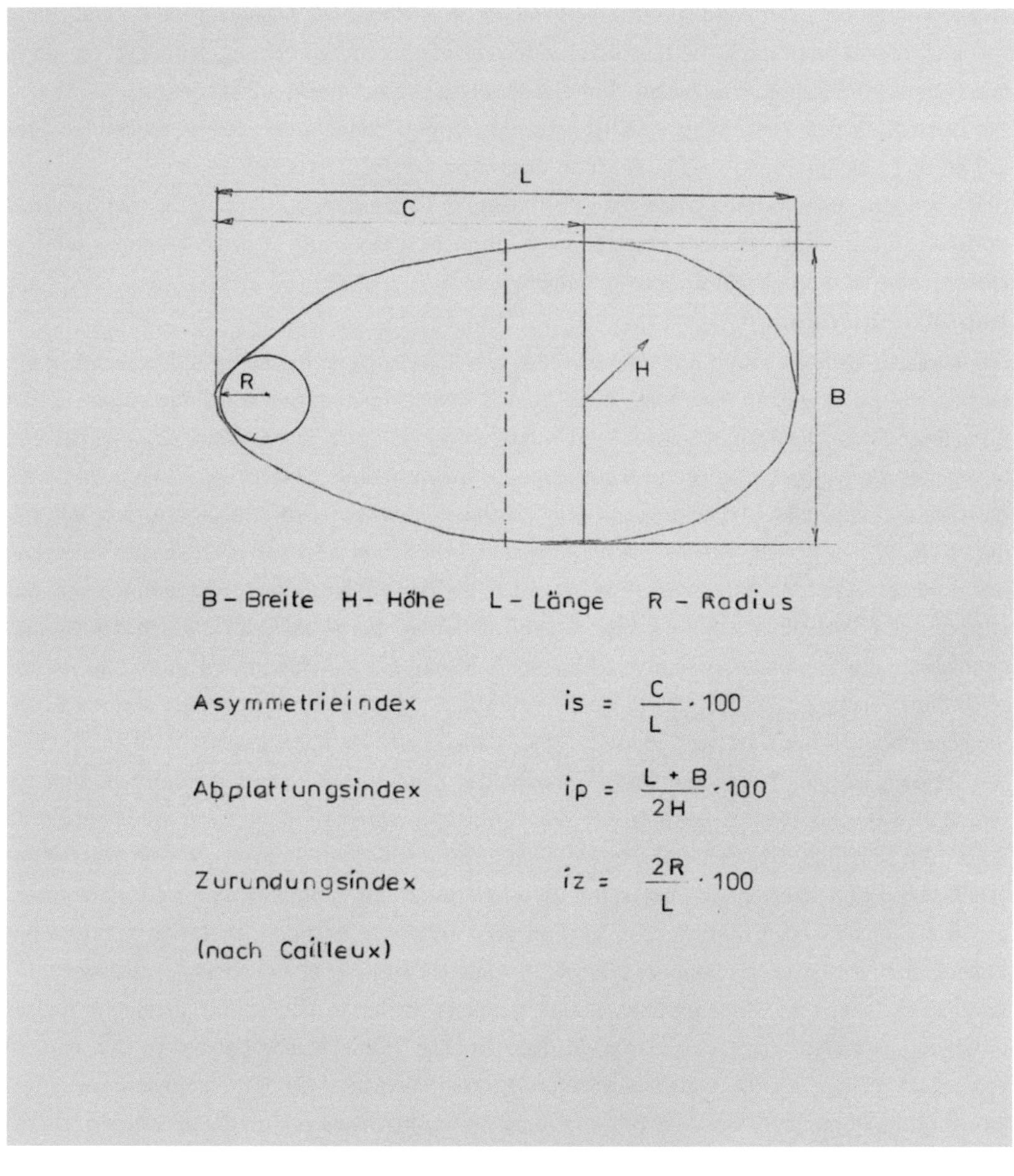

Abb. 13: Index für Asymmetrie, Abplattung und Zurundung

138

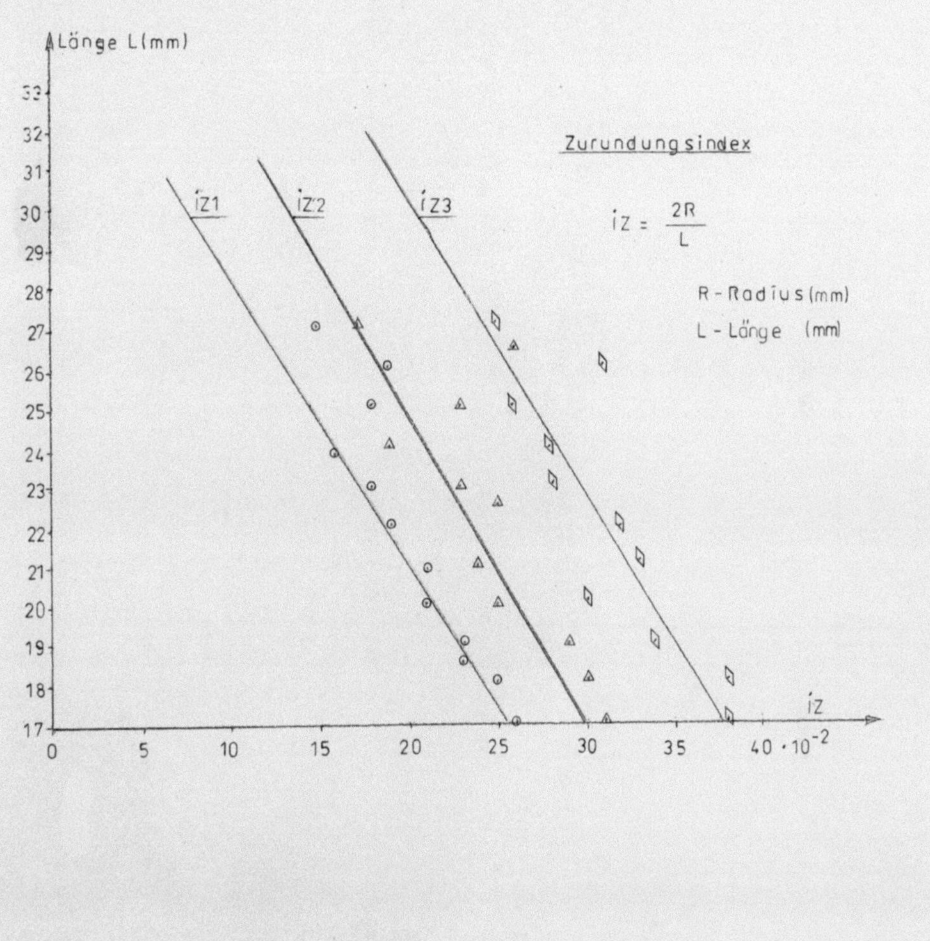

Abb. 14: *Zurundungsindex Dreiflächenkanter*

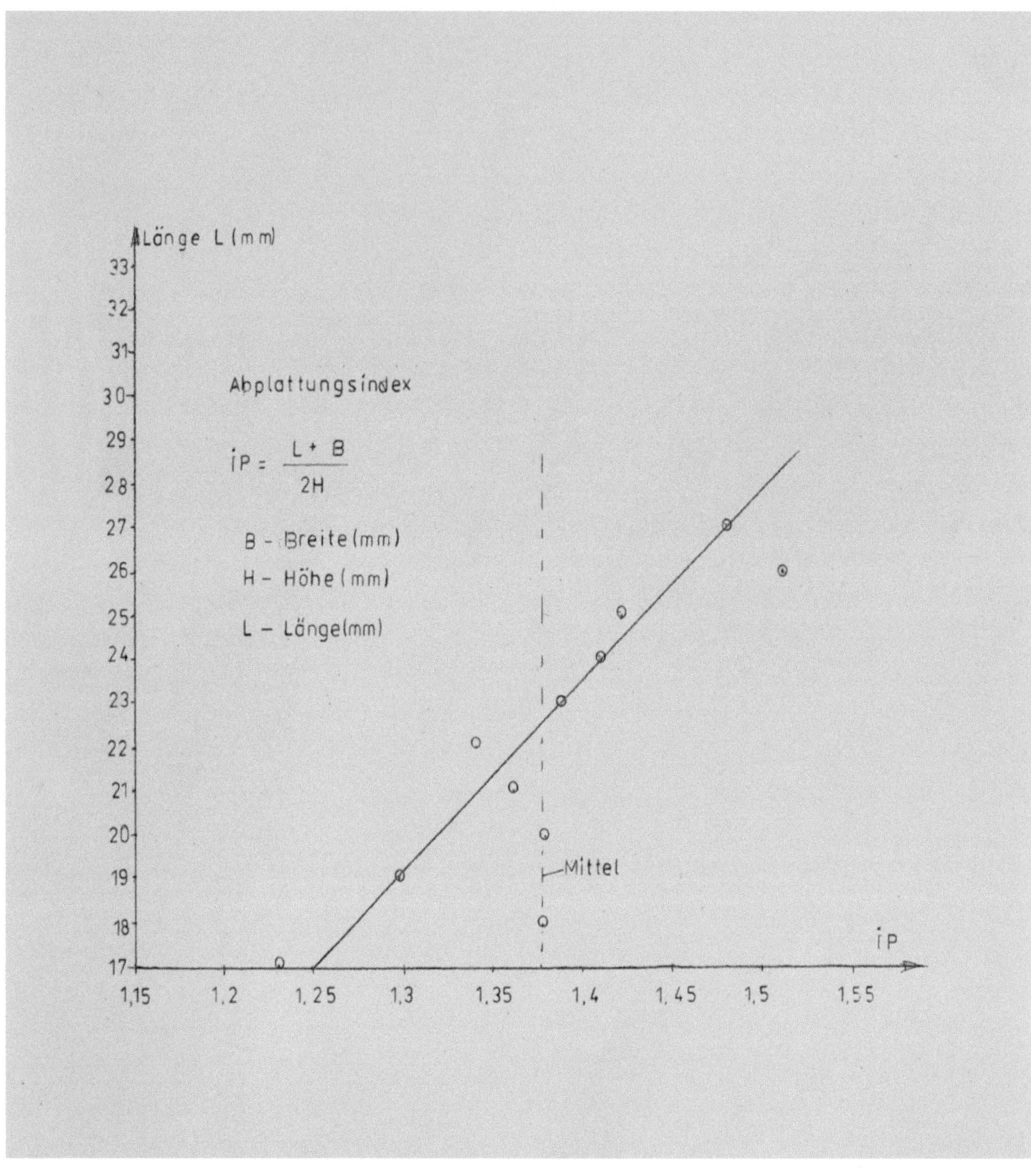

Abb. 15: *Abplattungsindex Dreiflächenkanter*

14) Dreiflächenkanter bilden die Basis für die Formtheorie

Ohne diese Neulinge unter den Windkantern würden wir wahrscheinlich immer noch vergeblich nach der Genese suchen.

Dreiflächenkanter darf man namentlich nicht mit Dreikantern, die von jeher als Prototyp der Windkanter gelten, verwechseln. Walter Schwenecke hat Ende der sechziger Jahre des vorigen Jahrhunderts diese nur im Kleinstformat vorkommende Spezies entdeckt und bezeichnete sie in Anlehnung an die übliche Terminologie als Dreikantensteine. Wir nennen sie hingegen Dreiflächenkanter, weil dieser Begriff das eigentlich charakteristische Merkmal, nämlich die Anzahl der Flächen, hervorhebt und somit maßgeblich zum Verständnis der Windkanterproblematik beiträgt.

Es handelt sich also um Gesteinsstücke, die von drei Flächen begrenzt werden und daher drei Kanten und zwei Ecken haben. Dreikanter und Dreiflächenkanter kann man nicht verwechseln, sie sehen völlig verschiedenen aus; Dreikanter haben eine herzförmige (pyramidale) Form, wohingegen Dreiflächenkanter einer Figur aus zwei Herzen, deren Spitzen in entgegengesetzte Richtungen weisen, ähneln.

Dreiflächenkanter gehören tatsächlich zur Gilde der Windkanter - da hat sich Walter Schwenecke bei Fachleuten eindringlich vergewissert. Der beste Beweis sind aber ihre unverkennbaren Wesensmerkmale, die Windkantern insgesamt zu eigen sind. Umso mehr verwundert es, dass sie in der Forschung so lange nicht berücksichtigt wurden, denn kieselgroße waren schon Jahrzehnte zuvor (unterschwellig) bekannt. Ihre Bedeutung wurde offenbar übersehen oder verkannt.

Die kleinsten Vertreter (Millimeterformat) passen gar nicht in die Lehrmeinung vom Windschliff, da derart winzige Körner selbst als Schleifmaterial dienen. Bereits starke Winde können sie in Bewegung setzen, dazu bedarf es nicht einmal Sturmstärke (Abb. 1 Seite 70). Eine „offizielle" Anerkennung als „echte" Windkanter steht jedoch bis heute aus. Dem dürfte aber aufgrund unserer morphometrischen Erkenntnisse nichts im Wege stehen.

Dreiflächenkanter vereinen in sich alle wesentlichen Windkantermerkmale. Sie kommen in sehr großer Menge vor, und sie sind leicht zu handhaben; deshalb bilden sie die Basis unserer Formtheorie. Man kann Länge, Breite und Höhe recht genau messen, und es lassen sich präzise Abdrucke anfertigen, woraufhin weitere Maße z. B. Flächenwinkel und Radien ermittelt werden können. Sie stehen am Anfang der Windkanterreihe, die bei Findlingen endet. Somit ist das Bild vollständig geworden. Erst jetzt wird uns so richtig bewusst, was es zu sagen vermag. Die Ergebnisse gelten gleichermaßen für alle Windkanterarten. Die wichtigste Erkenntnis ist, dass die Form der Windkanter gesetzmäßig entstanden sein muss.

Die Stichprobe für die Untersuchungen und wie sie zustande gekommen ist:
Als wir Dreiflächenkanter zur Theorie in Angriff nahmen, zählte die Sammlung rund 700 Stück. Die Menge ist für eine statistische Auswertung mehr als ausreichend, einhundert wären auch genug, aber zwanzig müssten es mindestens sein; wir liegen auf der sicheren Seite, um allgemeingültige Aussagen über die Form und die Stellung dieser Spezies in der Windkanterfamilie zu treffen. Alle Exemplare stammen von einem Sandboden, der reich an kieselgroßen Steinen ist.

Die Sammlung, sie hat jetzt den Status einer Stichprobe, kam unvoreingenommen, ohne Auslese, einfach spontan zusammen: Beim Spargelstechen, Hacken und anderen Gartenarbeiten auf einem etwa ein Hektar großen Feld (am Kleinen Bullenberg in der Letzlinger Feldmark) gerieten die charakteristisch geformten Gesteinsstücke in den Blick. So wie sie bei den Bodenarbeiten auftauchten, wurden sie in die Hosentasche gesteckt: In verschiedener Gesteinsart, kleine bis hin zu mehrfach größeren, ebenso schlanke und gedrungene. Mühelos kam im Laufe eines Gartenjahres die stattliche Menge zusammen.

Zufall? - Nein. Sie sind keineswegs selten, im Gegenteil: Der Anteil von Dreiflächenkantern macht auf diesem Flurstück rund ein Drittel aller bis etwa dreißig Millimeter langen Steine aus. Dabei werden nicht einmal beschädigte Stücke berücksichtigt, sonst wären es bestimmt über die Hälfte. Unter den geformten Gesteinen bilden sie die Mehrheit. Keine andere Form der Lesesteine ist so stark vertreten. Das hohe Aufkommen erstreckt sich über die gesamte Hügelkette der Letzlinger Feldmark - auf manchem Flurstück ist der Anteil noch größer, auf anderen hingegen kleiner. Dass diese Gestalten purer Zufall wären, kann man schon wegen ihres hohen Aufkommens mit Sicherheit ausschließen.

Dreiflächenkanter, die kleiner als acht Millimeter oder länger als dreißig Millimeter sind, kommen eher selten vor. Was haben diese Grenzen zu bedeuten? Dazu muss aber auch gesagt werden, dass Exemplare unter acht Millimetern Schwierigkeiten bereiten, da die Messansätze sich zunehmend ungenau gestalten und selbst Pinzette und Lupe nicht weiterhelfen. Die untere Grenze kann also etwas tiefer liegen. Allein schon die imposante Anzahl gleich aussehender und zudem unterschiedlich großer Individuen wäre Grund genug nachzuforschen.

Die Probe wird in zwanzig Größengruppen aufgeteilt:

Die Stichprobe enthält 712 Stück, die Anzahl hat sich beim Sammeln so ergeben. Eine Aufteilung in Größengruppen ist zweckmäßig, da es in der Statistik gang und gäbe ist. Die Stichprobe wird nach der Länge pro vollem Millimeter (von acht bis achtundzwanzig) sortiert – das ergibt zwanzig Gruppen. Die Gruppen sind sehr unterschiedlich stark vertreten. Wie sieht die Verteilung aus? Das Diagramm (Abb. 16 Seite 145) zeigt den prozentualen Anteil der Größengruppen. Die Kurve nimmt einen erstaunlichen Verlauf - ähnlich dem, wie man ihn aus der Wahrscheinlichkeitsrechnung und Statistik her als Gaußverteilung (Glockenkurve) kennt. Der Anteil größerer wie auch kleinerer Steine fällt vom Hochpunkt her stetig, aber steil, zum Glockenrand hin ab. Das Gewölbe selbst wird von dreizehn bis einundzwanzig Millimeter langen Gruppen gebildet. Das arithmetische Mittel (Scheitel der Glocke) liegt bei etwa 18 Millimeter, diese Gruppe (Nr. 10) ist mit rund 12% am stärksten vertreten. Anmerkung: Im Glockengewölbe selbst bestehen die Gruppen hauptsächlich aus besten (nicht ausgesuchten!) Vorzeigeexemplaren.

Mit zunehmender Größe erfolgt ein kontinuierlicher Übergang zu Einkantern als auch Zweikantern und mit abnehmender Größe ebenso ein Übergang zu einer noch undefinierten Form. Jedenfalls liegt bei Dreiflächenkantern der Anfang der genetischen Spur, der wir in nahezu allen Kapiteln nachgehen und die zum Ziel führt.

Eine Besonderheit:

Bei einigen Exemplaren ist die breiteste Fläche fast eben.

Alle drei Flächen sind normalerweise sowohl in Längs- als auch in Querrichtung gekrümmt, ähnlich Segmenten aus Fässern (Fassdauben). Das sieht aber nur auf den ersten Blick so aus. Beim Messen der Radien fällt auf, dass die breiteste Fläche mitunter fast eben ist und sich erst zu den Ecken hin etwas krümmt. Diese Variante ist in allen zwanzig Gruppen vertreten. Sie macht beachtliche 30% aus. Ihr Anteil steigt - sowohl ab 28 Millimeter als auch in umgekehrte Richtung unterhalb 12 Millimeter Länge (Abb. 17 Seite 146). Es besteht im Hauptbereich, den Dreiflächenkanter bestreiten, keine Abhängigkeit der „ebenen Grundfläche" von der „Länge". Demnach gibt es diesbezüglich keinen gesetzmäßigen Zusammenhang, keine Regel. Das ist so, und der Grund muss woanders liegen. Auch unter Einkantern kommen solche mit einer ebenen Grundfläche vor. Auf die höchstwahrscheinliche Ursache kommen wir im Kapitel 18 „Winkel" und im Kapitel 20 „Bruchstücke" zu sprechen. Als „echte" Dreiflächenkanter gelten solche Steine, bei denen alle drei Flächen gewölbt sind.

Zur geometrischen Betrachtung:

Die Abbildungen 18 (Seite 147), 19 (Seite 148) und 20 (Seite 149) enthalten Abdrucke von repräsentativen Vertretern dieser Gattung und zwar von einem gedrungenen, einem normalen und einem schlanken Exemplar - jeweils in der Draufsicht unter Drehungen um 60°, im horizontalen Längsschnitt und im Querschnitt. Die anschließende Abbildung 21 (Seite 150) dient quasi als Hauptzeichnung zur Orientierung und Verständigung.

Die folgenden Betrachtungen werden aus rein praktischen Gründen an einem „normalen" Vertreter, der 24,5 mm lang und 15 mm breit ist, vorgenommen. Dazu ist allerdings aus zeichnerischen Erfordernissen her eine Darstellung im Maßstab 5:1 notwendig. Die Abbildungen 22 (Seite 151) und 23 (Seite 152) zeigen diesen Probanden in der Draufsicht und im Querschnitt. Bei der Rekonstruktion des Querschnittes entsteht überraschender Weise eine vierte Kante, die im Abdruck nicht zu erkennen, jedoch am Original bei genauem Hinsehen zu erkennen und auch zu fühlen ist (deshalb mit K0 benannt).

Wie auch an diesem Beispiel deutlich wird, spiegelt Geometrie die Natur. Die Grundfläche A3 setzt sich so (richtig) gesehen aus zwei Flächen A3/1 und A3/2 unterschiedlicher Krümmung zusammen (Kapitel 17 „Radien"). Eine vierte Kante (K0) ist bei den meisten „echten" Dreiflächenkantern wahrzunehmen. (Es ist wohlgemerkt eine Kante laut geometrischer Definition.)

Solche latenten Kanten entstehen abgeschwächt auch bei der Rekonstruktion der beiden Seitenflächen. Man kann sie am Stein weder sehen noch fühlen. Die (leichte) Asymmetrie bedingt eine Teilung der Seitenflächen und erzeugt somit Übergänge, die man als Kante nur geometrisch erkennen kann. Ohne die maßstäbliche Vergrößerung hätten wir wohl die „geometrischen Kanten" nicht bemerkt - aber bei vielen größeren Windkantern (ab Steingröße) treten sie ohnehin deutlich in Erscheinung.

Um die Theorie zu vereinfachen, stellen wir uns die gekrümmten Flächen als eben vor, was sich bei Steingröße und Blöcken wegen der relativ großen Radien sogar aufdrängt. Somit werden aus den Figuren der Abdrucke deformierte Rauten. Rauten kommen in der Gesteinswelt allenthalben vor. Rauten, Radien und Winkelverhältnisse sind derart wichtige und aussagefähige Formmerkmale, dass wir uns ihnen in gesonderten Kapiteln anhand dieses beispielhaften Exemplars zuwenden und auf Neues gespannt sind.

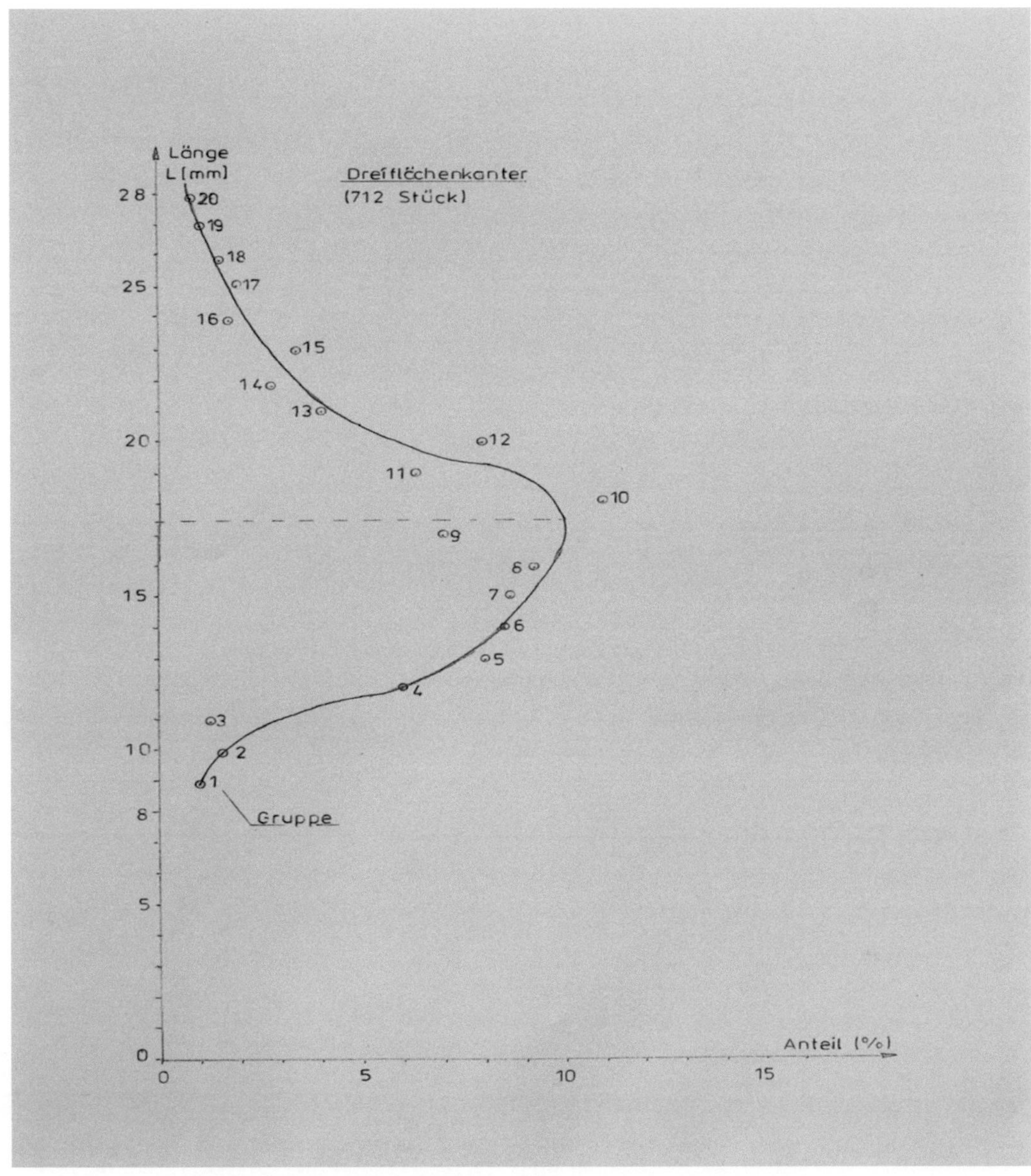

Abb. 16: Dreiflächenkanter – Anteil der Längengruppen

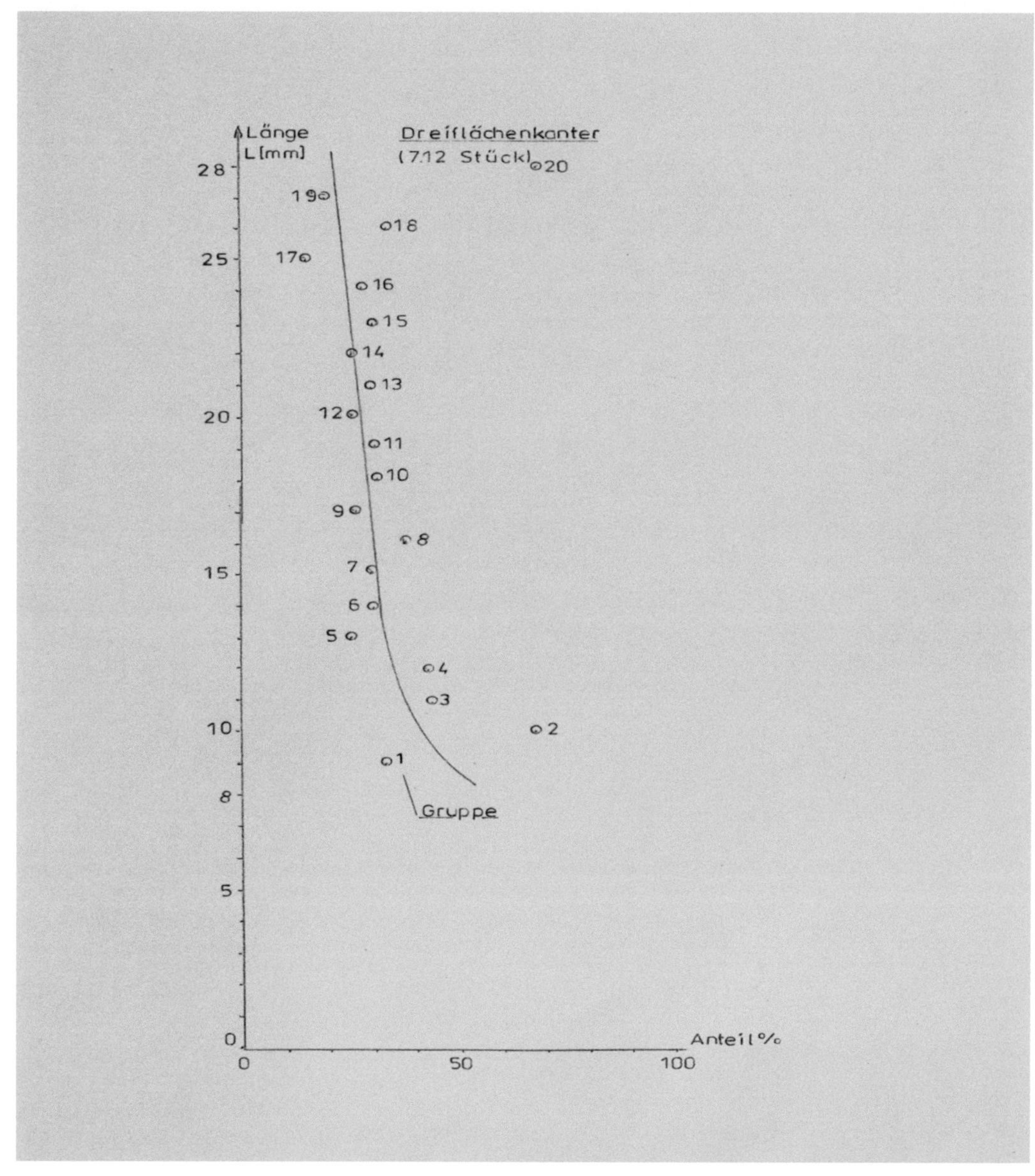

Abb. 17*: Dreiflächenkanter – Anteil derer mit ebener Grundfläche*

146

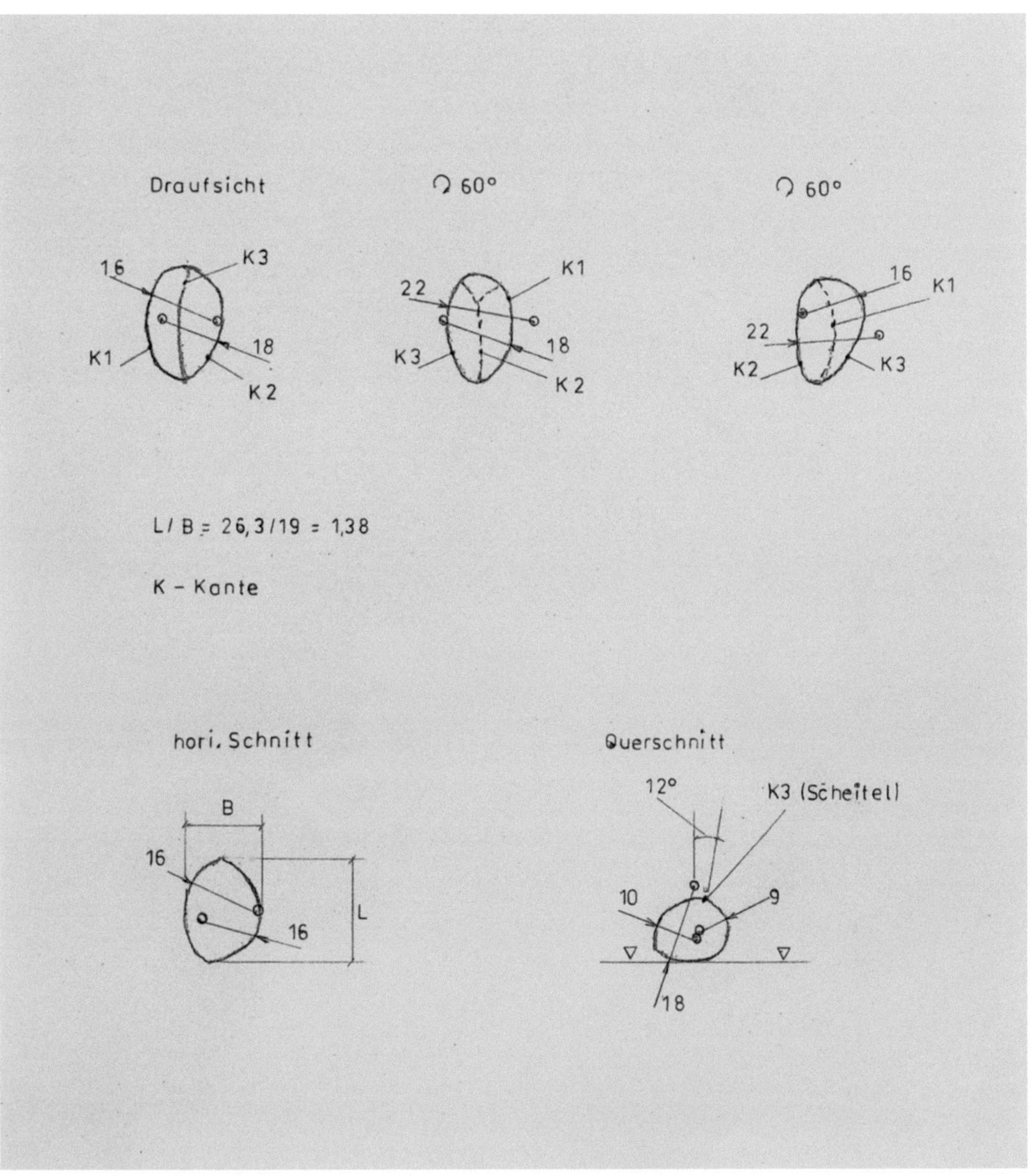

Abb. 18: *Dreiflächenkanter – Ansichten und Schnitte vom gedrungenen Typ*

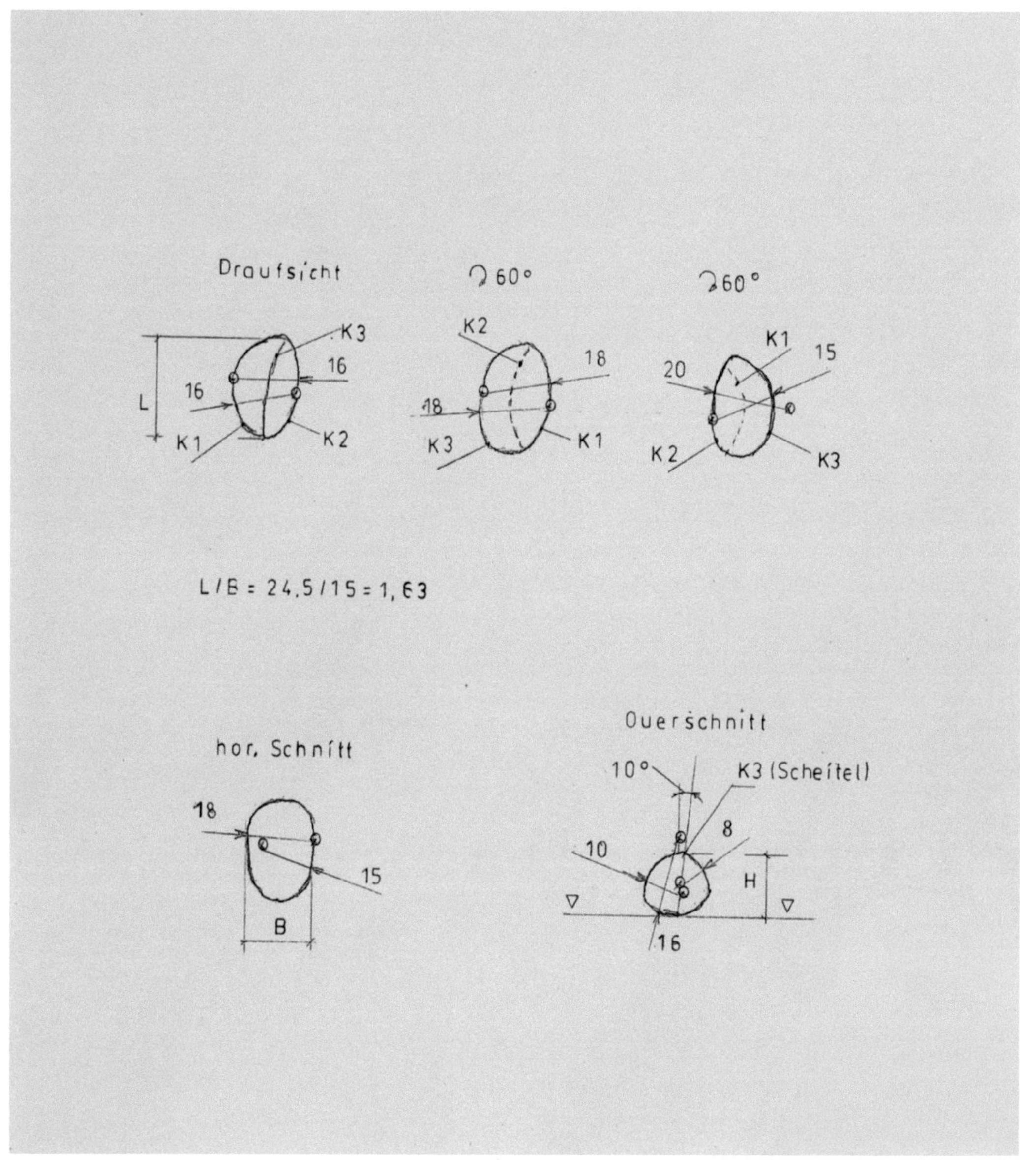

Abb. 19: *Dreiflächenkanter – Ansichten und Schnitte vom „normalen" Typ*

148

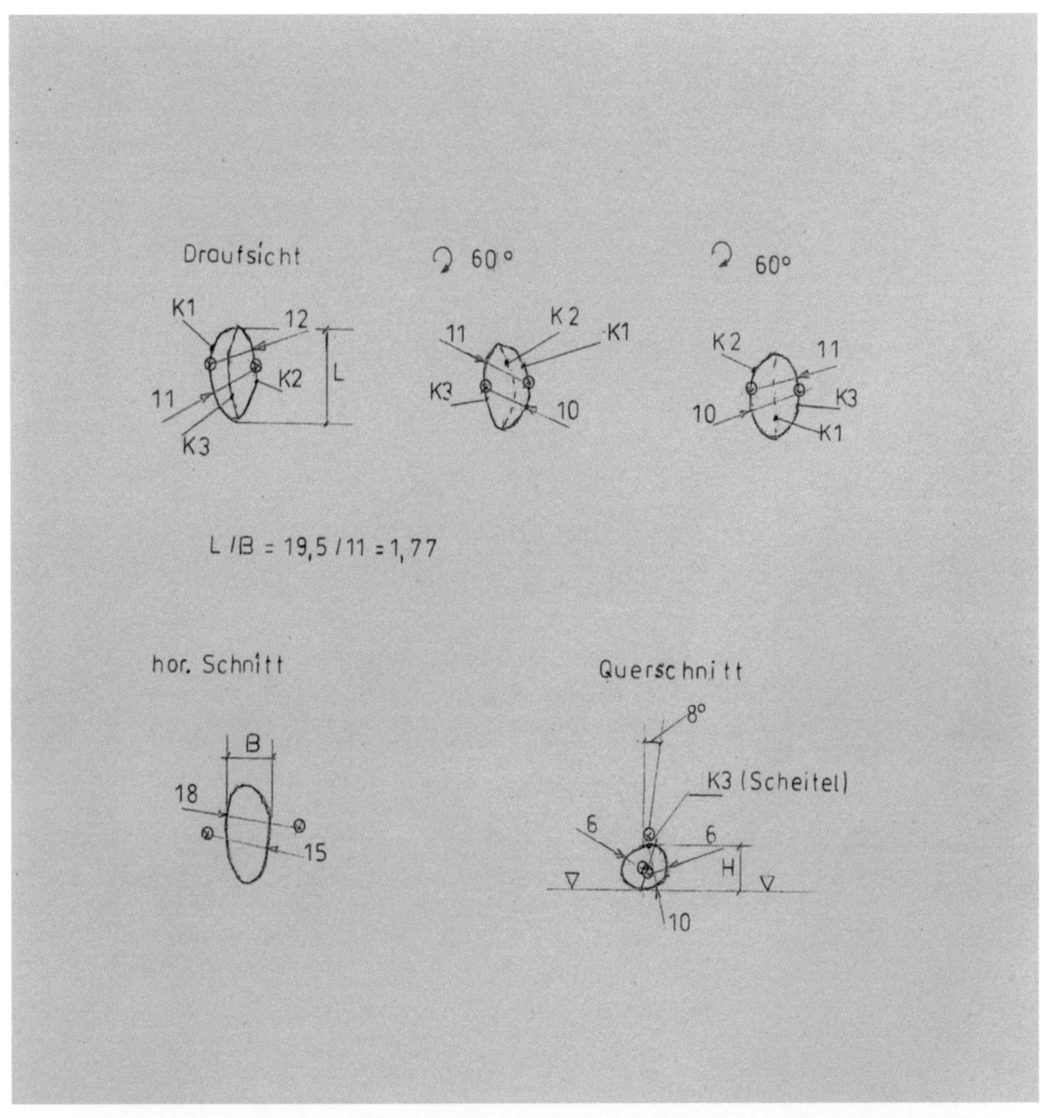

Abb 20*: Dreiflächenkanter – Ansichten und Schnitte vom schlanken Typ*

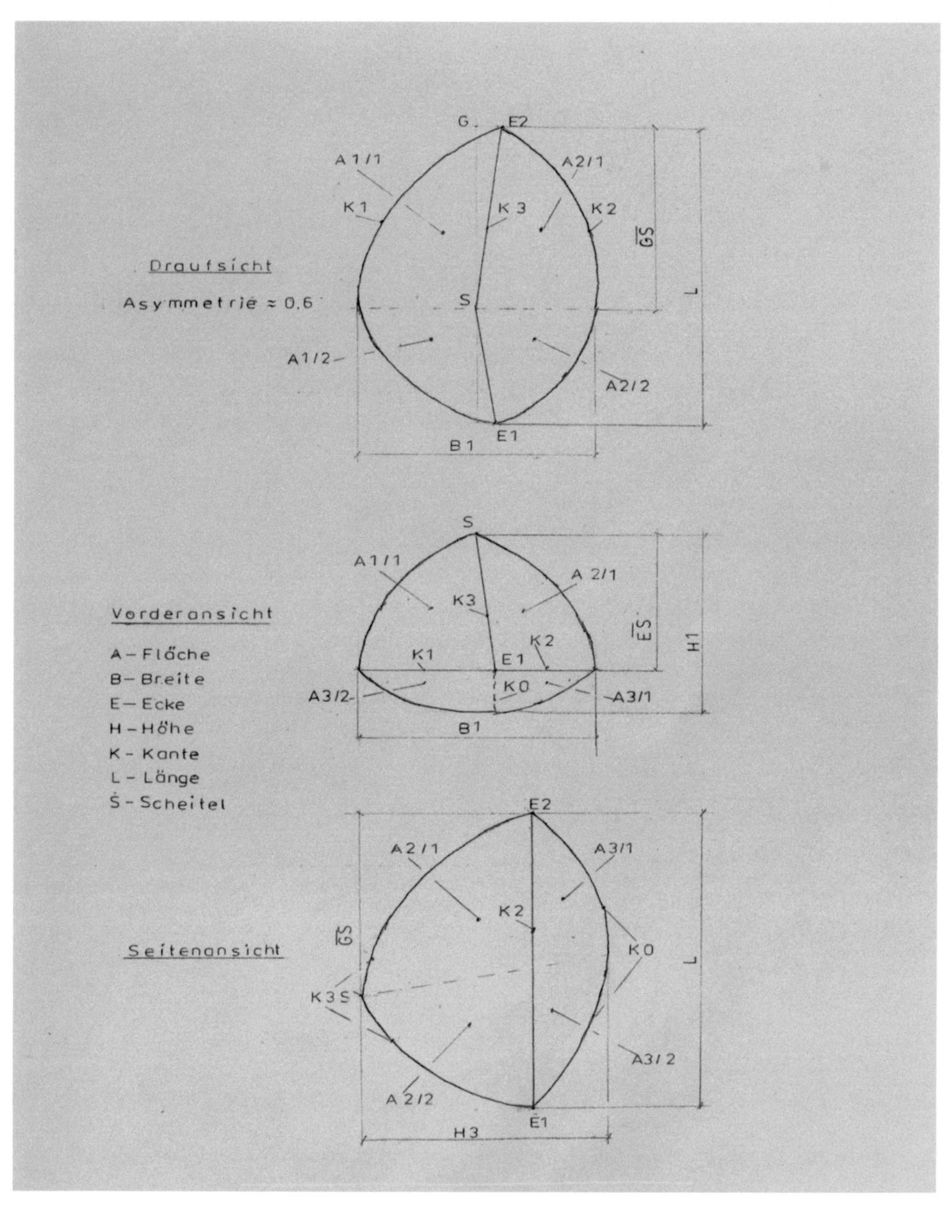

Abb. 21: *Hauptzeichnung für Windkanter*

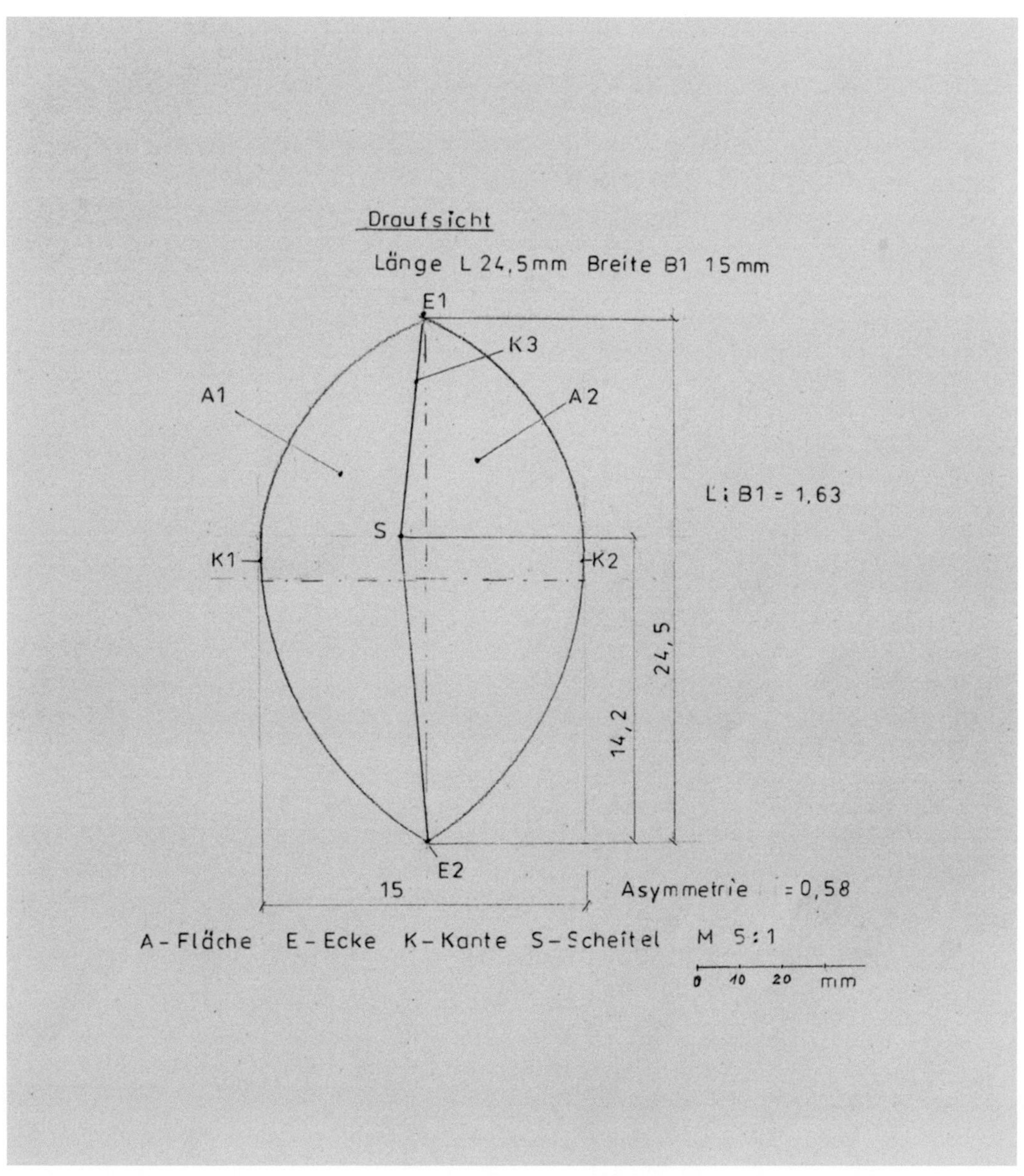

Abb. 22: *Dreiflächenkanter (normaler Typ – Länge/Breite 1,63) Draufsicht*

151

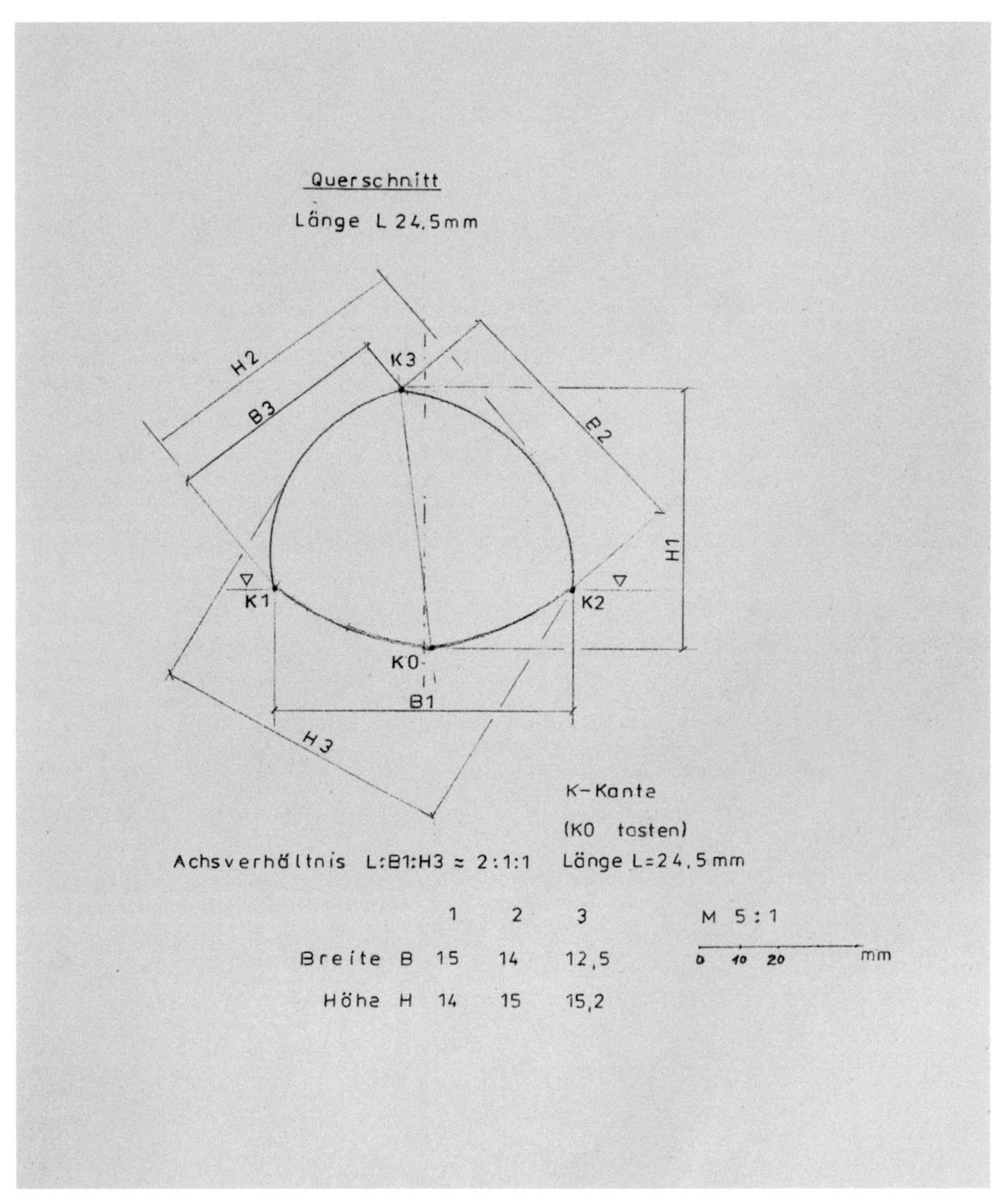

Abb.23: *Dreiflächenkanter (normaler Typ – Länge/Breite 1,63) Querschnitt*

15) Die Flächen machen den Körper aus - nicht seine Kanten

Ob Flächen oder Kanten das Kennzeichnende für Windkanter seien, wird in Fachkreisen unterschiedlich beurteilt. Über die enorm wichtigen Flächen erfährt man jedoch in der einschlägigen Windkanter–Literatur nichts Näheres. (Nur „Luv- und Leeseite" werden mitunter hervorgehoben.) Es geht den Autoren hauptsächlich um die auffälligen „vom Wind geschliffenen" Kanten. Vielleicht liegt es daran, dass die so harmonisch gekrümmten Flächen zu keinem hypothetischem Bild der Entstehung solcher Gestalten passen und daher ignoriert worden sind - oder man hat ihre Bedeutung einfach unterschätzt. Die merkwürdigen Rundungen stellten auch uns bis zuletzt vor ein schier unlösbares Rätsel, da mineralische Körper in ihrer ursprünglichen Form (ausschließlich) von ebenen Flächen begrenzt werden. Ausschlaggebend für die Bezeichnung eines Körpers ist die gesamte Anzahl der Flächen, welche die Oberfläche bilden, denn so tritt er in seiner charakteristischen Form vor Augen. Als Beispiele seien die Platonischen Körper und nahezu alle Kristallformen genannt.

Warum sind die Flächen der Windkanter gekrümmt? Die Flächen müssen genau betrachtet und analysiert werden, um auch auf die genetische Frage eine Antwort zu finden.

In diesem Kapitel wird dargestellt, wie wir alle Flächen erfassen, denn Windkanter haben außer den augenfälligen auch „latente" Flächen, wie sich bei den Untersuchungen herausstellt. Und zwar werden erst im Querschnitt sowie im horizontalen und vertikalen Längsschnitt alle Flächen sichtbar. Dazu verwenden wir Abdrucke und Fotos. Die Querschnitte verraten noch mehr als die anderen Schnitte bzw. Ansichten.

In weiteren Kapiteln werden im Detail Radien, Winkel und Rauheit unter die Lupe genommen. Bei der zeichnerischen Darstellung erliegen wir der Verlockung (bei Steinen und Blöcken drängt es sich sogar auf), in den Umrissen die benachbarten „Wendemarken" geradlinig miteinander zu verbinden, wodurch die Problematik plötzlich, gewissermaßen von sich aus, entschärft wird. Mit den jetzt entstandenen Vierecken können mathematische Laien, die wir sind, wenigstens das Gebälk der kompliziert aussehenden Figuren beschreiben, ansonsten würden wir uns wahrscheinlich festfahren. Vereinfachungen dieser Art sind vor allem bei der Lösung komplexer Aufgaben üblich, ja notwendig, weil man andernfalls gar nicht auf den Kern der Dinge stoßen würde. Das Rätsel „Rundungen" behalten wir natürlich fest im Auge. Im Kapitel 17 führt die Untersuchung der Radien in Verbindung mit Sehnen zu einer sehr wahrscheinlichen Lösung. Schon jetzt können wir aufgrund der in den Schnitten wiederkehrenden markanten Viereckfiguren mit Gewissheit sagen, dass alle Windkanter Eigenschaften geometrischer Körper besitzen. Daran besteht kein Zweifel, und das findet auch unter Berücksichtigung der Krümmungen seine Bestätigung.

Die Oberfläche der Windkanter besteht je nach Typ auf den <u>ersten</u> Blick aus minimal drei Flächen (Dreiflächenkanter), bis hin zu acht (Fünfkanter) und darüber hinaus zu „Vielflächenkantern". Die Hauptzeichnung (Abb. 21 Seite 150) zeigt den Grundtyp, der hat vier Flächen; auf ihm beruhen alle Variationen. (Bei der Rekonstruktion ergeben sich, bedingt durch die leichte Asymmetrie, sogar acht Flächen, Kapitel 17.) Die Hauptzeichnung dient zur Orientierung und Verständigung.

Feldsteine mit nur einer Fläche sehen kugelförmig bzw. eiförmig aus, sie sind demnach kantenfrei; solche Exemplare kommen eher selten vor. („Förmig" besagt, dass sie keine geometrisch exakte Kugeln bzw. Eikörper sind, also mindestens zwei Flächen, die ineinander übergehen, vorhanden sein müssen; demzufolge wird eine „latente" Kante auch hier vorhanden sein.) Ebenfalls rar sind Steine mit nur zwei Flächen: Eine ist gekrümmt, die andere eben. Sie haben nur eine Kante (Endstück vom Brot). Diese Funde wie auch mitunter messerscharfe Splitter fallen in die Rubrik Bruchstücke. Mit deren Untersuchung, die bestimmt weiteres Wissenswerte offenbaren könnte, würden wir den Rahmen allerdings sprengen.

Zur Erinnerung an die geometrische Definition für „Kante": Wenn sich zwei Flächen schneiden, entsteht eine Kante. Kommt eine dritte Fläche hinzu, wird daraus eine Figur mit drei Flächen, drei Kanten und einer Ecke; biegt man diese Flächen konvex zur Achse und „verschweißt" die Nähte, ist daraus ein Körper mit drei Flächen, drei Kanten und zwei Ecken geworden - sozusagen ein „Dreiflächenkanter", das sind die einfachsten Windkanter .

Die Flächen der Windkanter sind ausnahmslos konvex. Das gilt auch für solche Stücke, bei denen eine davon eben ist (z.B. Dreiflächenkanter mit ebener Grundfläche), denn laut mathematischer Definition bedeutet konvex, dass alle Punkte der Fläche noch innerhalb des Körpers liegen. Feuersteine (Flint), die häufig in Endmoränen der Saaleeiszeit vorkommen, haben keine Kanten (z. B. Hühnergötter) - abgesehen von den vielen Bruchstücken, deren spiegelglatte Flächen in der Regel muschelartig (konkav) nach innen gewölbt sind. Ob die Flächen der Feldsteine konvex, konkav oder ob sie eben sind (Abb. 24 Seite 158), hängt in erster Linie von der Gesteinsart bzw. Mineralart und von den tektonischen Bedingungen, denen sie ausgesetzt waren, ab. Auf Grund unserer Erfahrungen können wir konstatieren, dass bei Feldsteinen, ja sogar bei allen kompletten Steinen, konkave Flächen eine Ausnahme sind. „Konvex" ist, so scheint es uns, ein Konstruktionsprinzip der gesamten Natur. Es bewirkt höchste Stabilität mit geringstem Aufwand.

Bei den meisten Steinen kann man Kanten nicht sogleich erblicken, sondern nur mit den Fingern die stumpfen Schnittlinien der gekrümmten Flächen fühlen. Darauf hatte bereits Walter Schwenecke in seinen Schriftsätzen mit Nachdruck hingewiesen, „diese dürfen bei morphometrischen Untersuchungen nicht vernachlässigt werden", fügte er hinzu. - Auf die Flächen kommt es an!

Es heißt: Die Form eines Körpers zeigt sich in seinen Schattenbildern. Die gewonnenen Abdrucke von der Draufsicht, der Seiten- und Vorderansicht unserer Steine sind solche Schattenbilder – so als würden wir Scheinwerferlicht abwechselnd aus verschiedenen Richtungen auf die Steine richten. Mit den Abdrucken entsteht der Umriss vom horizontalen und vertikalen Längsschnitt und vor allem vom Querschnitt. Schon mit diesen drei Darstellungen kommt das morphometrisch Wesentliche zur Geltung. Der Umriss berührt den ihn umgebenden rechtwinkligen Rahmen (Koordinatensystem) genau an vier Stellen (größte Körperausdehnung), und das ist bei allen drei Schnitten der Fall. Es sind Punktberührungen. Das bedeutet wiederum relativ schroffe Flächenübergänge, und dieses wiederum berechtigt zur Bezeichnung „Kante". Der Rahmen liegt auf einer horizontalen Ebene auf, daher tritt auch die typische Schiefstellung der Windkanter deutlich hervor.

Die Lage des Flächenschwerpunktes wird experimentell mit einem Pappmodell von der jeweiligen Schnittfläche ermittelt. Nun das Wichtigste zu den Schnitten:

Querschnitt (Abb. 25 Seite 159)

Der Querschnitt verblüfft in seiner Aussagekraft noch mehr als die anderen Schnitte, denn ihm kommt eine Schlüsselrolle zu - das hatte sich bereits angedeutet, aber nicht in dem Maße. Mehr braucht man nicht zu kennen, außer noch die Länge zu berechnen (L = 1,62 x B), um ein Bild vom Windkanter zu malen. Im Querschnitt kommt die Figur einer deformierten Raute zum Vorschein.

Wie wir bei der Formanalyse feststellen, ist die Raute eines der wichtigsten Merkmale, denn sie ist allen Windkanterformen zu eigen. Obwohl die Übereinstimmung der Querschnitte von verschiedenen Typen so auffällig ist, ist sie uns doch erst sehr spät bewusst geworden. Erst als wir die Abdrucke und Fotos nebeneinandergelegt sahen, um diese den jeweiligen Steinen zuzuordnen, fiel es wie Schuppen von den Augen. (Das kann eben passieren, wenn man

Spuren folgt und nicht selber sucht.) Die Form des Querschnittes ist sowohl unabhängig vom Typ als auch von der Größe. Salopp ausgedrückt: Egal der Typ, egal die Größe – der Querschnitt sieht immer gleich aus. Wir können demzufolge auch bei diesem Detail von Skaleninvarianz (Selbstähnlichkeit) sprechen, was unsere diesbezüglichen Ausführungen im Kapitel 8 untermauert.

Die Raute erscheint auch im horizontalen und vertikalen Längsschnitt. Den Querschnitt könnte man leicht mit den beiden Längsschnitten verwechseln, wäre da nicht der Unterschied von Länge und Breite.

Nun kommt eine weitere, vielleicht noch bedeutsamere Überraschung hinzu: Eine Vielzahl von Gesteinsstücken, sogar solche, die Windkantern nicht im entferntesten ähneln, tragen das Rautenmerkmal. Rautenförmige Flächen scheinen „universell" zu sein, ihnen widmen wir uns im Kapitel 19.

Der Querschnitt von einem willkürlich herausgegriffenen Dreikanter (Abb. 25 Seite 159) macht auf folgende Besonderheit aufmerksam, die auch einige Vertreter von Ein-und Zweikantern aufweisen: Und zwar sehen sich die gegenüberliegenden Sektoren F1 und F3 bzw. F2 und F4 ähnlich. Der Radius vom Bogen 1 und 3 ist wesentlich größer als der vom Bogen 2 und 4; Bogen 1 und 3 sind fast Geraden, das fällt erst durch die eingezeichneten Sehnen auf. Sehne 1 und 3 liegen parallel. Wie gesagt, dieser Eigentümlichkeit begegnet man recht oft. Vermutlich handelt es sich in diesem Fall um ein Bruchstück aus dem mittleren Bereich eines ehemaligen Windkanter-Blockes. Als wir auch andere Steine mit derartigem Querschnitt in die Hände nahmen, sie drehten, wendeten, und eingehend betrachteten, waren wir uns dessen gewiss.

Die Lage des Flächenschwerpunktes wird am einfachsten experimentell mit einer Pappscheibe ermittelt. An dessen Lage, die ein Hinweis auf die Koordinaten des Masseschwerpunktes ist, wollen wir uns nicht festbeißen, weil die Berechnung des Masseschwerpunktes eines (selbst idealen) Windkanters einerseits einen enorm hohen Aufwand erfordern würde und andererseits keine grundsätzlich neuen Erkenntnisse zu erwarten wären.

Vertikaler Längsschnitt (Abb. 26 Seite 160)

Man könnte den vertikalen Längsschnitt von diesem Einkanter auch für einen Querschnitt halten. So ergeht es uns auch bei den Längsschnitten von Zwei- und Dreikantern sowie bei Dreiflächenkantern. Wir haben gerade dieses Exemplar ausgesucht, weil sich über die genaue Lage der unteren Rautenecke streiten ließe. Angenommen auf der Unterseite wäre eine Kante weder sichtbar noch fühlbar, ist sie dennoch vorhanden, da sich Kreisbögen mit unterschiedlichem Radius (der sich wiederum nur schätzen lässt) treffen. Es bleibt bei der Raute (!) – nur der Winkel, den die Sehnen 3 und 4 bilden, kann sich ändern.

Bei Dreikantern sehen sich Längsschnitt und Querschnitt noch ähnlicher, da sie fast so breit wie lang sind. Auf Grund der bipyramidalen Form ist die typisch deformierte Raute auch im Längsschnitt zu erwarten, das wird durch viele Beispiele bestätigt.

Für die Lage des Flächenschwerpunktes gilt das Gleiche, wie bereits beim Querschnitt dargelegt.

Horizontaler Längsschnitt (Abb. 27 Seite 161)

Für den horizontalen Längsschnitt fiel die Wahl auf einen Zweikanter. Dieser Schnitt entspricht dem Grundriss und bildet somit die größte Fläche von den drei Schnitten. Die deformierte Raute bestimmt auch hier das Bild. Wir können uns kurzfassen: Was hier zu sagen wäre entspricht dem, was bereits über den Querschnitt und den vertikalen Längsschnitt grundsätzlich zum Ausdruck gekommen ist. Wenn man nicht wüsste, dass es der horizontale Längsschnitt ist, könnte man ihn leicht mit den beiden anderen Schnitten verwechseln.

Die spezifischen Eigenheiten, d.h. Radien und Winkel werden in den Kapiteln 17 und 18 beschrieben.

Der menschliche Erfindergeist ... wird nie etwas erdenken, das schöner, einfacher oder genauer zu sein vermag, als die Natur vollbringt; denn ihren Erfindungen fehlt es an nichts, und sie haben auch nichts Überflüssiges an sich.

Leonardo da Vinci (Die Notizbücher 1508 - 1518)

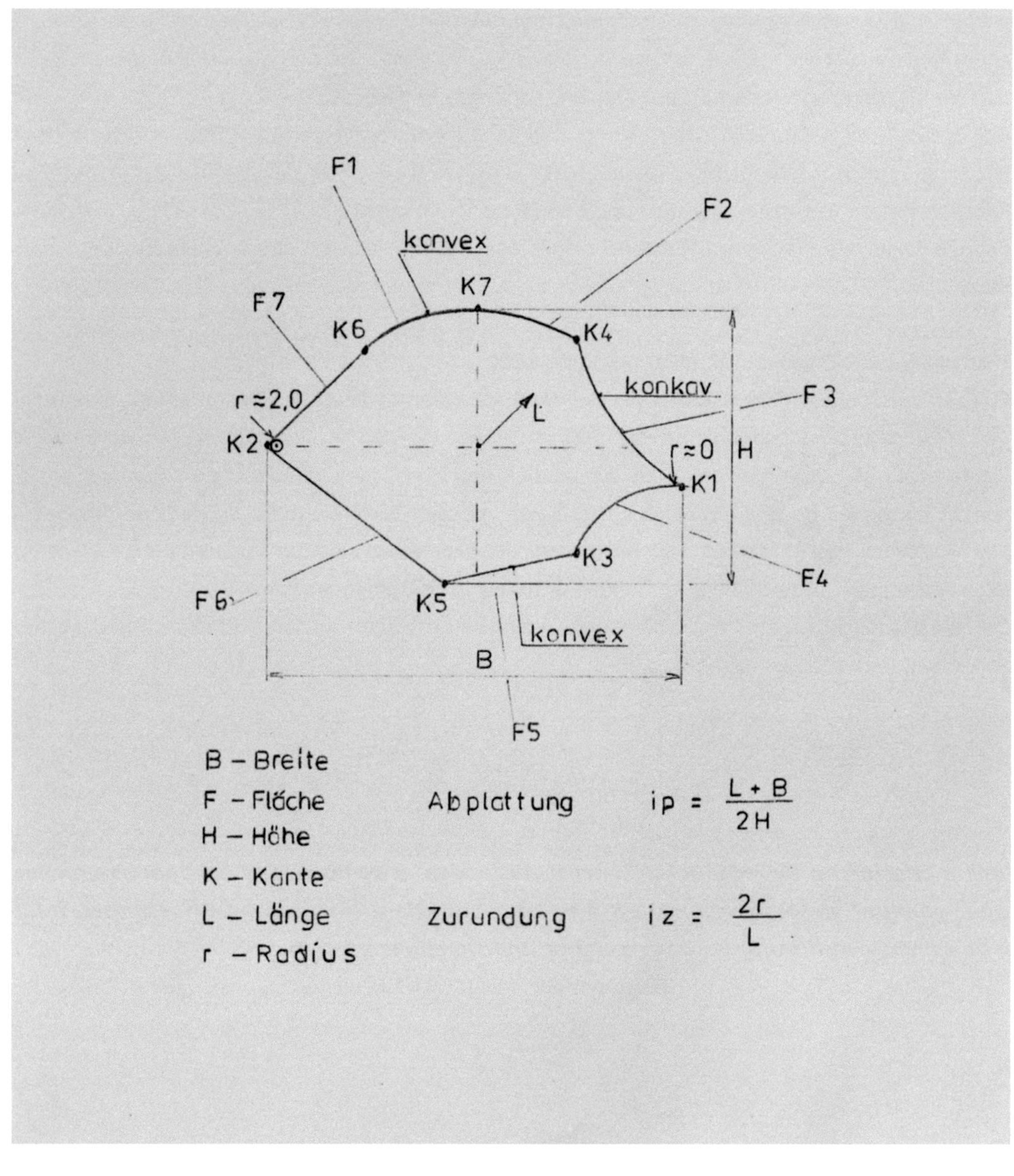

Abb. 24: Ebene, konvexe und konkave Flächen - Flächenübergang-Kanten

158

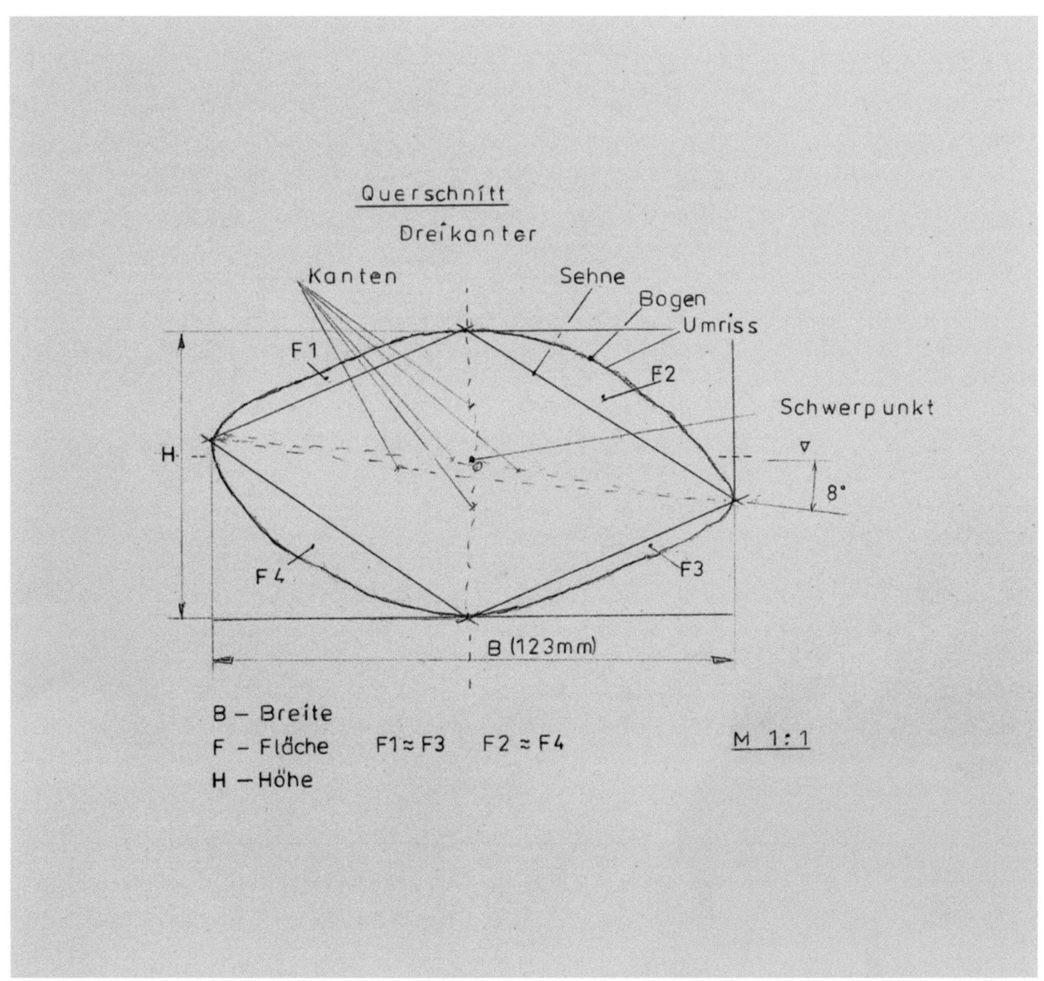

Abb 25: *Querschnitt von einem Dreikanter*

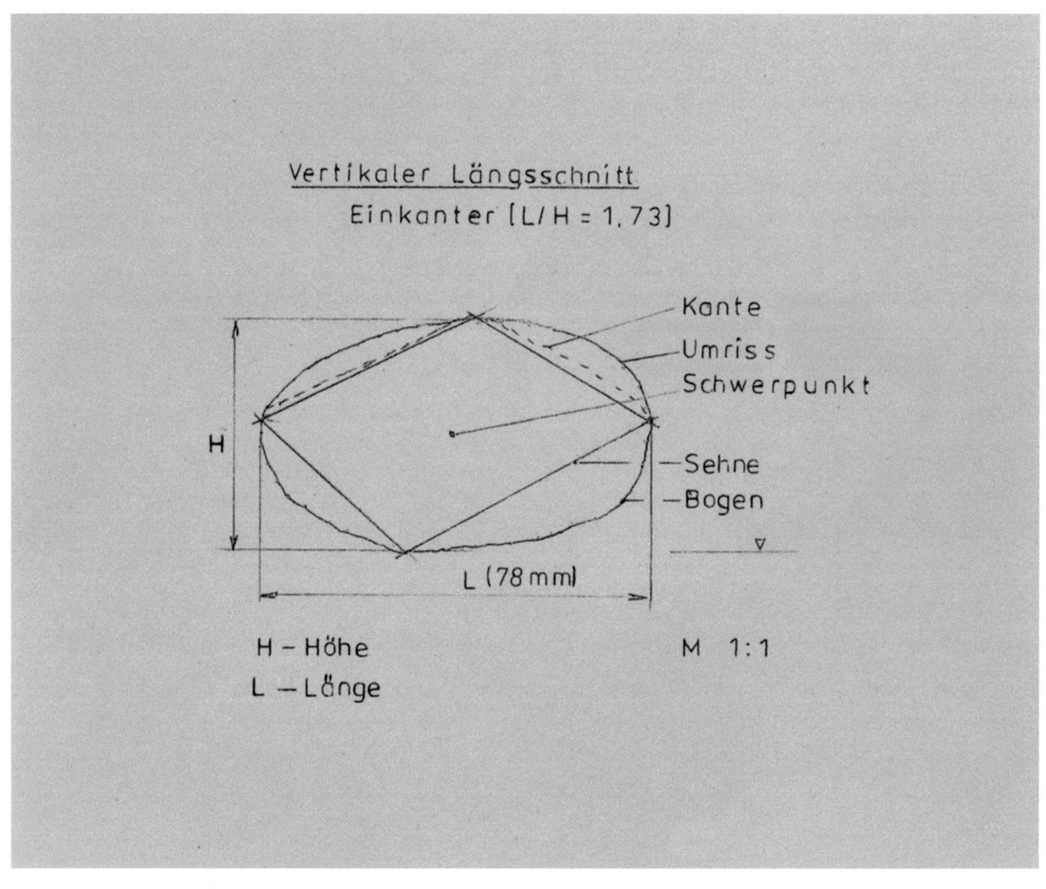

Abb. 26: Vertikaler Längsschnitt von einem Einkanter

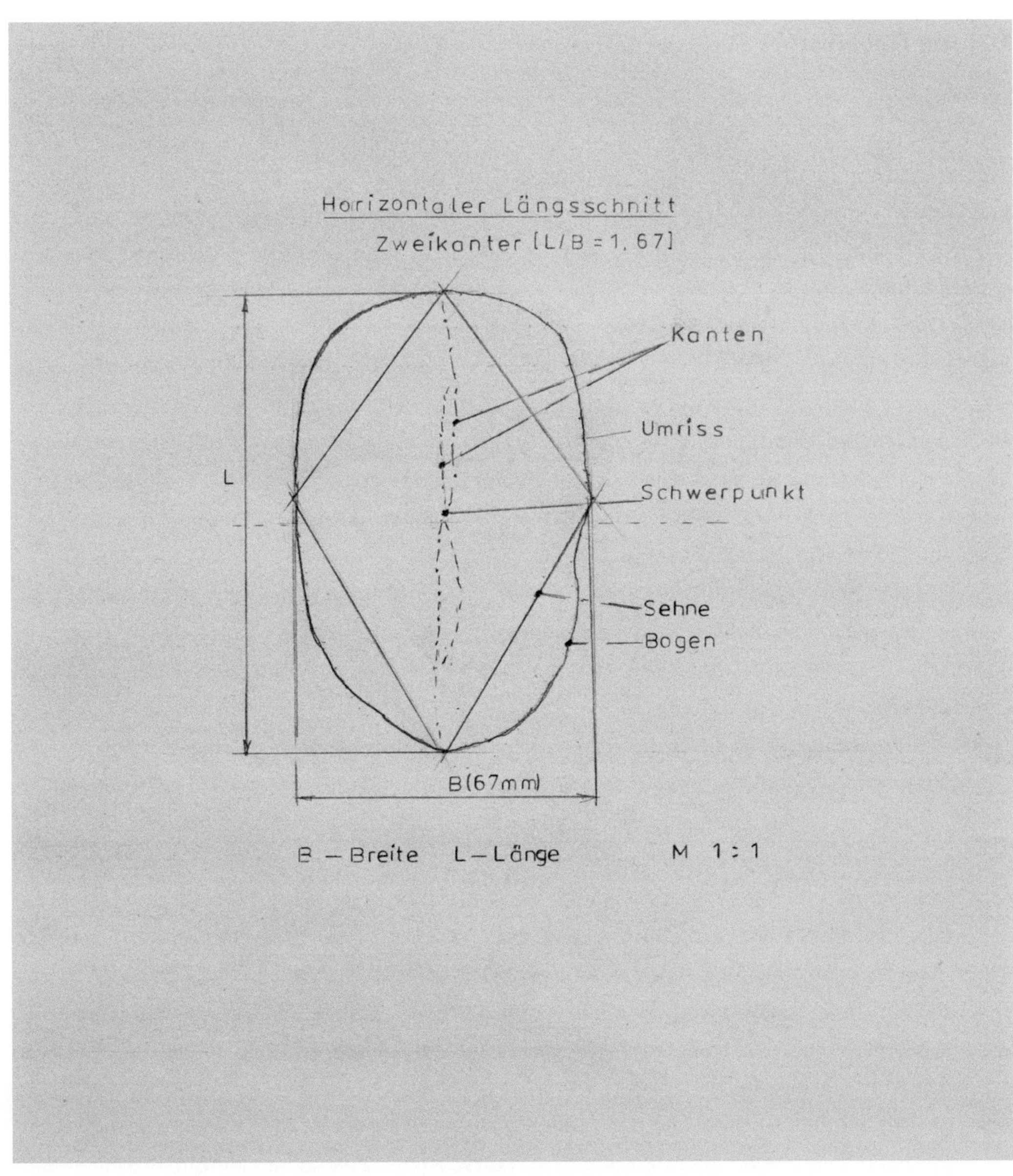

Abb. 27: *Horizontaler Längsschnitt von einem Zweikanter*

16) Die Oberfläche: Rauheit und Landschaften

Ein Körper wird von der Oberfläche begrenzt, sie ist im Sinne der Stereometrie die Summe all' seiner äußeren Flächen. Die wahre Oberfläche ist bei natürlichen Körpern, wie etwa bei Feldsteinen, größer als die Gesamtheit der Flächen, die zur Definition eines Körpers maßgebend sind, hinzu kommen unzählige Kleinstflächen, die sich aus Unebenheit (Grübchen etc.) und Rauheit ergeben. Die Berechnung der stereometrischen Oberfläche der Windkanter erfordert, obwohl sie so einfache Formen darstellen, einen großen Aufwand und mathematische Fertigkeiten, die wir uns noch aneignen müssten. Eine genaue Ermittlung ihrer wahren Oberfläche erscheint hingegen fast unmöglich. Die Oberfläche der meisten Gesteine ist außerdem nicht geschlossen, sondern wegen der Porosität durchlässig, insbesondere für Wassermoleküle.

Windkanter haben eine spezifische Oberfläche. Wie ist sie beschaffen? In Publikationen wird sie nur beiläufig mit allgemein gehaltenen Bemerkungen erwähnt: schwach gerieft, poliert, mattgeschliffen, glänzend und geglättet. Die Autoren gehen offenbar von einer mechanischen Bearbeitung der Steine aus. Wie es scheint, hatten sie keinen triftigen Grund, Windkanter diesbezüglich „unter die Lupe" zu nehmen. Das ist ein Versäumnis. Denn es gibt - darauf kommen wir noch zu sprechen - auch eine andere Ursache für ebenso glatte Oberflächen. Die Oberfläche, auch äußere Oberfläche genannt, wurde unserer Meinung nach wissenschaftlich vernachlässigt.

Völlig anders verhält es sich mit der Erforschung der inneren Oberfläche, die von Makro- und Mikroporen sowie feinen Rissen gebildet wird. Das ist eine spannende Welt für sich. Sie ist Gegenstand intensiver Forschungen. Ein Beispiel: Der namhafte amerikanische Mineraloge Robert M. Hazen untersucht biochemische Prozesse, die im Innern der Minerale ablaufen und geht dabei sogar einer der ältesten Fragen der Naturforschung nach: Wie ist das Leben auf der Erde entstanden?. Er schreibt in der Zeitschrift "Spektrum der Wissenschaft" (9): „Jüngste Experimente zeigen, dass die entscheidenden Reaktionen wohl nicht möglich gewesen wären ohne die Mithilfe von Mineralien, die als Behälter, Gerüste, Schablonen, Katalysatoren und Reaktionspartner fungierten. (…) Minerale spielen eine viel wichtigere Rolle als die meisten Forscher bisher annahmen."

Feldspat, das häufigste Mineral in der Erdkruste, besitzt eine katalytische Eigenschaft, da er chemisch gebundenes Aluminium enthält (z.B. Kalifeldspat). Feldspate sind in den Feldsteinen (selbstverständlich auch im Sand) der Letzlinger Endmoräne stark vertreten. Es stellt sich daher die Frage wie die naturgegebene vorzügliche Katalyse für die dortige Landwirtschaft und ggf. für Gemüse- und Obstbau genutzt werden könnte (dort schmecken Kartoffeln noch nach Kartoffeln und der Spargel so richtig streng nach Spargel!). Die biochemischen Reaktionen im Innern der Steine sind komplexer Art. Das trifft sicherlich auch für die äußere Oberfläche zu. Ihre Erforschung erfordert daher größere Anstrengungen als bisher.

Wir wären schon glücklich, wenn es uns gelänge, die Oberfläche zu beschreiben. Aber es stellt sich schon am Anfang heraus, dass dazu allenfalls Labore oder dergleichen, die mit Messgeräten gut ausgestattet sind, in der Lage wären. Ein Stück des Weges kommen wir trotzdem voran. Die Oberfläche der Feldsteine ist gewissermaßen eine Grenzfläche: zum umgebenden Lockergestein (Sandboden), zum im Boden gespeichertem Wasser und zur Atmosphäre. Auf sie wirken Wind, Regen, Schnee, Hagel, Sonnenstrahlung sowie kosmische Strahlung und Säuren im Gefolge von Luft und Wasser ein; bei Luftströmungen schlagen Sandkörner auf. Hinzu kommen Temperaturschwankungen bis unter Null Grad. Diese Einflüsse (und noch weitere?) lassen Steine je nach mineralischer Zusammensetzung unterschiedlich stark verwittern. Die Oberfläche fühlt sich zumeist leicht rau an, aber bei vielen Steinen ist sie doch so glatt, dass sie bei Nässe im Sonnenlicht glänzen, als wären sie poliert worden. Dreiflächenkanter eignen sich vorzüglich als Handschmeichler (das ist ein Tipp). Vielleicht verwendet man sie schon als solche, ohne zu wissen, dass es Windkanter sind.

Weshalb fühlen sich die kleinen, um die 20 Millimeter langen Windkanter, glatter an als die Vertreter ihrer Zunft, die 10 mal, 20 mal … größer sind als sie? Oder ist das nur eine Täuschung unseres Tastsinns? Die Frage kann auch andersherum gestellt werden: Weshalb sind die kleinen Kiesel nicht ebenso rau wie die großen Brocken? Alle unterliegen doch annähernd denselben Bedingungen. Wie glatt sie sind, ließe sich durch Vergleiche beschreiben, etwa so: Die kleinen sind glatt wie rohes Porzellan, die großen rau wie eine trockene Scheibe Brot. Vergleiche dieser Art hinken, es gibt bessere. Der Mensch kann sich zwar mit seinem Tastsinn Klarheit verschaffen, aber damit allein nicht unbedingt zur Erkenntnis gelangen was die Unterschiede in der Rauheit hervorruft. Es bedarf hierzu verlässlicher Messwerte, die man vergleichen und daraus Schlüsse ziehen kann. Wie das „Messen" mit dem Tastsinn (über die Finger) funktioniert, stellen wir uns etwa so vor: Von den Sensoren der Fingerspitze werden dem Gehirn Daten von einer Fläche vermittelt, die so groß (besser gesagt so klein) ist wie der Bereich, den die Fingerspitze gerade berührt, wodurch jeweils ein Segment von der Oberfläche des Steines erfasst wird; durch „Vorschub" des Fingers kommen „Werte" hinzu, die „automatisch" im Gehirn verglichen werden und somit das Gefühl aufkommt, wie rau der abgetastete Bereich ist, bis letztendlich vom ganzen Kieselstein die Daten vorliegen, und man kann schließlich konstatieren - er ist glatt wie …, er hat Grübchen … usw. Kiesel und kleine Steine kann man sicherlich auf diese Weise beurteilen, aber bei Blöcken sind Grübchen bereits Mulden, und die wiederum haben zumeist glatte Wände; woraufhin festgestellt würde: „Der Block ist glatt", insgesamt macht er jedoch einen rauen, verwitterten Eindruck. - Das ist lediglich eine Frage des Maßstabes.

Wir sprechen Tasten mit den Fingerspitzen (die Zungenspitze, die sogar etwa 10 fach vergrößert, käme ebenfalls infrage) deshalb an, weil das Messprinzip mit Rauheitsmessgeräten (z.B. für Metalloberflächen) im Grunde genommen auch so läuft, und Sie sollen ahnen, worauf wir hinaus wollen. Es geht uns erst einmal darum zu erfahren, wie hoch die „Berge" bzw. wie tief die Täler auf der „Haut" der Windkanter sind. Außerdem möchten wir wissen, in welcher Relation die gemessenen Werte zur Größe der Steine stehen und ob da ein Zusammenhang besteht. Ein ganz weit gestecktes Ziel wäre, ein Landschaftsbild von der Oberfläche zu bekommen; und noch höher gesteckt - zu erforschen, ob und wie sich diese Landschaft maßstäblich vom Kiesel bis zum Findling wiederholt.

In den uns zugänglichen Publikationen sind Angaben über die Rauheit sowohl von Windkantern als auch von anderen Feldsteinen nicht ausfindig zu machen. Das bedeutet also selbst messen! Aber wie kann man die Rauheit derart gekrümmter Körper überhaupt richtig messen? Mit welchen Geräten? Ein Ausflug in die Oberflächenmesstechnik führt sogleich zu der Einsicht, dass wir, wollten wir selbst Messungen durchführen und auswerten, überfordert wären. Das ist ein spezielles Fach, dessen sich Labore und Prüfabteilungen bedienen, die in (Metall) Betrieben für die Oberflächenqualität verantwortlich zeichnen. Um unserem Ansinnen gerecht zu werden, wäre der Einsatz (teurer) Geräte für die 3D–Messtechnik und Oberflächentopografie erforderlich, und es bedarf großer Erfahrung mit ihrer Handhabung.

Dennoch haben wir ein simples Rauheitsmessgerät aus einer Schlosserwerkstatt geliehen, um es an Dreiflächenkantern einfach nur einmal zu probieren - wie rau sie sind und nichts weiter. Dreiflächenkanter sind gerade richtig, nicht zu klein und nicht zu groß. Der Sensor reicht über eine Strecke von 2,5 Millimeter. Die Probestücke sind Sandsteine, rund 25 Millimeter lang und etwa 17 Millimeter breit. Wegen der Größe des Tastbereiches des Gerätes ergeben sich fünf repräsentative Messgebiete auf jeder der drei Flächen. Der Sensor, eine bewegliche Diamantspitze, tastet das Gebiet der Messstelle ab, und das Gerät zeigt die Abweichung von einer

Null-Linie an: in Mikrometer, auf zwei Stellen nach dem Komma genau. Die Messwerte vermitteln ein Bild von den Höhen und Tiefen des abgetasteten Gebietes. Auf dem Display wird die mittlere Rauheit „Ra" angezeigt. Die spiegelglatte Eichplatte entspricht einem Wert von 3,15 µm. Beim ersten Probestück liegt die Rauheit auf <u>allen</u> Seiten zwischen 4,67 und 8,08 µm. Im Vergleich zur Eichplatte, die wir als ebenes Land deklarieren wollen, sind es kleine Hügel und Berge. Beim zweiten Stein schwanken die Werte um 8 µm ebenfalls auf <u>allen</u> Seiten, also eine Berglandschaft. Und beim dritten Stein sieht man Mittelgebirge um die 12µm, ebenfalls auf <u>allen</u> Seiten.

Trotz der Unzulänglichkeiten, die sich aus der nicht dem Verwendungszweck des Gerätes entsprechenden Anwendung ergeben, können wir als Fazit zwei Dinge feststellen: Zum einen, dass die gesamte Oberfläche einheitlich rau bzw. glatt ist, alle drei Flächen sind demnach in gleichem Maße „vom Wind (!)" „bearbeitet" worden, es gibt da keinen merklichen Unterschied; keine wurde bevorzugt. Und zum anderen, dass die Rauheit von Stein zu Stein doch recht verschieden ist, obwohl alle Probestücke augenscheinlich von derselben Gesteinsart (Sandstein) sind, lediglich unterschiedlicher Farbe. Fachleute, die sich mit derartigen Messungen auskennen, könnten den gemessenen Werten vielleicht mehr entlocken. Für eine erste Einschätzung zur Rauheit reichen diese drei Probestücke aus, da sie Dreiflächenkanter repräsentieren.

Die Frage nach der eventuellen Abhängigkeit der Rauheit von der Länge bleibt wegen einer fehlenden Messmethode vorerst unbeantwortet; der Messbereich müsste sich nach unserer Einschätzung von Mikrometer (wie am obigen Beispiel bei Dreiflächenkantern) über zehntel Millimeter (bei Dreikantern), Millimeter (bei großen Steinen) bis zu Zentimeter (bei Blöcken und Findlingen) erstrecken. Daher bleibt leider auch die Frage nach dem Übergang von Vertiefungen zu Höhen, also nach dem wirklichen Landschaftsbild, ungeklärt. Wie es aussehen würde, lässt sich bereits mit einer Leselupe (oder durch Zoomen) ahnen - die Oberfläche erscheint in faszinierender Weise, sie wird zu einem Raum voller Poesie.

Unsere Vermutung, dass die Oberflächenlandschaft bei derselben Gesteinsart in jedem Maßstab vorhanden ist, bleibt eine Vermutung. Dennoch ist sie eine logische Schlussfolgerung aus der Selbstähnlichkeit/Skaleninvarianz, die wir meinen nachgewiesen zu haben (Kapitel 8). Was für die Gestalt insgesamt gilt, muss ebenso im Detail für ihre Oberfläche zutreffend sein: wie im Kleinen so im Großen. Aus der Unebenheit, die bei Dreiflächenkantern im Mikrometerbereich liegt, werden bei Blöcken aus Sicht der Ameisen Berge und Täler, wenn sie darüber laufen. Glatte Oberflächen sind ein Naturprinzip, im organischen wie auch im anorganischen Bereich, davon zeugen viele Beispiele. Ausnahmen erfüllen einen ganz besonderen Zweck. Alles, was aus einem Körper herausragt, bedeutet Widerstand und wird „abgeschliffen". Jede Gesteinsart ist davon betroffen. Der Prozess dauert je nach Härte und Mechanismus unterschiedlich lange. Es gibt aber auch Gesteine, deren Oberfläche mit Sicherheit nicht korrasiv („beschliffen") geprägt worden ist, aber genauso glatt erscheint wie die von Dreiflächenkantern: zum Beispiel Glimmerschiefer. Wir staunen, ja bewundern immer wieder, wie glatt die völlig planen Flächen sind. Bei Feldsteinen dieser Art um Bad Neualbenreuth sind die fast parallel verlaufenden Flächen bis etwa handtellergroß, aber auch Blöcke mit einer oder zwei planen Seiten befinden sich darunter. Daher waren (und sind immer noch) solche Steine begehrtes Baumaterial für Ställe, Scheunen, Pflaster und vieles andere. Besonders gern und immer wieder wandern wir zu einem einzeln stehenden Fels am Rande der Feldmark (am „Lerchenbühl"), um ihn anzufassen – Quadratmeter große Flächen sind derart eben und glatt, selbst auf den Wetter abgewandten, windgeschützten Seiten, als hätte ein Riese Teile abgesägt. Wir sind hell begeistert - unglaublich, was die Natur leistet. Wenn uns nicht alles täuscht, sind das Scherflächen vom Spannungsabbau im Gestein.

Wir möchten mit den genannten Beispielen zum Ausdruck bringen, dass glatte Oberflächen verschiedene Ursachen haben können. Korrasion ist sicherlich die häufigste, sie war aber bei Windkantern bestimmt nicht die entscheidende.

Überraschung und Verwunderung sind der Anfang des Begreifens

José Ortega y Gasset (1883-1955), spanischer Philosoph, in
„Der Aufstand der Massen"

Foto 42 *(oben): Block mit faszinierend glatter Oberfläche*

Foto 43 *(unten): Narbig durch Verwitterung*

Foto 44 *(oben): Seine Adern kann man fühlen*

Foto 45 *(unten): Glatte (Scher-) Fläche Glimmerschiefer (Bad Neualbenreuth)*

17) Die Flächen: Krümmung - Radien - Kreisbögen - Sehnen

Wohlgesetzte Rundungen erfreuen sich allgemein großen Zuspruchs. In gekrümmten Linien, Flächen sowie in auf vielfache Art und Weise rund gestalteten Körpern kommen Bewegung, das Lebendige, Wachstum und Fruchtbarkeit zum Ausdruck – und trotzdem strahlen sie Ruhe aus. Sie sind Kennzeichen der belebten Natur. Windkanter haben beides: sowohl gekrümmte Flächen als auch Ecken und Kanten. Aus philosophischer Sicht (O. J. Hartmann [8]) würden sie Gestalten angehören, die sich im Übergang vom Anorganischen (starren Mineralgemischen) zum Organischen (z.B. Ähnlichkeit mit Blättern und Früchten) befinden, was wiederum den Gedanken an ein Wachsen der Feldsteine im Boden weckt. Wir sind dieser Vorstellung nachgegangen und dabei ausschließlich auf Argumente gestoßen, die einen solchen Gedanken nicht stützen. Aber wir haben dabei einiges über ein ganz anderes Denken mitbekommen. Die Wölbungen der Windkanter erinnern an Fassdauben (gebogene, durch Stahlreifen zusammengehaltene Holzteile der Fasswand). Sie verlaufen in der Regel so exakt, dass man sie mit Kreisschablonen verfolgen kann (Abb.18 bis 20, Seiten 147-149). Walter Schwenecke kam anhand der Abdrucke von Dreiflächenkantern zu dem Ergebnis, dass alle Flächen etwa denselben Radius haben, und das sowohl in Längs- als auch in Querrichtung, aber unter Beachtung einer Toleranz von 10%. Dem fügte er hinzu: „Ich halte die Zubilligung einer solchen Toleranzquote bei der Deutung und Auswertung von Zahlen für gerechtfertigt, weil sie einerseits die Natur selbst im morphologischen Bereich überall in ähnlichem Maße in Anspruch nimmt und andererseits kleinere unvermeidbare arbeitstechnische Mängel mit in Kauf genommen werden mußten." Es lag nunmehr für ihn auf der Hand, dass als Grundform der Dreiflächenkanter drei gleichgroße ineinander dringende Kugeln infrage kommen (ergibt ein Rosettenmuster). Hinsichtlich der Genese machte uns seine Vermutung völlig ratlos, weil gekrümmte Flächen absolut nicht zum Wesen der Gesteine, der Mineralien aus denen sie bestehen und schon gar nicht zum kristallinen Aufbau der Mineralien passen. Unseres Wissens sind Kristalle i. e. Sinne ausschließlich geometrische Gebilde aus Geraden und Ebenen.

Walter Schwenecke ist mit seiner Darstellung einem nur scheinbar geringfügigen Detail zum Opfer gefallen. In den Toleranzquoten hat sich nämlich - wie wir jetzt erkannt haben - eine wegweisende Eigentümlichkeit der Dreiflächenkanter verborgen: Die Radien sind in einer ganz bestimmten Regelmäßigkeit verschieden. Und das hat, wie wir gleich zeigen, Folgen. Bereits die Korrelation von Länge und Radius im Fall Dreiflächenkanter (Kap. 6, Abb. 6, 7 und 8, Seiten 93-95) bestätigt Gesetzmäßigkeit und weist in Richtung Genese - die Krümmung muss also eine Ursache haben.

Mit dem Studium der Flächen, genauer gesagt der Kreisbögen und Sehnen, kommt plötzlich Licht ins Dunkel: Und zwar nehmen wir dasselbe Exemplar, das im Kapitel 14 bereits vorgestellt worden ist; mit den Maßen: L = 24,5 mm B = 15 mm H = 14 mm. Das Verhältnis L/B ergibt 1,63 und liegt somit etwa im Durchschnitt aller Windkanterformen, weshalb er als ihr Repräsentant geeignet ist. Wir halten am konkreten Beispiel fest, weil es authentische Informationen liefert, die man von einem nach Durchschnittswerten konstruierten Modell (idealer Dreiflächenkanter) nicht erhalten kann. (Diese Einsicht kam, als wir es mit bis dahin bekannten Normwerten probiert hatten.) Unser Paradebeispiel wird wieder in drei Ansichten dargestellt: Draufsicht, Querschnitt (Vorderansicht) und Seitenansicht (Abb. 28, 29 und 30 Seiten 172-174). Ebenfalls im Maßstab 5 : 1 (Die Vergrößerung ist eigentlich nur aus rein zeichnerischer Wiedergabe und Übersicht notwendig). Nun aber treten Eigenheiten zutage, die ohne Vergrößern verborgen geblieben wären. Denn augenscheinlich hat dieser Stein drei Flächen, jede ist kreisförmig in Längs- und Querrichtung gekrümmt. An den Abdrucken erkennt man demzufolge sechs verschiedene Radien. Diese (augenscheinliche) Situation in der Vergrößerung darzustellen funktioniert jedoch so nicht. Wie aus den Abbildungen 28 bis 30 hervorgeht, sind es in „Wirklichkeit" zwölf Radien und somit sechs Flächen anstatt drei. Fehler beim Zeichnen kann man ausschließen, denn Urheber sind die kaum wahrnehmbare Asymmetrie und die Verzerrung einer (dreiseitigen) Doppelpyramide. „Dreiseitig" setzen wir deshalb in Klammern, weil es in der wirklichen „Wirklichkeit" eine vierseitige Doppelpyramide ist, die aufgrund der Asymmetrie (Stauchung) sogar acht Flächen aufweist anstatt vier. Das Ganze sieht kompliziert und verwirrend aus - für unsere Belange soll die vereinfachte Darstellung genügen, denn prinzipiell ändert sich nichts an der Erkenntnis.

Beim Zeichnen des Querschnittes (Abb. 29 Seite 173) kommt man für die Darstellung der Grundfläche (Querwölbung) mit einem einzigen (Kreis) Bogen nicht aus, die Höhe würde größer werden als die gemessene; aber mit zwei Bögen gelingt die Konstruktion, und zu unserer Freude gehen die Krümmungen harmonisch ineinander über. Beide Radien (r7 und r8) messen etwa 16 mm, aber da sie von verschiedenen Mittelpunkten ausgehen, entstehen zwei Flächen (A3 und A4), die sich in einer nicht bemerkbaren Kante K0 begegnen. Hervorzuheben ist, dass alle Windkanterformen mit gewölbter Grundfläche diese Eigenschaft haben. Von der geometrischen Konstruktion her gesehen müssten Dreiflächenkanter nunmehr Achtflächenkanter heissen. Wie gesagt: Geometrie offenbart die Natur - genau im Detail. Eine Umbenennung ist nicht notwendig, weil die Grundfläche, wie auch jede Seitenfläche, meistens als eine Fläche wahrgenommen wird.

Die Diskussion zu den Krümmungen könnte man ausdehnen, z. B. auf die Lage der Mittelpunkte in Bezug zum Schwerpunkt etc.. Aber hier würden wir uns wahrscheinlich verirren, denn die Theorie verzerrter Doppelpyramiden ist ein besonderes Thema. Dennoch: Der Gesamteindruck besteht ja darin, dass eine Doppelpyramide offenbar gestaucht worden ist. Dabei wurden die Seitenflächen nach außen gebeult - ähnlich wie ein gerader Stab, der sich verbiegt, wenn man kräftig auf seine Längsachse drückt. Sofern er nicht über den elastischen Bereich hinaus verformt worden ist, nimmt er wieder seine ursprüngliche Form an. Wie stark wurde eine Doppelpyramide aus (Sandstein) verformt, um sich in diesen Dreiflächenkanter zu verwandeln, so dass aus ebenen Flächen dauerhaft gekrümmte entstehen konnten? Eine Antwort darauf, die unseres Erachtens sehr wahrscheinlich ist, können die Länge der Kreisbögen „b" und die Länge der zugehörigen Sehnen „s" geben, indem beide Maße (z. B. b5 und s5) ins Verhältnis gesetzt werden. Diese Möglichkeit drängt sich anhand der o.g. Abbildungen auf. Die Bögen sind in signifikanter Weise länger als die Sehnen, nur auf einer Seite sind beide gleich lang.

Aus den Tabellen in den o.g. Abbildungen geht hervor, dass die Wölbung im Querschnitt am stärksten ist, dort ist der Bogen bei drei Seiten um rund 10 % länger als die Sehne und bei einer Seite sind beide etwa gleich. Die Wölbung in der Draufsicht und Seitenansicht (Wölbung in Längsrichtung): Dort ist der Bogen etwa 4% länger als die Sehne. Mit anderen Worten: Würde man diesen Stein um 7 bis 8% strecken, dann würden seine Seiten die Wölbung verlieren und eben werden.

Die Deformation ist erheblich, wenn man bedenkt, dass bei Gesteinen die elastische Deformation bis etwa 2% geht (Orientierungswert, abhängig von der Gesteinsart). Darüber hinaus setzt die plastische Verformung ein, diese bleibt in Gestalt des Windkanters erhalten. Der harmonische Verlauf, insbesondere der Seitenflächen, fasziniert immer wieder, er findet mit dem skizzierten Gedankengang eine wahrscheinliche Erklärung.

Mit einem Experiment (in einem Höchstdrucklabor), dem alle relevanten (noch zu ermittelnden) Ausgangsdaten zugrunde liegen, könnte unsere Hypothese bestätigt werden: Über die Pyramidenspitzen wird eine Kraft eingeleitet, mit deren Wirkung eine derartige Deformation eintritt.

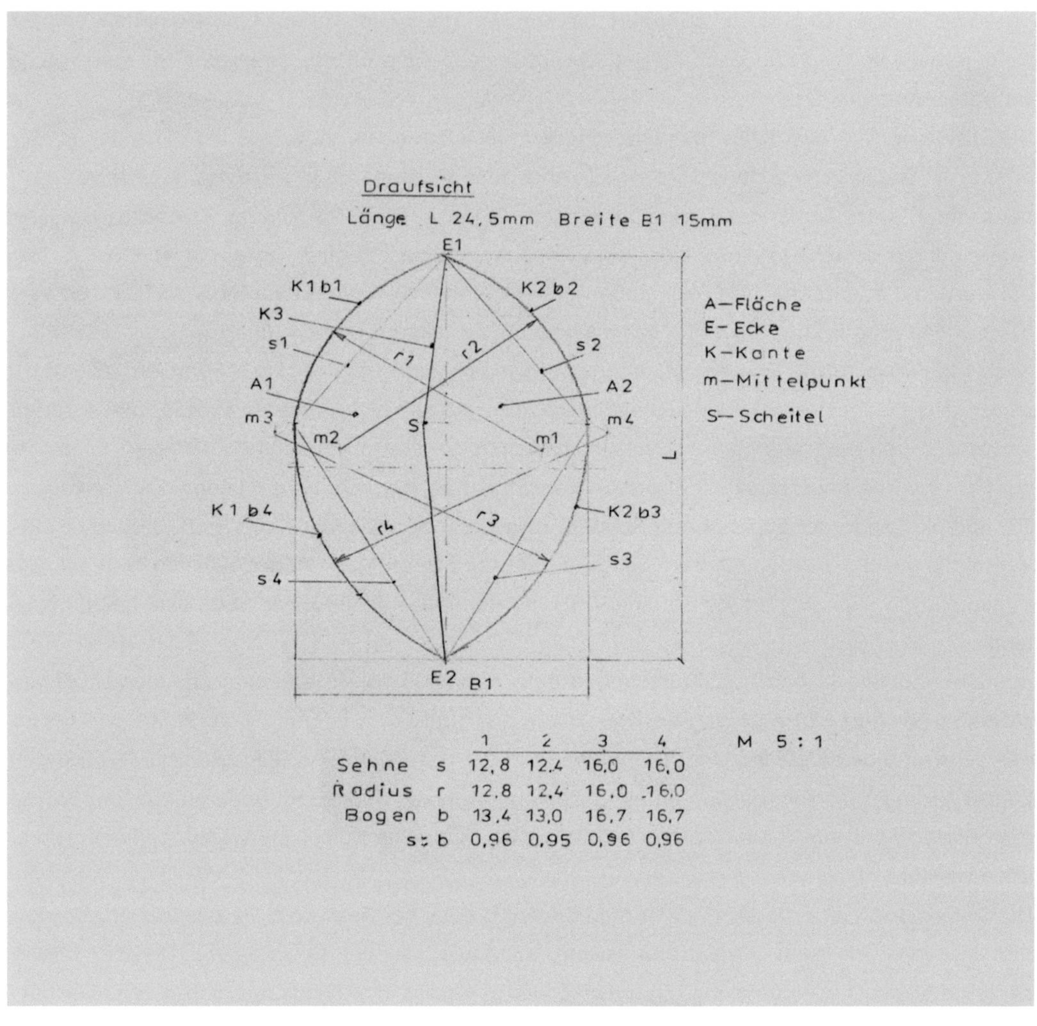

		1	2	3	4
Sehne	s	12,8	12,4	16,0	16,0
Radius	r	12,8	12,4	16,0	16,0
Bogen	b	13,4	13,0	16,7	16,7
s:b		0,96	0,95	0,96	0,96

Abb. 28*: Dreiflächenkanter (normaler Typ L/B 1,63)*
Draufsicht mit Kreisbögen und Sehnen

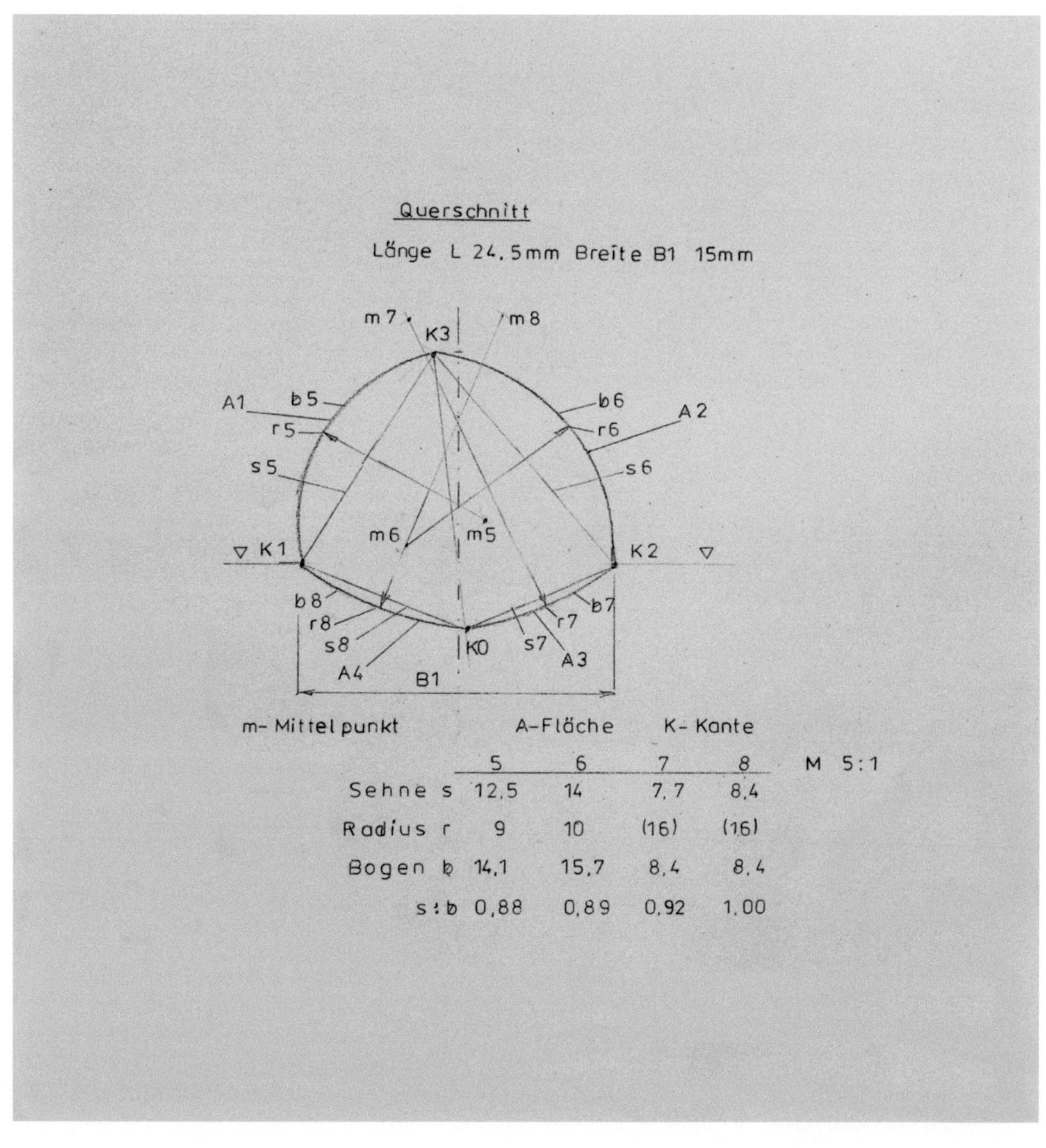

m- Mittelpunkt	A-Fläche		K- Kante	
	5	6	7	8
Sehne s	12,5	14	7,7	8,4
Radius r	9	10	(16)	(16)
Bogen b	14,1	15,7	8,4	8,4
s:b	0,88	0,89	0,92	1,00

Abb. 29: *Dreiflächenkanter (normaler Typ L/B 1,63) Querschnitt mit Kreisbögen und Sehnen*

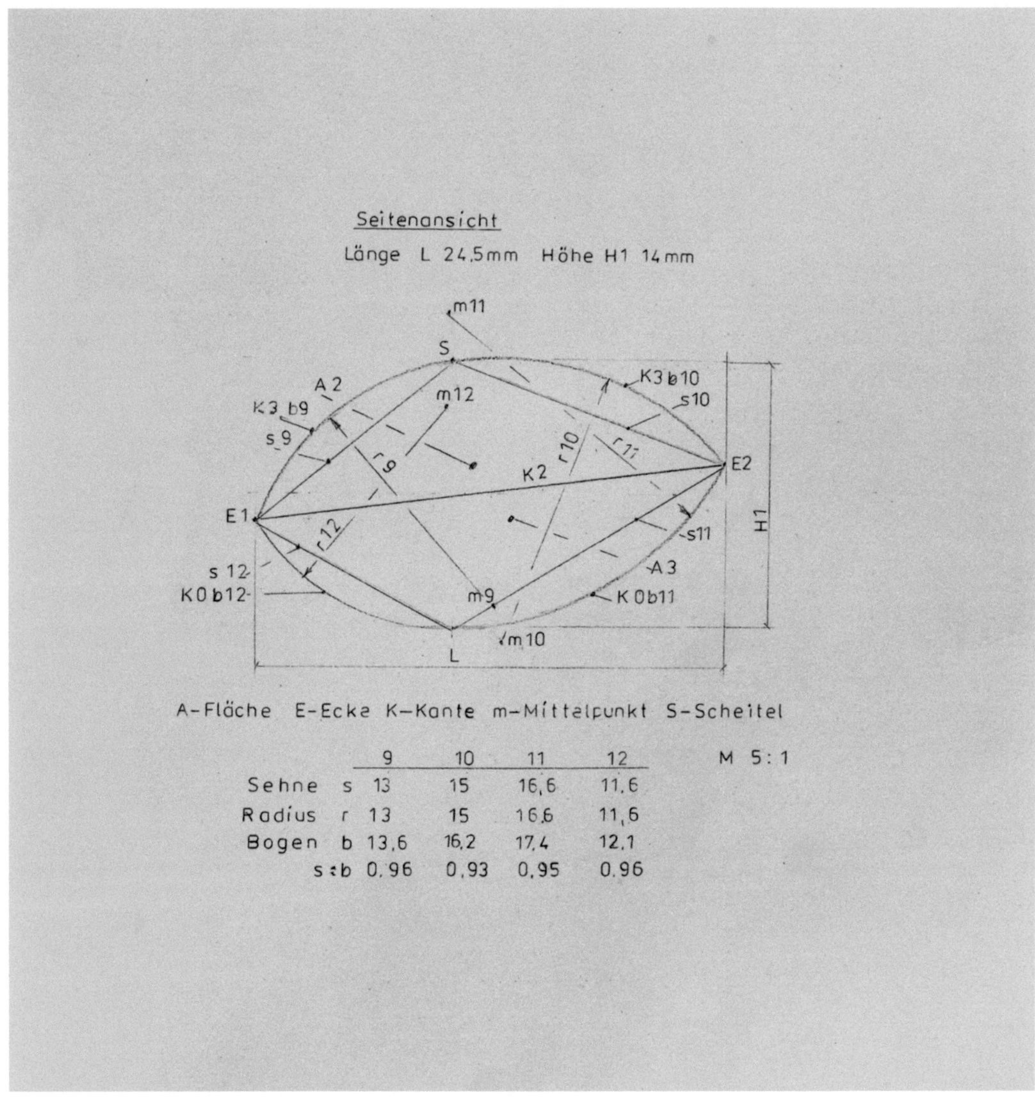

		9	10	11	12
Sehne	s	13	15	16,6	11,6
Radius	r	13	15	16,6	11,6
Bogen	b	13,6	16,2	17,4	12,1
s:b		0,96	0,93	0,95	0,96

Abb. 30: *Dreiflächenkanter (normaler Typ L/B 1,63) Seitenansicht mit Kreisbögen und Sehnen*

174

18) Die Winkelverhältnisse: Flächen - Kanten - Schieflage

Die Form eines Körpers wird durch seine Flächen und die Winkel, in denen sie zueinander stehen, bestimmt. Daraus ergeben sich die Flächenwinkel. Bei Windkantern kommt noch die Abweichung des Scheitels vom Lot (Schieflage) hinzu. Die Kenntnis von den Winkelverhältnissen ist unerlässlich, sonst wären räumliche Orientierung sowie Rekonstruktion unmöglich. In der einschlägigen Literatur findet man äußerst wenig; es werden lediglich Kantenwinkel erwähnt. Die Winkel, die von den namensgebenden Kanten (Beispiel Dreikanter) gebildet werden, gehen aus der Draufsicht, Seitenansicht und Vorderansicht hervor, während Flächenwinkel in den Schnitten erscheinen. Die bereits gefertigten Abdrucke sind auch hier wieder ein gutes Mittel, die Situation darzustellen.

Wir untersuchen Dreiflächenkanter und Dreikanter. (Ein- und Zweikanter würden zu keinen anderen Erkenntnissen führen.) Wir wollen wissen, wie groß die Winkel sind, wo sie sich wiederholen, ob eine Abhängigkeit von der Steingröße besteht und welche Bedeutung ihnen beigemessen werden kann.

Als Bezugsebene gilt die Waagerechte (Tischplatte). Die stabile Lage aller Windkantertypen ist die liegende, d.h., auf der breitesten Seite (Fläche). So präsentieren sie sich in der Draufsicht, in der Seiten- und Vorderansicht sowie in den entsprechenden Schnitten. Die Punkte, in denen der Stein den ihn umgebenden rechtwinkligen Rahmen in der Schnittdarstellung berührt, sollen die Scheitel der Winkel bilden, die Schenkel reichen bis auf den jeweils benachbarten Berührungspunkt. In den Ansichten werden zudem die durch Kanten verursachte Teilung der Eckenwinkel berücksichtigt. Bei Dreikantern ist der Hochpunkt gleichzeitig Scheitel der drei Kantenwinkel (bekannt aus der Draufsicht).

Die abgelesenen Werte sind bis auf etwa zwei Grad genau; da die Winkelsumme des Vierecks (360°) bzw. des Kreises (360°) aufgehen muss, werden sie entsprechend plus/minus „korrigiert".

Es könnten noch weitere Winkel interessant sein, z. B. solche mit dem Scheitel im Schwerpunkt oder in den Mittelpunkten der Kreisbögen, aber das wäre sehr aufwendig (da der Schwerpunkt erst ermittelt werden müsste) und würde sicherlich auch verwirren sowie unnötig weit greifen.

Dreiflächenkanter betreffend nehmen wir wieder das „Goldene" Exemplar (Kapitel 17) zur Hand; der Kiesel ist 24,5 mm lang, 15 mm breit und 14 mm hoch, L/B = 1,63. Bei Dreikantern haben wir einen besonders schönen herausgegriffen: Der Stein ist 124 mm lang, 120 mm breit und (nur) 67 mm hoch.

Wie Flächenwinkel die Form beeinflussen, geht am besten aus dem Vergleich der Querschnitte von Dreiflächenkantern hervor (Abb. 36 Seite 187).

Die Abbildungen 31 bis 36 sagen mehr als viele Worte; die wichtigsten Erkenntnisse fassen wir wie folgt zusammen:

Die Kanten halbieren etwa die Eckenwinkel.

Auf diese Tatsache wird in der einschlägigen Literatur hingewiesen. Uns wäre sie, ehrlich gesagt, nicht als Erstes aufgefallen, aber dem weithin bekannten Schweizer Geologen Albert Heim (1849 – 1937). Er war Mitbegründer der Kontraktionstheorie, die besagt, dass Faltengebirge (Alpen) infolge der Abkühlung der Erdkruste entstanden sind (als wenn man ein Tischtuch zusammenschiebt). Dieses Modell wurde uns noch Anfang der 1960 er Jahre in Erdkunde gelehrt, jedoch in jenen Jahren von der Theorie der Plattentektonik abgelöst. Der berühmte Forscher hatte sich auch über das Kantengeschiebe aus dem Norddeutschen Diluvium (veraltete Bezeichnung für Pleistozän, Eiszeitalter) geäußert (10 s). Der Sekundärliteratur (17 und 30), die sich auf Heim stützt, entnehmen wir, dass nach seiner Grundrisstheorie pyramidale Kanten entstehen, wenn das Gesteinsstück im Grundriss bereits die Gestalt eines Drei- oder Vierecks hat, d.h., in derartiger Form schon vorgeprägt worden ist. Wir schließen uns dem gern an, insbesondere wegen seiner Bemerkung, dass die Kanten die Eckenwinkel etwa halbieren. Diese Eigenschaft ist nämlich im Grundriss (Draufsicht) zu erkennen (Abb. 31 und 33). Albert Heim war ein hervorragender Wissenschaftler (Alpenforscher), der auch die Leistungen eines Außenseiters anerkannte: Heim hatte sich nämlich über die Entstehung der sogenannten Glarner Doppelfalte geirrt, woraufhin er die Deckentheorie des französischen Geologen Bertrand als Erklärung für die Glarner Überschiebung anerkannte. „Im Falle der Geologie der Glarner Alpen bewies Albert Heim seine ungewöhnliche persönliche Größe, indem er der Umdeutung durch den Außenseiter Bertrand zustimmte und die Glarner Decke als den Geländebefunden entsprechend in sein eigenes Denken übernahm. Diese Bereitschaft zur Korrektur eigener Vorstellungen und Anerkennung fremder Argumente, selbst wenn sie von Außenseitern stammen, ehrt die echte Forscherpersönlichkeit mehr als das Rechthabenwolen und Festhalten an überkommenen Gedankengängen." (Hans Georg Wunderlich „Das neue Bild der Erde" [36 Seite 58])

Um den Scheitelpunkt der Dreikanter bilden die namensgebenden Kanten ein besonderes Winkelverhältnis. (Abbildung 31)

In der Draufsicht bilden die drei (namensgebenden) Kanten Winkel von 110°; 120° und 130°; das hatte bereits Walter Schwenecke entdeckt und publiziert (30 Seite 18). Es sind von ihm gerundete Werte. Aus dreißig Exemplaren, die wir nachgemessen haben, ergeben sich jedoch Durchschnittswerte von: 108°; 115° und 137°; da sieht die Welt plötzlich ganz anders aus, denn solche Winkel sind von besonderer Bedeutung, darauf kommen wir noch im letzten Abschnitt dieses Kapitels zurück.

Der 108°-Winkel liegt ausnahmslos gegenüber der Herzspitze und ist daher leicht zu erkennen, während die anderen beiden Winkel ihre Plätze tauschen können, wodurch die größte von den drei Flächen entweder auf der linken oder auf der rechten Seite zu liegen kommt. Das bedeutet, unter Dreikantern gibt es zwei „Ausführungen": eine linke und eine rechte; anders betrachtet: Ober- und Unterseite stehen zueinander wie Bild und Spiegelbild. In unserer Sammlung halten sich beide Varianten etwa die Waage, keine wird bevorzugt. Ob das allgemein gelten kann - und um auch der Ursache näher zu kommen - müsste die Gesteinsart in die Untersuchungen mit einfließen sowie das Messverfahren verbessert werden.

Bei Dreikantern schneiden sich die beiden „ Bruchflächen" im Winkel von ca. 70° (Abb. 32).

Wir nennen die kleinsten Flächen Bruchflächen, weil vom ehemaligen Zweikanter rund ein Viertel der Länge fehlt, also Teile abgetrennt worden sein müssen, wodurch er zu einem Dreikanter wurde. Die Stücke sind in signifikanter Weise schräg abgebrochen. Die Bruchflächen liegen (immer) gegenüber der Herzspitze. Man findet mitunter auch Stücke, wo ein Teil senkrecht abgebrochen ist, daher haben diese nur eine Bruchfläche. Das sind zwar von der Kantenzahl her auch Dreikanter, aber keine „echten" (Kapitel 20). Bei den „echten" verläuft der Bruch zum einen von der Mitte nach oben in Richtung Scheitel und zum anderen analog von der Mitte nach unten. Ob es sich wirklich um einen Bruch handelt, das mag dahingestellt sein, aber in jedem Fall schneiden sich diese beiden Flächen in einem charakteristischen Winkel, im Durchschnitt beträgt er etwa 70° (der Goldene Winkel hat 72°!). Die Kante K0 kann man fühlen, in der Abbildung hingegen ist sie „nur" geometrisch vorhanden.

Warum die Winkelverhältnisse, wie man sie vorfindet, sich so ergeben müssen, können sicherlich Leser herausfinden, die in Geometrie bewandert sind; denn uns bereitet die Bearbeitung einer deformierten Doppelpyramide, durch die außerdem Schnitte verlaufen, erhebliche Schwierigkeiten.

Die Größe aller Winkel ist von der Länge der Steine unabhängig.

Winkel und Länge korrelieren nicht. Logisch. Denn es besteht laut Kapitel 8 eine Ähnlichkeit der Form in jedem Maßstab. Trotzdem messen wir, um sicher zu gehen, bei allen Typen die Winkel. Dazu verwenden wir dieselben Gruppen wie zum Thema Korrelation (Kapitel 6), wo sie beschrieben sind: Und zwar in der Vorderansicht (Querschnitt) und der Seitenansicht sowie einige ergänzend in der Draufsicht. Die in den Darstellungen sichtbar gewordenen Flächen haben bei allen Typen die Figur einer deformierten Raute, daher sind es acht Winkel (a bis h), die betrachtet werden. Um einfacher vergleichen zu können, wird in jeder Gruppe vom namentlichen Winkel der Mittelwert gebildet. Da sehen wir: Die Mittelwerte sind unabhängig von der Länge. Sie schwanken nur gering - das trifft für „a" genauso zu wie für alle anderen bis „h".

Somit wird auch von dieser Seite her bestätigt, dass sich die Windkanter eines Typs ähnlich sind, denn die Winkel, in denen die Flächen zueinander stehen, bestimmen die Form eines Körpers: Gleiche Winkel in derselben Anordnung - heißt gleiche Form. Für Individualität ist dennoch erfreulich gut gesorgt - das zeigt die Abbildung 36 mit dem Querschnitt von einem schlanken, einem nach dem Goldenen Schnitt wohlproportionierten und einem mehr gedrungen aussehenden Dreiflächenkanter.

Der Goldene Winkel (72°) tritt in den Schnitten eines jeden Typs zutage.

Durch die Größe und Anordnung der Winkel steht die Raute, wenn auch unterschiedlich stark verzerrt, fest; aber der Goldene Winkel taucht in allen Schnitten auf. Eine geringfügige Änderung des Asymmetrie–Index oder des Winkels der Schrägstellung bzw. beider Führungsgrößen, die man für die Rekonstruktion benötigt, muss schon eine erhebliche Veränderung aller Winkel nach sich ziehen. Umso erstaunlicher ist, dass die Abweichungen vom Goldenen Winkel lediglich plus/minus 4° betragen. Zur Situation in den Schnitten:

<u>Im horizontalen Längsschnitt (Draufsicht):</u>
Hier ist der Goldene Winkel kein Wunder - des Rätsels Lösung liegt nämlich im Zusammentreffen des Goldenen Rechtecks (L/B = 1,618) mit dem Asymmetrie-Index von 0,6 und mit der

Schiefstellung von etwa 7°; darauf mussten wir erst einmal kommen, wenn man es weiß, ist das ganz einfach. Zur Erkenntnis beigetragen hat wiederum der aus den anderen Kapiteln bekannte „normgerechte" Dreiflächenkanter (24,5 mm lang, 15 mm breit und 14 mm hoch) als Stellvertreter für Dreiflächenkanter, dargestellt in der Abbildung 33. Der in Rede stehende Winkel nimmt hier 75° an, weicht also lediglich um 3° (4%) vom Idealmaß des Goldenen Winkels ab. Wegen der bereits nachgewiesenen Verwandtschaft mit Ein- und Zweikantern trifft die Aussage auch auf diese beiden Typen zu.

Beim Dreikanterbeispiel (124 mm lang, 120 mm breit und nur 67 mm hoch) ist in Abbildung 31 der signifikante Winkel so nicht zu erkennen, aber in dem abgebrochenen Teil, das mit korrelierter Länge dargestellt wird, ist er mit 85° vorhanden, würde aber bei nur geringfügiger Verlängerung des Steines 72° annehmen. Die Ursache für die Differenz liegt sehr wahrscheinlich im ungenauen Korrelationsfaktor begründet. Mit Dreikantern hat es noch eine andere Bewandtnis, worauf wir gleich zu sprechen kommen.

<u>Im vertikalen Längsschnitt (Seitenansicht):</u>

Hier gilt für Dreiflächen-, Ein- und Zweikanter das gleiche wie im horizontalen Längsschnitt beschrieben. (siehe o.g. Paradebeispiel für Dreiflächenkanter Abb. 34) Horizontaler und vertikaler Längsschnitt unterscheiden sich kaum, da Breiten- und Höhenmaß fast gleich sind.

Aber nun zum o.g. Dreikanter, der fast doppelt so breit wie hoch ist: Zu erwarten wäre, dass er nicht mitspielt, dennoch finden wir im vertikalen Längsschnitt (Abb. 32) einen 72°-Winkel. In diesem Winkel schneiden sich die beiden Flächen, die wir als Bruchflächen bezeichnen. Auch bei anderen „echten" Dreikantern nimmt der Bruchwinkel diese Größenordnung an, im Durchschnitt hat er 74°.

<u>Im Querschnitt (Vorderansicht)</u>

Der Querschnitt unseres **Dreiflächenkanters** (24,5 mm lang, 15 mm breit, 14 mm hoch) ist in Abbildung 35 dargestellt. Der Winkel „a", der von den Seitenflächen A1 und A2 gebildet wird, beträgt ca. 70°.

Der Querschnitt verläuft dort, wo die Asymmetrie am größten, der Stein also am breitesten ist. Am Querschnitt kann man gut erkennen, wie die körperliche Figur durch die Winkelmaße verändert wird. Das zeigen drei Beispiele (gedrungen, „normal" und schlank) vom Typ Dreiflächenkanter (Abb. 36). Das Verhältnis Breite zur Höhe bewegt sich zwischen 1,14 und 1,22. Es fällt auf, dass der Winkel „a", durch dessen Scheitel außerdem die deutlichste Kante (Schnittlinie der Flächen A1/A2) verläuft, bei allen drei Figuren etwa gleich ist; er hat zudem annähernd das Maß des Goldenen Winkels, die Abweichungen betragen maximal 2 Grad. Die anderen drei Winkel ändern sich hingegen bis zu 10 Grad. Die Winkel „c" und „d" können ihre Plätze tauschen - die gleiche Situation wie bei Dreikantern in Links- und Rechtsausführung. Der Winkel „a" ist mit rund 70° bei den meisten Dreiflächenkantern vorhanden, selbst bei solchen mit ebener Grundfläche.

Nun zu den **Ein- und Zweikantern**: Wegen der Ähnlichkeit mit Dreiflächenkantern ist das Auftreten eines 70 Grad-Winkels im Längenbereich bis etwa 50 Millimeter noch selbstverständlich, darüber hinaus besteht eine Tendenz in Richtung 65°; allerdings stehen verlässliche Messungen großer Steine und Blöcke aus, da sie für Abdrucke des Querschnittes zu groß und überhaupt zu unhandlich sind.

Dreikanter schließen sich im Wesentlichen dem zu Dreiflächenkantern Gesagtem an, aber ausgerechnet unser Referenzstein schert da aus. Er hat im Querschnitt keinen 70°-Winkel, statt dessen sind zwei mit rund 60° vorhanden (Abb. 31). Das Verhältnis Breite zur Höhe ergibt in diesem Fall 1,79; während es bei seinen Artgenossen (Probe 20 Stück) im Durchschnitt 1,54 beträgt; das wäre eine Erklärung. Der Durchschnittswert des besagten Winkels ergibt 69°, er wird von den Flächen A1 und A4 gebildet. Würde man den Querschnitt um 90° im Uhrzeigersinn drehen, dann wird eine Ähnlichkeit mit dem von Dreiflächenkantern und (Zweikantern) deutlich. Immerhin befinden sich vier Steine unter den Dreikantern, deren Breite/Höhe-Verhältnis größer als 1,7 ist und somit als flach bezeichnet werden können. Der Ursache für derartige Ausreißer gehen wir im Kapitel 20 (Bruchstücke) nach.

Abweichung des Scheitels (Verzerrung) um etwa 7°

Legt man die Steine mit ihrer Breitseite auf eine feste Ebene, dann entspricht das ihrer Gleichgewichtslage. Das Typische an dieser „Normallage" ist, dass der Scheitelpunkt in gleicher Weise bei fast allen Windkantern von der Mitte abweicht, in der Vorderansicht (Querschnitt) sind es durchschnittlich 7° (Abb. 35 und 36, Foto 46 und 47). Selbst bei Dreiflächenkantern mit ebener Grundfläche ist das der Fall, wo man doch eine mittige Stellung erwarten dürfte. Woher gerade dieses Winkelmaß rührt ist derzeit noch eine offene Frage. Es besteht sicherlich ein Zusammenhang mit der Lage des Massenschwerpunktes. Für die Rekonstruktion ist dieser Winkel eine Voraussetzung.

Vermutlich haben tektonische Kräfte die Primärstruktur einer Doppelpyramide plastisch verzerrt, worauf eben diese Schiefstellung zurückzuführen ist. Das Winkelmaß könnte über die Richtung der Kraftkomponenten Auskunft geben.

180

Die charakteristischen Winkel im Überblick und ihre Beziehungen und Vorkommen bei anderen Stoffen

An erster Stelle steht natürlich der Goldene Winkel mit **72°** (Kapitel 7) - der Komplementärwinkel zu 180° beträgt **108°**; eigentlich hat der Goldene Winkel 222,5°; er entsteht, indem ein Vollkreis 360° durch das Goldene Verhältnis 1,618 dividiert wird - der Komplementärwinkel zu 360° misst rund **137°**.

Ebenfalls unter der Flagge des Goldenen Winkels segelt der Winkel „a" mit etwa **70°**; er kreuzt verdächtig oft auf. Beim regelmäßigen Tetraeder hat der sogenannte Diederwinkel 70,53°; es ist der Winkel zwischen zwei Begrenzungsflächen.

Der Winkel **108°** steht dem Goldenen Winkel an Häufigkeit nicht nach, wenn wir eine Toleranz von +/- 2° einräumen, denn 106° und 110° werden oft gemessen. Der Tetraederwinkel hat 109,5° !

Den dritten Platz belegt der Winkel **120°**, Toleranz etwa 4°.

Ins Auge fallen auch die spitzen Winkel **30°; 55°** und **60°** sowie der stumpfe Winkel **137°**, ebenfalls mit den o.g. Toleranzen. Beim regelmäßigen Tetraeder bildet jede Kante mit der gegenüberliegenden Fläche einen Winkel von 54,74°!

Durch die charakteristischen Winkeln wird deutlich, dass Windkanter nicht x–beliebige Gestalten sind, sondern geometrischen Körpern sehr nahe kommen, konkreter ausgedrückt: Doppelpyramiden. Somit lässt sich ein Bogen zur Kristallmorphologie spannen. - Die Kristallklassen sind durch charakteristische Winkel bestimmt. Oder wir werfen einen Blick zur Strukturchemie - den Bindungswinkeln zwischen einem Atom und seinen beiden Nachbaratomen innerhalb eines Moleküls. Der Tetraederwinkel 109,5° ist dort gang und gäbe, Beispiel: Methan 109,5°; Ammoniak 107° und Wasser 104,45° (beide rechnerisch 109,5°).

Windkanter sind mit Sicherheit keine Zufallserscheinungen, denn die formbestimmenden Winkel sind gesetzmäßig angeordnet, und wir vermuten ganz stark, dass diese Winkelverhältnisse auch im Gefüge der Gesteine nachgewiesen werden können.

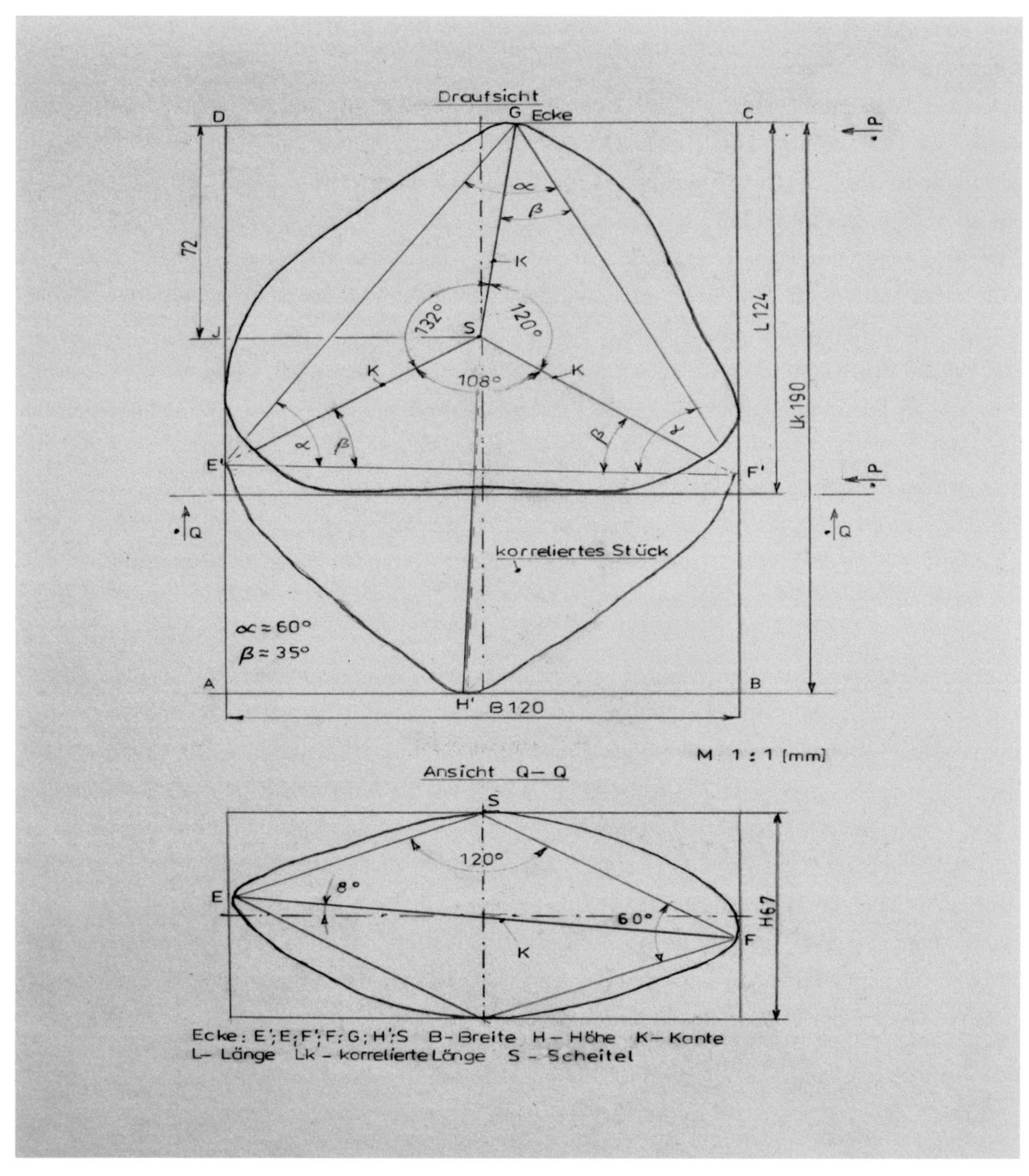

Abb.31: *Dreikanter Winkelverhältnisse in der Draufsicht und im Querschnitt*

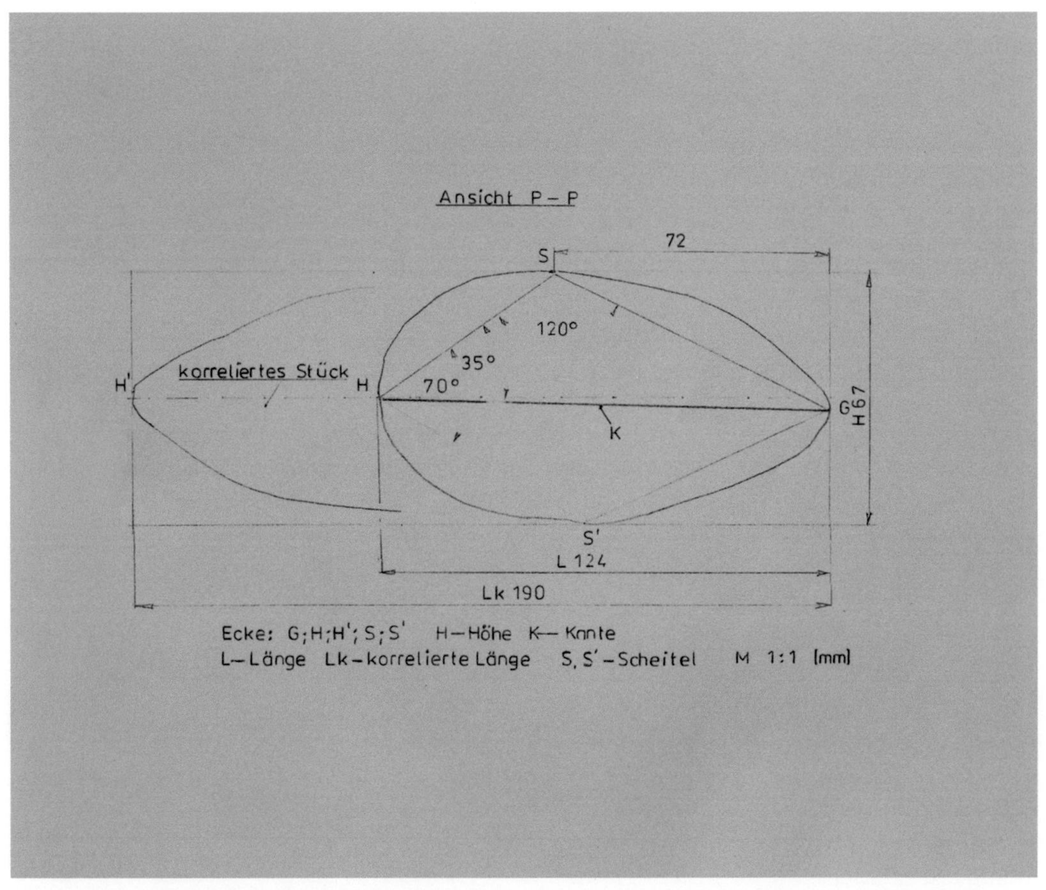

Abb. 32: *Dreikanter Winkelverhältnisse im vertikalen Längsschnitt*

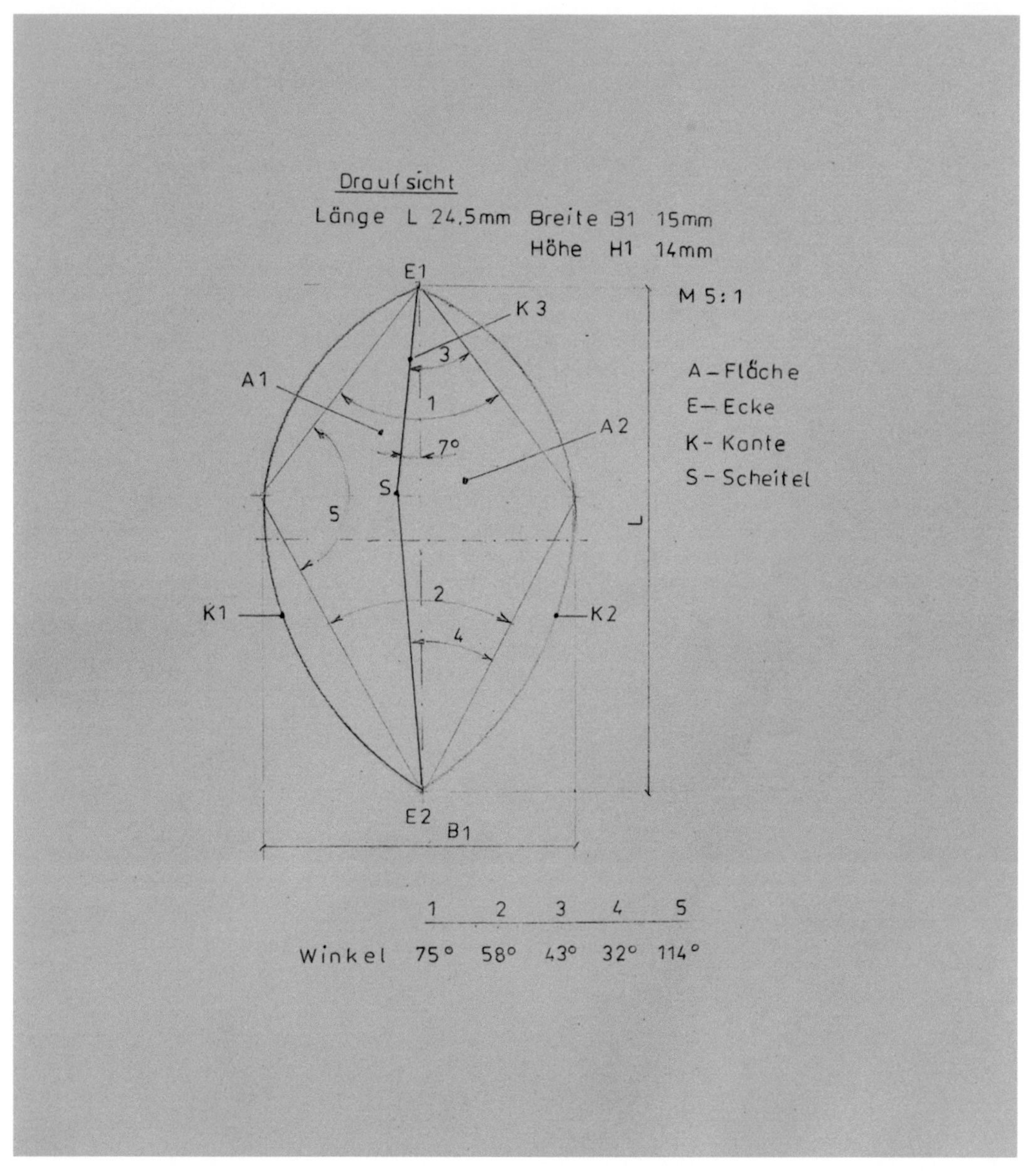

Abb. 33: *Dreiflächenkanter (normaler Typ L/B 1,63) Winkelverhältnisse der Draufsicht*

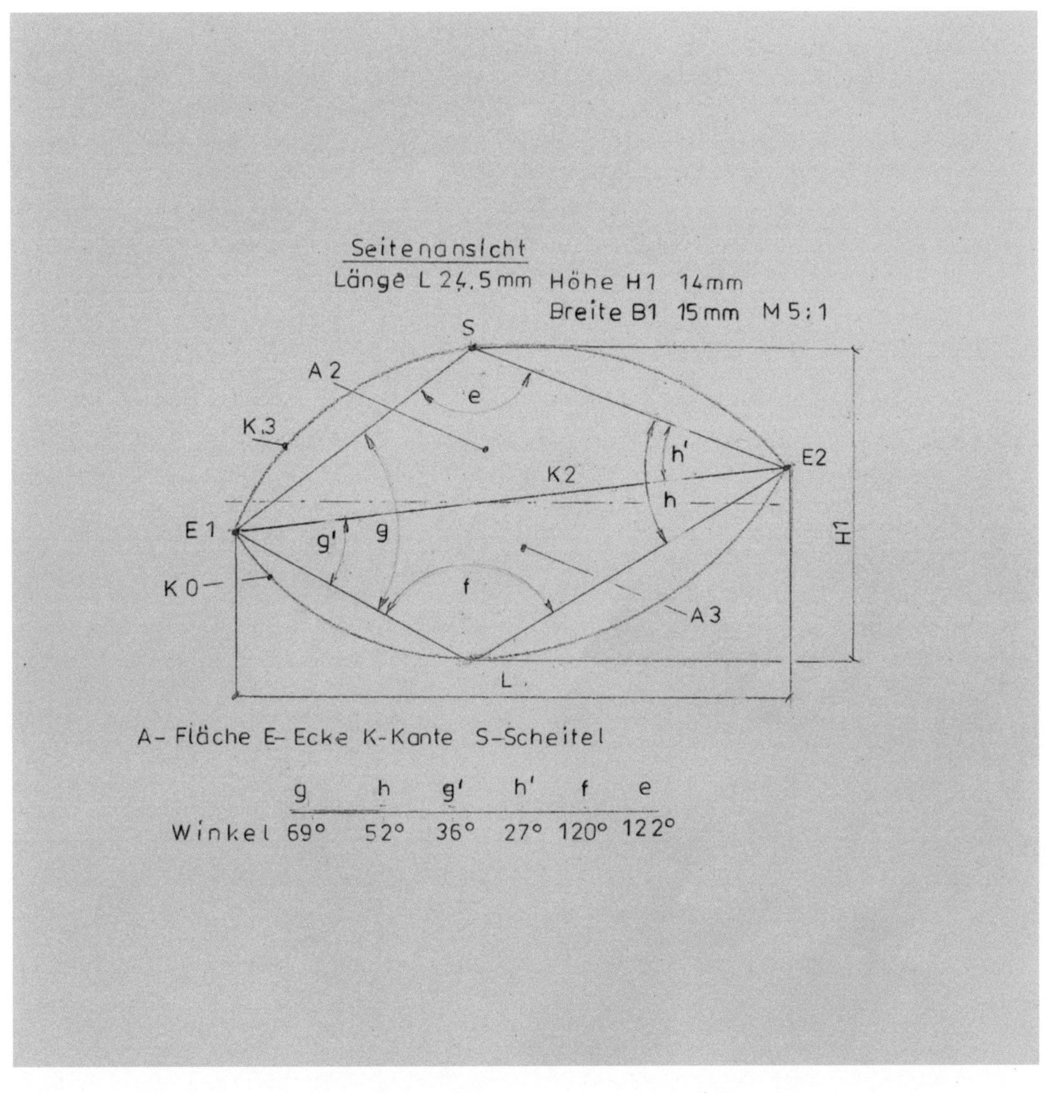

	g	h	g'	h'	f	e
Winkel	69°	52°	36°	27°	120°	122°

Abb. 34: Dreiflächenkanter (normaler Typ L/B 1,63) Winkelverhältnisse in der Seitenansicht

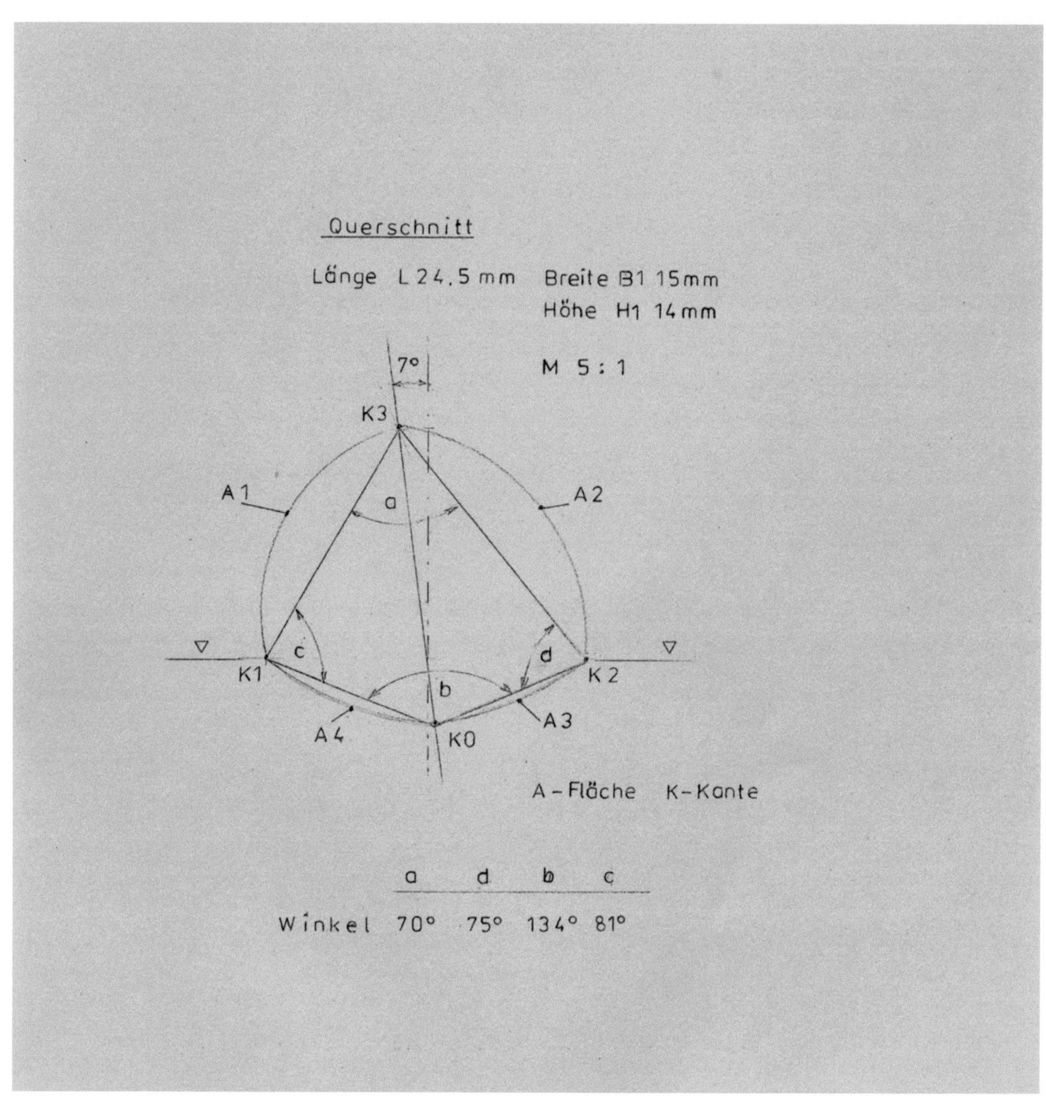

Abb. 35: *Dreiflächenkanter (normaler Typ L/B 1,63) Winkelverhältnisse im Querschnitt*

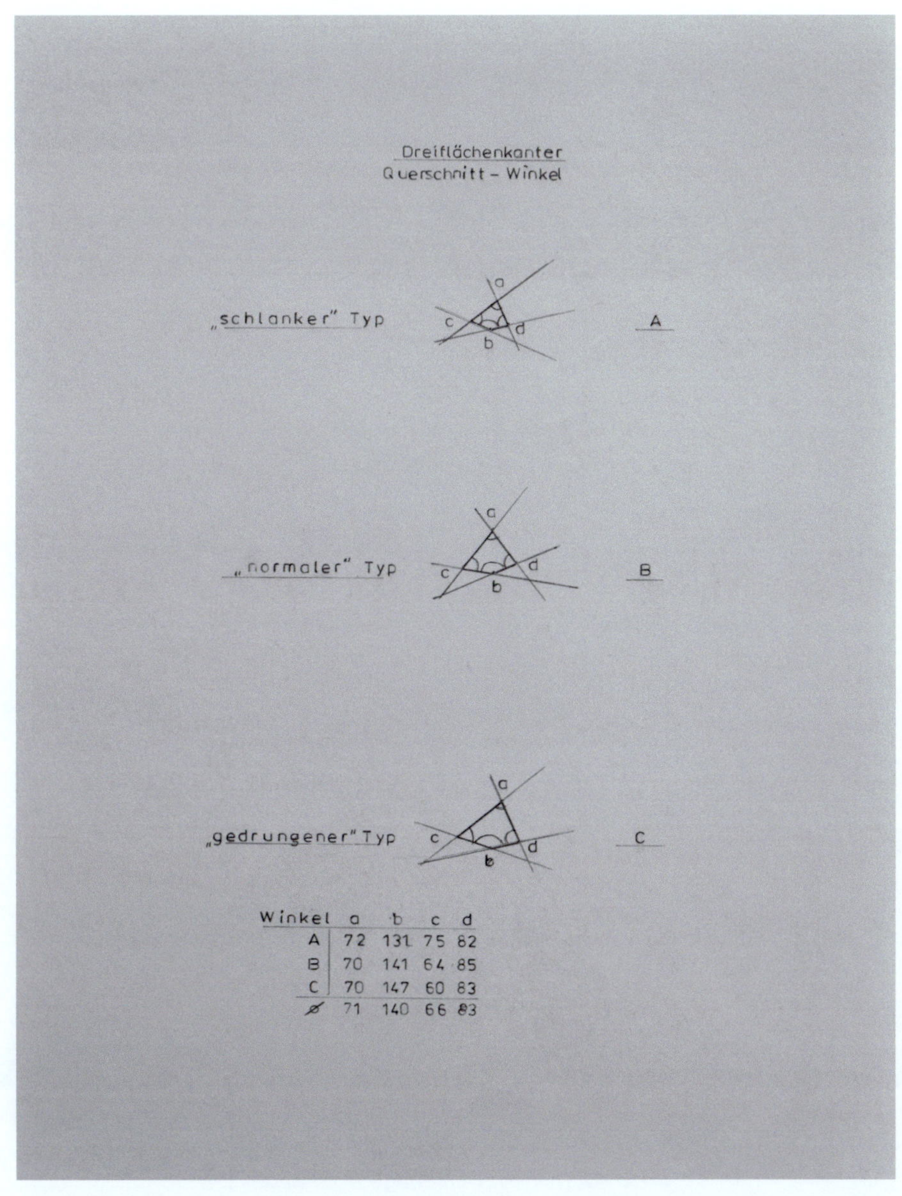

Abb. 36: Dreiflächenkanter Winkelverhältnisse im Querschnitt – vom Typ abhängig

187

Foto 46 (oben): Schieflage Dreiflächenkanter
Foto 47 (Mitte): Schieflage Dreikanter
Foto 48 (unten): Kantenwinkel (Dreikanter)

188

19) Rautenförmiger (rhombischer) Querschnitt allenthalben

Der rautenförmige Querschnitt ist in Verbindung mit dem Goldenen Schnitt und der Schieflage (ca.7°) ein Prinzip im Konstruktionsplan der Windkanter. Kommt der Raute ein überragender Rang zu wie etwa dem Goldenen Schnitt? Der Frage gehen wir nach. Sie ist, was uns sehr erstaunt, in der Welt der Gesteine, Mineralien und Kristalle überhaupt keine Unbekannte. - Rauten (Rhomben) kommen dort allenthalben vor:

Auch bei anderen Gesteinsarten

Wir sind im Oberpfälzer Wald und seiner Umgebung inzwischen vielen Steinen begegnet, bei denen, obwohl sie anders aussehen als Windkanter, die Raute förmlich ins Auge springt. Sie gehören offensichtlich zu anderen Gesteinsarten, die ggf. noch von Fachleuten bestimmt werden müssten. Die Formstudie wäre auch bei solchen Gesteinen ein lohnendes Thema, da sich analog Windkanter auf die Entstehung schließen lässt. Daran mögen sich aber andere Liebhaber üben. An einigen Steinen konnten wir einfach nicht vorbeigehen und haben prägnante Stücke gesammelt, um sie näher zu betrachten. Der erste Eindruck: Es sind eindeutig Bruchstücke aufgrund von Scherung; eine Fläche ist rhombisch; oft steht ihr eine zweite, ebenfalls rhombische, fast parallel gegenüber. Diese Flächen entsprechen Querschnitten, da sie senkrecht zur Längsachse verlaufen. Sie sind ausnahmslos eben wie ein Tisch und relativ glatt, die anderen Flächen fallen hingegen (je nach Gesteinsart) sehr unterschiedlich aus. Die Raute tendiert zum Drachenviereck. Die Symmetrieachse der Fundstücke wird im Verhältnis von etwa 0,6 geteilt. Der Asymmetrie-Index liegt ebenfalls bei 0,6; er stimmt bemerkenswert gut mit dem der Windkanter überein. Das Länge/Breite–Verhältnis beträgt etwa 1,6 (Goldener Schnitt); aber für eine verlässliche Einschätzung bedarf es einer größeren Stichprobe. Und nun kommt noch Selbstähnlichkeit/ Skaleninvarianz hinzu - demonstriert an einem besonders guten Beispiel: Zwei Exemplare, von denen das eine rund 6 mal größer ist, kann man ohne Maßstab nicht unterscheiden. Bemerkenswert ist in diesem Fall außerdem, dass die jeweils kleinere Rautenfläche bei beiden Stücken mit Eisenerz (?) beschichtet ist. Merkwürdig. Mehr als viele Worte sagen die Fotos 28 – 30, Seite 117, und 49 – 52, Seite 193/194.

Auch bei einigen Mineralien sowie Kristallen

Wir (suchen) in der erdkundlichen Literatur nach „Stichworten", in denen „Rhombus" enthalten ist. Es ist verblüffend, was Laien, wie wir es sind, dabei lernen und schließlich in dipyramidalen Kristallstrukturen „landen" (Unterstreichungen von uns).

Rhombenporphyr:

Lexikon der Geowissenschaften (19):

„**Rhombenporphyr** ein Gestein mit trachytischer Zusammensetzung (Trachyt), das durch das Auftreten von ternären Feldspäten mit <u>rhombenförmigen Querschnitten</u> charakterisiert ist. Hauptverbreitungsgebiet ist die Region um Oslo (Norwegen).“

Die Fachbezeichnungen sind uns unbekannt, das heißt, weiter nachschlagen; im selben Lexikon steht:

„**porphyrisch** Gefügebegriff für magmatische Gesteine, in denen große, oft idiomorphe Minerale in einer feinkörnigen oder glasigen Grundmasse liegen.“

'Idiomorph' bedeutet <u>durch Kristallflächen begrenzt.</u>

Feldspäte gehören zu den Silicatmineralen mit <u>geordneten kristallinen Strukturen.</u>

„**Silicate** (...) haben ein <u>gemeinsames Strukturprinzip</u>, nach dem eine relativ einfache Gliederung durchgeführt werden kann. Eine weitere charakteristische Eigenschaft besteht darin, dass der Sauerstoff des Silicatkomplexes gleichzeitig zwei verschiedenen $(SiO4)$–Tetraedern angehören kann.“ (...) „Silicate bilden zusammen mit den <u>$SiO2$-Mineralen</u> mehr als 90% der Erdkruste.“ Sauerstoff und Silicium sind „insgesamt mit fast 2/3 am <u>Aufbau der Erdkruste</u> und auch<u> der meisten</u> <u>festen Himmelskörper</u> beteiligt.“ (...) „Man kann daher die feste Erdkruste, die fast ausschließlich aus gesteinsbildenden silicatischen Mineralen besteht, auch als eine <u>dichte Packung</u> aus Sauerstoffionen betrachten, in der, spärlich verteilt, die übrigen Elemente sitzen.“

(...) „Treten zwei $(SiO4)4$–Tetraeder zusammen, dann entstehen $(Si2O7)6$-<u>Doppeltetraeder.</u>)“

(...) „Durch <u>allseitige Verknüpfung der SiO4–Tetraeder ergibt sich schließlich ein dreidimensionaler Gerüstbau</u>, wie er auch bei den $SiO2$–Modifikationen vorliegt.“

„**Siliciumdioxyd** $SiO2$, kommt in der Natur in verschiedenen Modifikationen vor. Dabei existiert eine enantiotrope Umwandlungsreihe (wechselseitiger Übergang von verschiedenen Modifikationen). ...Hochquarz „bei 870°C in Tridymit <u>(rhombisch–dipyramidal)</u>.“

Rolf Reinicke „Steine in Norddeutschland Zeugen der Eiszeit“ (28 Seite 33):

Porphyr ist insbesondere wegen seiner Einsprenglinge aus <u>rhombischen Feldspäten</u>, mitunter auch von Quarz, ein dekoratives Ergußgestein.

„Die farbigen Naturführer G e s t e i n e“ (22 Seite 74 und 112):

Larvikit „(...) Die erkennbaren spitzrhombischen Querschnitte der Feldspäte sind typisch. Die Erguß- und Gangform dieses Gesteins wird als **Rhombenporphyr** bezeichnet." Die Einsprenglinge aus Feldspat sind 5 mm bis zu mehrere Zentimeter groß. „Im Querschnitt besitzen diese Kristalle eine typische Rhomben- oder Dreiecksform, die dem Gestein seinen Namen verleiht."

Enzyklopädie der Minerale und Edelsteine (5 Seite 289):
Am Beispiel der Gesteinsart Rhombenporphyr alias Porphyr führt die rhombenförmige Querschnittsfläche zu häufig vorkommenden dipyramidalen Mineralformen. Zur Bestimmung der Mineralien gehört die Kenntnis von der jeweiligen Kristallform; im Tetragonalen Kristallsystem haben die Kristalle Pyramidenform, im Orthorhombischen Kristallsystem sind die Kristalle von prismatisch – dipyramidaler Form.

Calcit ist uns als ein weiteres Beispiel im Zusammenhang mit „Rhombus" aufgefallen:
Enzyklopädie der Minerale und Edelsteine (5 Seite 34):
Calcit Kalkstein Ca(CO3), die Bruchstücke von einem solchen Kristall haben, wenn man sie immer weiter zerkleinert vom größten bis hin zu kleinsten Teilen, alle die Form des Rhomboeders; im Rhomboeder stehen jeweils zwei gegenüberliegende Flächen parallel zueinander.
- Das kommt uns ja sehr bekannt vor! Man kann die Zerkleinerung eines Calcitkristalls gedanklich soweit fortsetzen, bis schließlich nichts mehr übrig bleibt, das auf mechanischem Wege noch zu zerkleinern möglich wäre. Das kleinste Teil wird Grundbaustein oder Elementarzelle genannt, die Grundeinheit eines Atomgitters.

Auch im Makrobereich

Unaufhaltsame Kompressionen führen in der Erdkruste zu enormen Spannungen bis die Gesteine schlagartig brechen, die plötzlich freiwerdende Energie lässt die Erde beben. Es kommt in diesem Moment zu sogenannten Verwerfungen, Blöcke werden gegeneinander versetzt. Der französische Geologieprofessor Maurice Mattauer (1928 – 2009), der auf dem Gebiet der Tektonik, insbesondere der Mikrotektonik ein anerkannter Wissenschaftler ist, beschreibt in „Was die Steine erzählen" (23) u.a. drei Verwerfungstypen; er spricht von rautenförmigen Hohlräumen (im Kalkstein), die sich im Zuge einer Verwerfung öffnen. Und der Wissenschaftler hebt dazu noch ein wichtiges Merkmal hervor (Seite 80): „Die Öffnung rautenförmiger Hohlräume, die in diesem Fall im Zentimeterbereich auftritt, findet sich in allen Größenordnungen wieder –

bis hin zur kontinentalen Kruste in ihrer Gesamtheit. Hohlräume öffnen sich entlang von Horizontalverschiebungen und können tausend Kilometer erreichen. Ein berühmtes Beispiel ist der Grabenbruch des Toten Meeres, dessen Wasserspiegel 396 Meter unter dem des Mittelmeeres liegt." Er zeigt in diesem Zusammenhang Beispiele, wo der in einem Kalkstein und einer Kalkschicht entstandene rautenförmige Hohlraum mit weißem Calcit gefüllt worden ist. Und ein solcher „Hohlraum" ist auch das Tote Meer; es enthält derzeit eine etwa 28% ige Salzlösung, wird vom Jordan gespeist und ist abflusslos.

Wir abstrahieren:

Die rautenförmige Struktur ist ein Prinzip, das bestimmten Gesteinen – Mineralien - Kristallen zugrunde liegt; diese haben den größten Anteil an der Erdkruste. (Verbreitung der „Windkanter" auf der ganzen Erde!)

Die Rautenform kommt in allen Größenbereichen vor, vom Kristall bis hin zum Gesteinsmassiv. (Selbstähnlichkeit/Skaleninvarianz – bedeutet Gesetzmäßgkeit der Entstehung!)

Daraufhin kommt man zu dem Schluß, dass die Form der Kristalle, letztendlich der Minerale, Einfluss auf die optimale Gestalt der Gesteine und den Spannungsabbau hat. Von den ehemaligen Spannungen zeugen die charakteristische Anordnung sowie Form der Bruchflächen und der Verlauf von Rissen.

Und schließlich: Raute (Rhombus) sowie Goldener Schnitt sind entscheidende Voraussetzungen zur Genese von Windkantern, vermutlich auch von anderen Gesteinen.

Die für uns wichtigsten Aspekte der Dinge sind durch ihre Einfachheit und Alltäglichkeit verborgen. (Man kann es nicht bemerken, weil man es immer vor Augen hat.) Die eigentlichen Grundlagen seiner Forschung fallen dem Menschen gar nicht auf. Es sei denn, daß ihm dies einmal aufgefallen ist.

Ludwig Wittgenstein (1889 – 1951) in „Philosophische Untersuchungen"

Foto 49 *(oben): „Mittelstück" von einem Zweikanter*

Foto 50 *(unten): Kantengerundete Kiesel von einer Hausumrandung in Mähring*

Foto 51 *(oben): Häufig anzutreffende Lesesteine (Bad Neualbenreuth)*
Foto 52 *(unten): In allen Maßstäben (Bad Neualbenreuth)*

194

20) Was diese Bruchstücke erzählen

„Marmor, Stein und Eisen bricht, aber unsere Liebe nicht ..." heißt ein immer wieder gern gehörter Schlager. Zum Bruch kommt es, wenn das Innere den Belastungen nicht mehr standhalten kann, die Bindungen (zwischen Atomen bzw. Ionen) entzweigehen. Dem Bruch geht eine mehr oder weniger starke elastische Deformation voraus. Bei manchen Stoffen kehrt die elastisch veränderte Form jedoch nicht mehr in die Urform zurück. Das ist der Fall, wenn der Stress über längere Zeit in ein und dieselbe Richtung wirkt. Das Gefüge kann sich dann an den vorherigen spannungsarmen (normalen) Zustand nicht mehr „erinnern". Bei Gesteinen dauert das Vergessen angeblich Jahrtausende oder noch länger. Die Tatsache an sich stützt unsere Vermutung, dass auf diese Weise das Gefüge von Gesteinen, in denen die Struktur der Doppelpyramide bereits verankert ist, bleibend verzerrt wurde, was nunmehr in der Gestalt namens „Windkanter" sichtbar wird. Aber auch Windkanter zerbrachen unter roher Gewalteinwirkung.

Die Kräfte, von denen Gesteinsstücke im Kreislauf der Gesteine angegriffen werden, sind völlig verschiedener Natur. Sie zerbröseln letztendlich auf ihre Art und Weise selbst Felsen zu feinem Staub. Inmitten dieses Geschehens befinden sich noch heil gebliebene Windkanter. Von ihnen sind relativ (im Verhältnis zur Steingröße) kleine Teile abgeplatzt. Bei manchen Stücken deuten bereits Risse auf eine bevorstehende Trennung hin. Das ist angesichts von Frost- und Temperaturspannungen und anderen Faktoren, die zu partieller Überbeanspruchung führen, kein Wunder. Solche Fehlstellen kann jeder gedanklich durch Korrelation ersetzen, da der Körper als im wesentlich Ganzes noch vorhanden ist. Man kann sich ebenso einfach ein Bild vom abgesprengten Stück machen.

Wir wollen aber auf etwas anderes hinaus. Es geht um Bruchstücke, für deren Studium schon eine Vorstellung vom Ebenmaß der Windkanter vorhanden ist. Wir kommen dabei auf zwei grundsätzliche Dinge zu sprechen, die unserer Ansicht nach für die Genese von Bedeutung sind: An Hand der vorgefundenen Exemplare wird zum einen unsere Vermutung aus der Formtheorie bestätigt, dass bereits in den skandinavischen Gebirgen die Struktur der Windkanter vorhanden gewesen sein muss, bevor das Inlandeis das Gesteinsmaterial von dort nach Norddeutschland verfrachtet hat und zum anderen, dass Ein-, Drei- und Fünfkanter sowie auch Dreiflächenkanter (solche mit ebener Grundfläche) „Ableger" von einem Grundtyp (Zweikanter) sind. Aber der Reihe nach. Auf besagten Feldern der Altmark liegen unzählige

Bruchstücke, deren Oberfläche sowohl aus mehreren fast ebenen als auch aus ebenen plus gewölbten Flächen besteht. Von letzteren haben auffällig viele gewölbte Flächen mit dem Habitus von Windkantern. Ausschließlich um solche Funde geht es hier (Siehe Fotos 53 - 64). Der geübte Blick erkennt ohne weiteres, dass es sich bei diesen Stücken um charakteristische Segmente von Windkantern handelt. Die nähere Betrachtung zur Anordnung der Flächen sowie der Winkelverhältnisse (insbesondere der 70° - Winkel) bringt Gewissheit.

In der Regel lässt sich auf den Verlauf der Bruchlinien im Ausgangsstück schließen. Dahinter steckt kein Zufall, und zwar werden einige Varianten, wie in den Abbildungen 37 bis 41 vereinfacht dargestellt, bevorzugt: Die Bruchlinien sind im Wesentlichen gerade; sie stehen entweder senkrecht oder in markanten Winkeln schräg oder fast parallel zur Längsachse. Im letztgenannten Fall verlaufen die Bruchflächen fast parallel zueinander. Die Bruchflächen sind im großen und ganzen eben, was auf einen Bruch infolge Überbeanspruchung durch Scherung, Druck bzw. Zug schließen lässt. Weil das so typisch ist, sollte es uns sehr wundern, wenn wir uns da täuschen. Steinhauer achten bei ihrer Tätigkeit besonders auf Risse, und schlagen vornehmlich dort zu, wo sie feine Haarrisse vermuten. Man sagt, sie würden Dank ihrer Erfahrung Steine zuvor „kaputtgucken". Die Festigkeitskennwerte, z.B. Zugfestigkeit (je nach Gesteinsart 1 bis 4 MPa), besagen, dass hohe Kräfte, wie sie beispielsweise bei der Bewegung des Fels oder beim Rutschen des Inlandeises zustande kommen können, notwendig sind, damit Gesteinsstücke überhaupt brechen; eine nur wenige Meter dicke Deckschicht (Löß), auch wenn sie auf irgendeine Weise in Bewegung gerät, kann das zum Beispiel nicht. Schläge, wie mit einem Vorschlaghammer, kommen nicht in Betracht, woher auch. (Beliebig aufgesetzte Hammerschläge erzeugen nachweislich nichtssagende Splitter.) Andere natürliche Kräfte mit derart charakteristischen Folgen sind uns nicht bekannt.

Derlei Bruchstücke sind Zeugen, dass die Heimat der Windkanter als solche anderen Ortes zu suchen ist und nicht etwa in den Moränen, wo Gesteinsstücke laut Windschliffthese nach dem Abschmelzen des Eises vom Sandwind zu Windkantern geformt worden sein sollen.

Inzwischen getrauen wir uns, durch Korrelation von einem Segment auf den ganzen Windkanter zu schließen, etwa so wie Paläontologen von einem Körperteil ziemlich genau auf das ausgestorbene Tier Rückschlüsse ziehen können. Die Form der Segmente ist näher betrachtet nicht beliebig, sondern es tauchen die für Windkanter typischen Gestaltelemente wie Proportionen und Winkel auf, womit die Anordnung zur Bildung des Ganzen feststeht. Was wir meinen, geht wohl besser anhand von Beispielen aus den o.g. Abbildungen sowie aus den Fotos hervor. Man findet in Feldsteinhaufen und auf Äckern unzählige Gesteinsstücke gleicher Eigentümlichkeiten, die zum selben Ergebnis führen – die rekonstruierten Steine haben in der Regel die Form von Zweikantern, alias Parallelkantern, alias Doppel-Pyramidalkantern. Die Doppelpyramide ist unverkennbar die Grundform. Wir sind uns gewiss, dass sie im Gefüge mehrerer Gesteinsarten, die aus kristallinen Mineralien bestehen, verankert ist.

Außer in Feuersteinen sehen wir beinahe in jedem Feldstein der Moränen einen Windkanter, ganz oder als Bruchstück, da müssen wir unsere Begeisterung aber selbst bremsen, um nicht über das Ziel hinaus zu schießen.

Foto 53: *Mittelstück von einem Zweikanter*

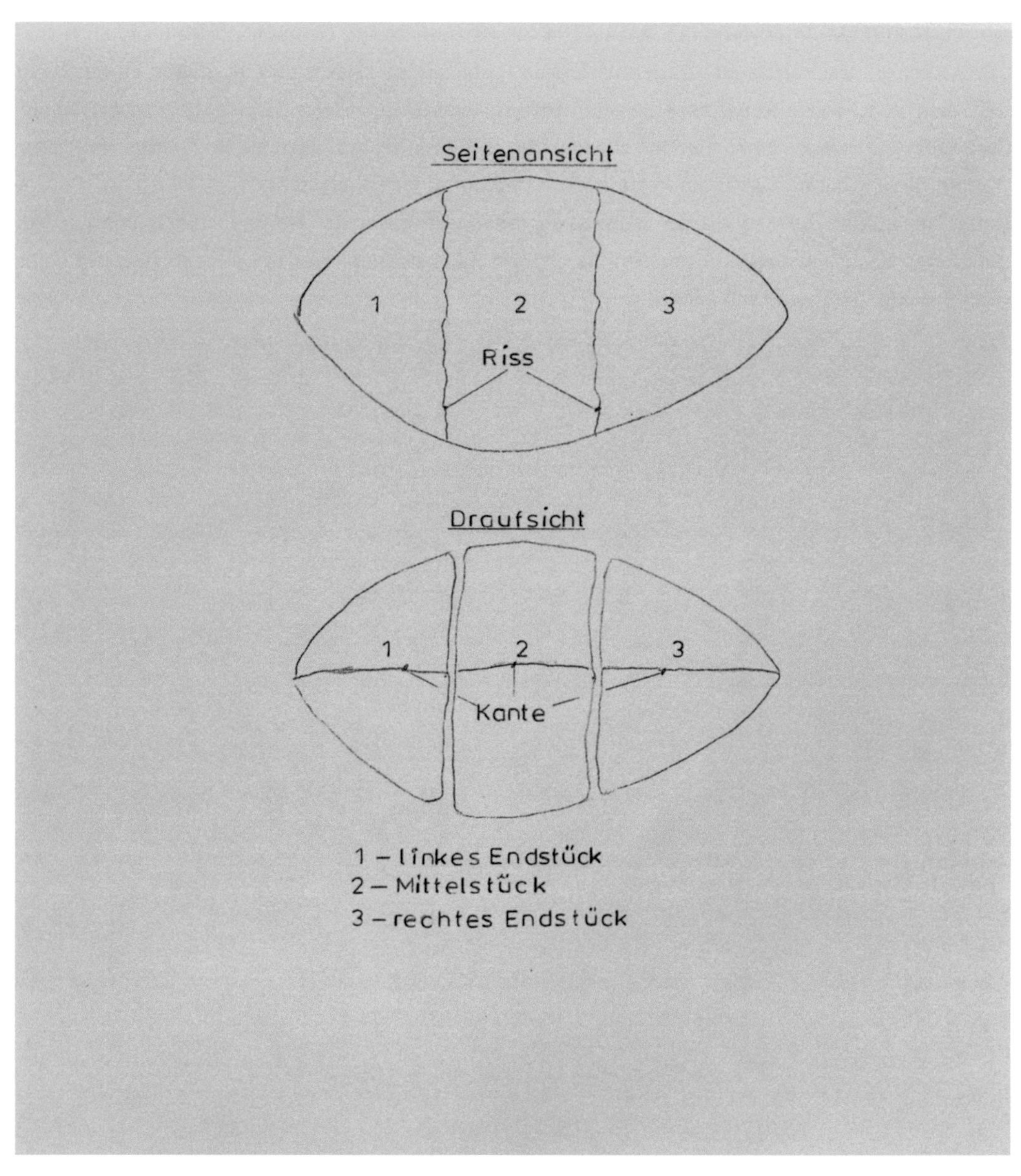

Abb. 37: *Häufig auftretende Bruchstücke (Variante 1) vom Grundtyp*

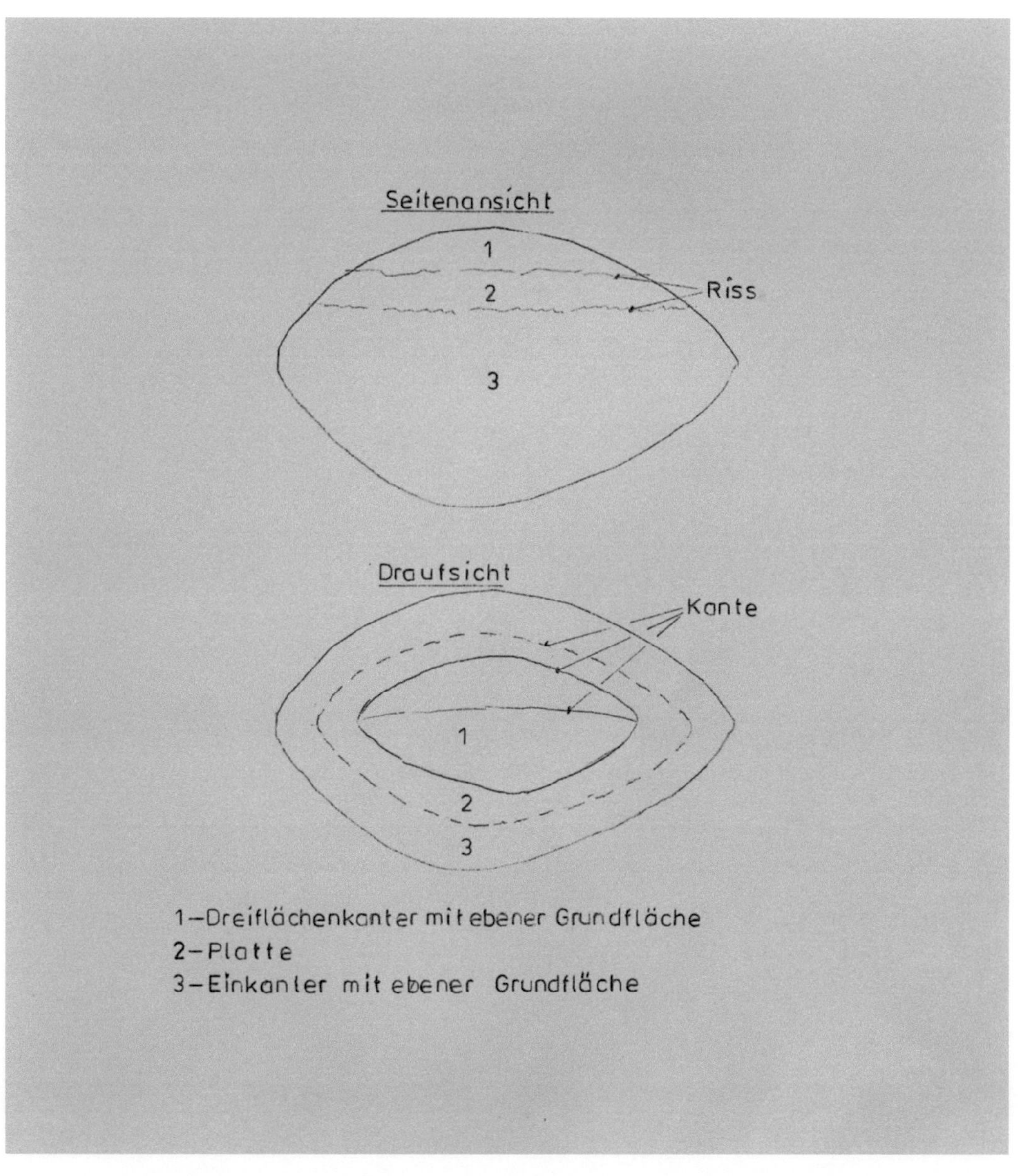

Abb. 38: *Häufig auftretende Bruchstücke (Variante 2) vom Grundtyp*

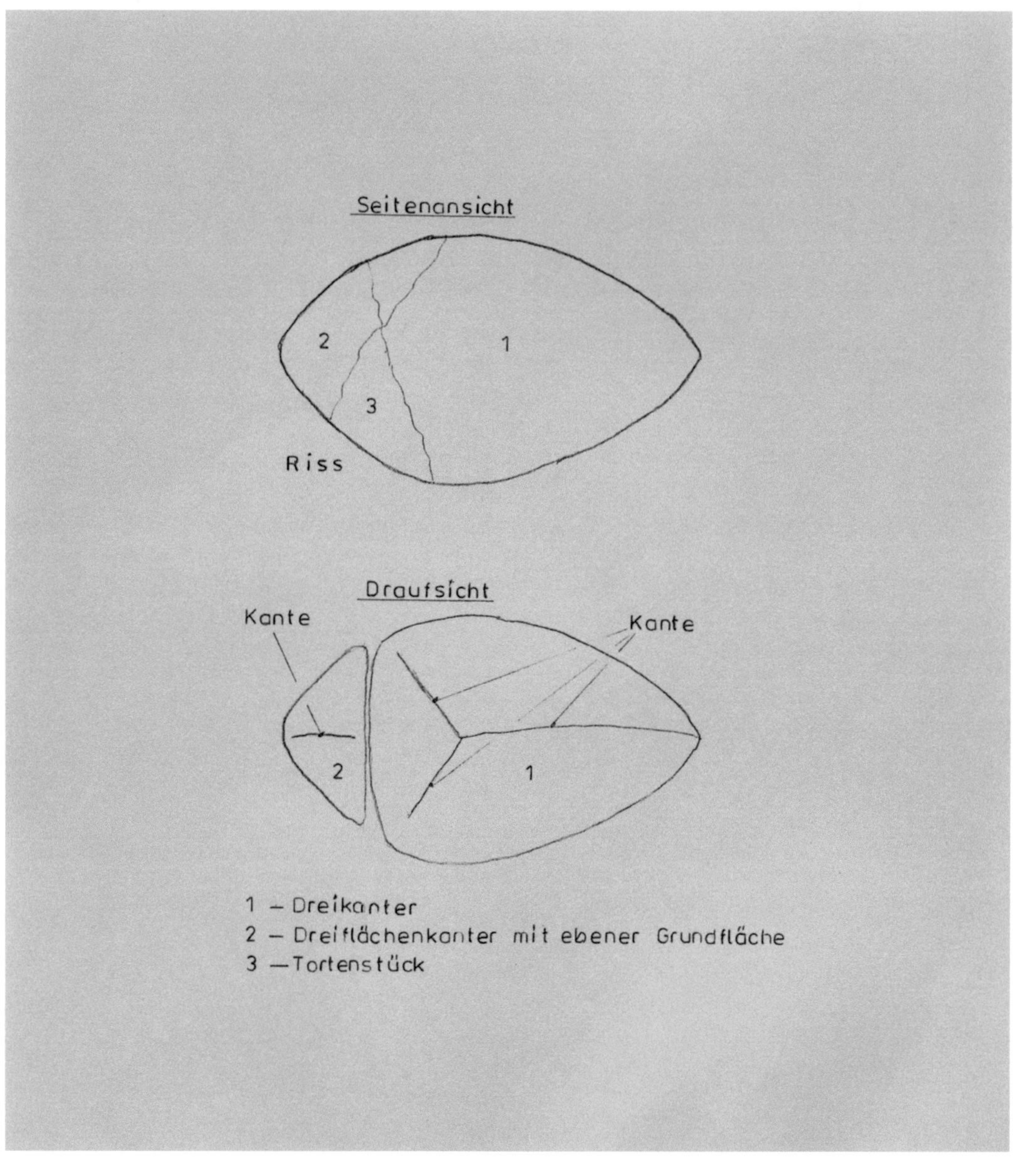

Abb. 39: *Häufig auftretende Bruchstücke (Variante 3) vom Grundtyp*

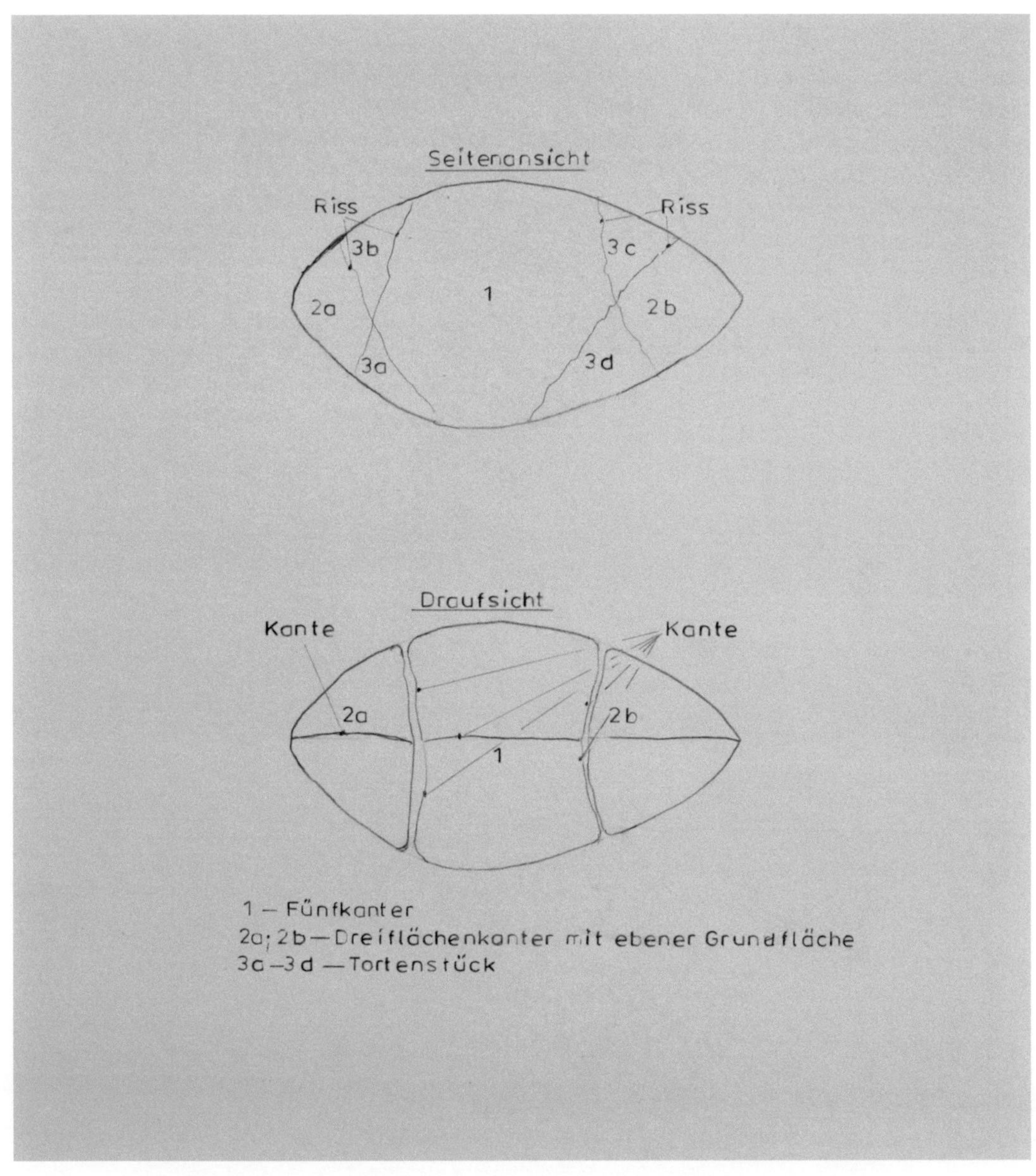

Abb. 40: *Häufig auftretende Bruchstücke (Variante 4) vom Grundtyp*

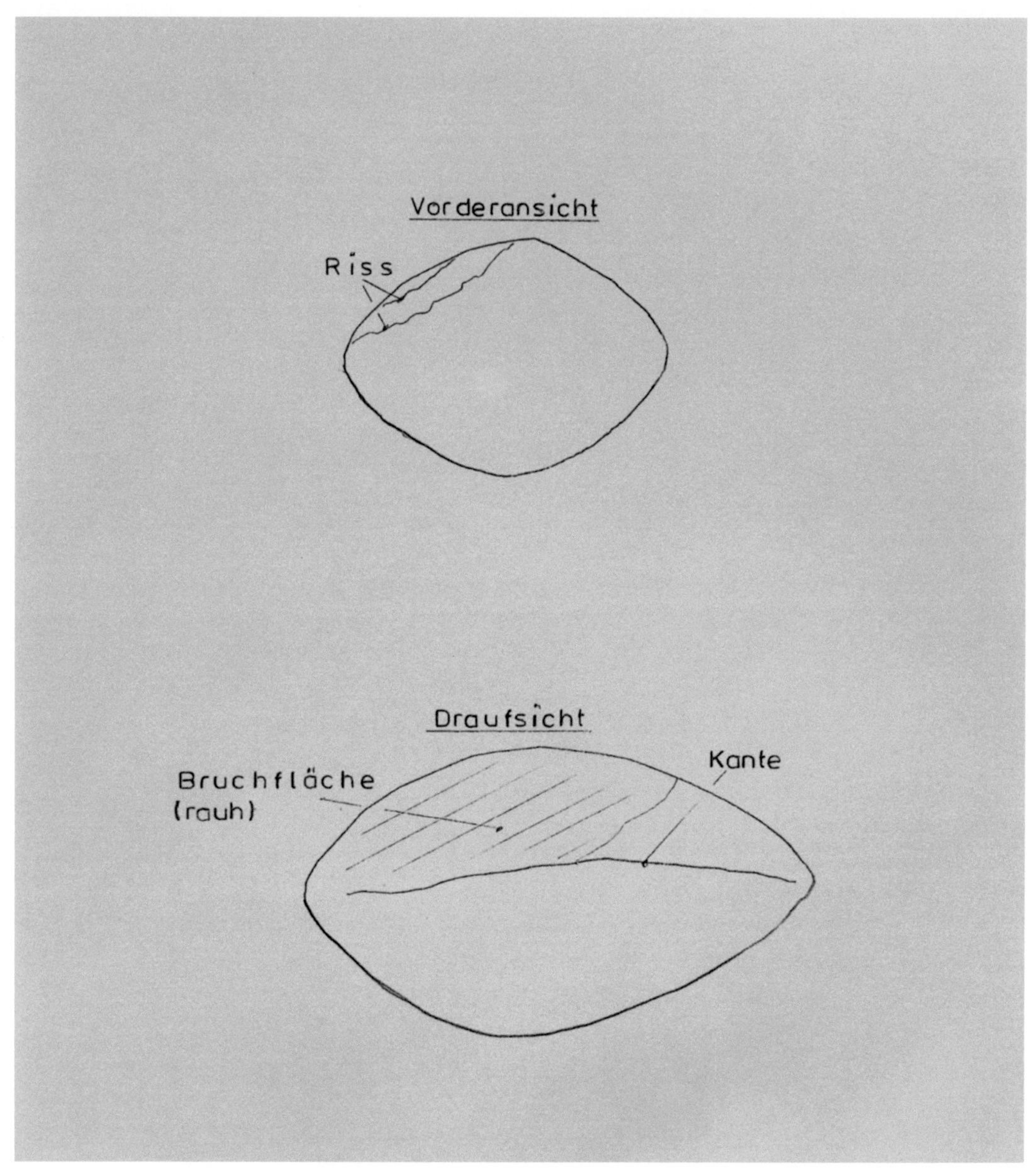

Abb. 41: *Häufig auftretende Bruchstücke (Variante 5) vom Grundtyp*

Foto 54 – 59: Typische Bruchstücke (Feldmark Letzlingen)

Foto 60 – 64: *Typische Bruchstücke (Feldmark Letzlingen)*

21) Gestalten im engeren Sinne, das Wesenhafte

„Man wird früher oder später diese Gesteinsstücke als 'Gestalten' (i. e. Sinne) anerkennen und nach neuen genetischen Lösungen suchen müssen!" schrieb Walter Schwenecke abschließend im Dankesbrief an seinen Freund Willi Koch aus dem ehemaligen Lehrerseminar. Wir teilen seinen Standpunkt und glauben verstanden zu haben, was der leidenschaftliche Windkanterforscher mit „Gestalten im engeren Sinne" meinte. In der Gestalt-Frage liegt der Schlüssel zur Genese.

Gestalt (annehmen) ist das Ergebnis des Formens auf Grund einer Idee. Die Idee kommt nicht von sich allein, sondern wird durch einen instabilen Zustand (aus einer Notwendigkeit) geboren mit dem Ziel, ein erneutes Gleichgewicht (der Kräfte) herzustellen. Das geschieht ohne Ausnahme nach den Gesetzen der Natur. Zunächst passt sich die innere Struktur, wenn es überhaupt noch möglich ist, den Gegebenheiten optimal an. Darüber hinaus kann es unter besonderen Bedingungen zur Metamorphose (Umgestaltung) kommen. Wenn diese Reaktionen auf zunehmenden Druck/Temperatur nicht zum Gleichgewicht führen, wird die Gestalt verbogen (verformt) und letzten Endes folgen Brüche.

Es sind mehrere Faktoren, die im Kreislauf der Gesteine deren Gleichgewichtszustand laufend stören, woran sich auch Wasser und Kohlenstoff im Rahmen ihrer Kreisläufe, die wiederum mit dem der Gesteine verwickelt sind, maßgeblich beteiligen.

Gesteine werden auf verschiedene Art und Weise verformt, und es erscheinen schließlich immer wieder neue Formen - ein Kreislauf ohne wirkliche Wiederholung. Der Gestaltwandel dauert nach menschlichem Empfinden „unendlich" lange. Die Phase aber, in der Gesteine als Windkanter auftauchen, ist im ewigen Kommen und Gehen nicht einmal Sekundensache.

„Gesteine sind lebendige, ständig in Umwandlung begriffene, wichtige und interessante Gegenstände. Steine sind in der Erdkruste als große Verbände in ständiger Veränderung begriffen. Ihr Eigenleben, wenn man so sagen will, hat für die Menschheit und deren kulturelle Entwicklung ungewöhnlich wichtige Seiten." schreibt Prof. Dr. sc. Robert Lauterbach (Geophysiker, Nationalpreisträger) im Geleitwort zum Gesteinsbestimmungsbuch von Jubelt/ Schreiter (13).

Gesteine - „lebendige" Gegenstände? - Wenn selbst ein Fachwissenschaftler dieses Eigenschaftswort mit einem an sich toten Stoff in Verbindung bringt, dann muss schon ein triftiger Grund vorliegen. Walter Schwenecke äußerte sich 1968 in seiner Publikation „Merkwürdiges Geröll" (30) bezüglich des als „ideal" angesehenen Formentyps der Windkanter dahin gehend:

„Noch kennzeichnender (als ideal) für den Gesamteindruck wäre meines Erachtens der Ausdruck 'lebendig' oder 'lebensvoll'. Die Gegenüberstellung von Blattformen und Kantensteinen möge das verdeutlichen" (Zweikanter gegenüber dem Blatt eines Gummibaumes und Dreikanter gegenüber einem Lindenblatt). Der Laienforscher war mit seiner Sicht der Dinge, der Gegenüberstellung organisch – anorganisch, nicht unwissenschaftlich, wie es der erste Eindruck vielleicht vermitteln mag - im Gegenteil: Er hatte gefühlsmäßig die Fährte der Genese erkannt.

Eine umfassende Betrachtung, die über die rein morphometrische Analyse hinausgeht, führt dazu, Windkantern „Gestalt" zuzuschreiben, denn dieser Begriff sagt mehr aus und ist auch treffender als „Form". Es schwingen Eigentümlichkeiten (Harmonie, Schönheit, Vollkommenheit etc.) mit, die sich mit Maß und Zahl nicht beschreiben lassen, die erst durch Verinnerlichung der Form bewusst werden, aber ebenso wichtig sind. Den Versuch hatte bereits Walter Schwenecke unternommen, und er hat sowohl in Gesprächen als auch in Briefen darauf aufmerksam gemacht. Dieser Aspekt sei seiner Meinung nach in der Formbeschreibung von Gesteinen in wissenschaftlichen Publikationen bislang ignoriert worden.

Dass Lebewesen - mit einem unerschöpflichen Reichtum an wunderschönen Formen - Gestalten sind, dem wird wohl jeder gern zustimmen. Wir kennen kein gestaltloses Lebewesen, aber bei natürlichen anorganischen Körpern ist die Frage nicht mehr so selbstverständlich zu beantworten. Mineralien mit regelmäßiger Atomanordnung (als Gitter) sind häufig von idealer Gestalt, insbesondere dann, wenn Kristalle unbeeinträchtigt wachsen können. Ihre Gestalt ist der Ausdruck einer inneren Ordnung, die sich außerdem durch Spaltbarkeit, Härte und das optische Verhalten offenbart. Die Kristallart wird insbesondere anhand ihres charakteristischen Habitus (äußere Erscheinungsform) bestimmt: Das ist gang und gäbe. Mineralien mit ungeordneter Anordnung der Atome gehören nach unserer Lesart nicht zu Gestalten, sondern sie sind nichtssagende „Klumpen", ohne ein einziges charakterisierendes äußeres Merkmal. Beispiel: Siehe Foto 65

Der Ursprung der Form ist im Mikrobereich angelegt. Dort bestimmen Atome die innere Ordnung - wenn hinreichend Zeit bleibt und passende Partner zur Stelle sind -, indem sie ihre zweckmäßigste Position beziehen, diese ändern, andere Plätze einnehmen und ggf. neue Bindungen eingehen können. Diese innere Ordnung, kommt - wie o.g. - in der äußeren Gestalt zum Ausdruck. Körper mit derartigen inneren Eigenschaften tragen aktiv zu ihrer Gestaltbildung bei. Zur Unterscheidung von „Gestalt" und „Form" kommt es nach unserem Dafürhalten darauf an: Die Gestalt „lebt“, während die Form nur da ist. Gesteine, Mineralien und Kristalle sind in diesem Sinne Gestalten, die wiederum in eigentümlichen Formen auftreten. Gesteinsstücke mit der Gestalt von Windkantern haben eine vollkommene (ideale) Form, es fehlt nichts und nichts ist überflüssig; hinzu kommen Ebenmaß und Geschichtlichkeit. Sie zeichnen sich (wie Landschaften) durch ethische (sittliche), ästhetische (schön gestaltet) und sogar spirituelle (geistige) Werte aus.

Es stellt sich die Frage, ob man die Gestalt der Windkanter auch ohne Kenntnis ihrer Form erkennen könnte - mit verbundenen Augen und nur durch tasten. Der Tastsinn in seiner ganzen Breite wäre für den Menschen der wichtigste Sinn überhaupt meinen Leute, die von Sinneswahrnehmungen etwas verstehen. Wir können das mangels Erfahrung kaum nachvollziehen. Aber es wurde in einer renommierten Zeitung von einem jungen Mann (16 Jahre) berichtet, der „geschlossenen Auges jedwede Pflanze tastend zu bestimmen vermochte.“

Mit den Fingerspitzen kann man, selbst als nicht sonderlich Sensibilisierter, an Windkantern Flächenübergänge (Kanten) fühlen, die nicht zu sehen sind.

Der renommierte Maler (als Philosoph nicht ganz so gut bekannte) René Magritte (1898– 1967) drückt mit seinem Kunstwerk „Klare Ideen“ das aus, was wir mit Worten nicht so elegant zu beschreiben vermögen. Wir befinden uns gewissermaßen auf gleicher Wellenlänge – gefühlsbetont. Nicht zufällig, denn auch ihm muss wohl diese ansprechende phänomenale Form aufgefallen sein, platziert er doch einen klassischen Windkanter detailgetreu als symbolhaften Vertreter des Festen etwas unterhalb der Bildmitte zwischen Brandungswelle und Cumuluswolke, wo er natürlich nicht hingehört. In unserer realistischen Vorstellung müsste ein Strand mit Blöcken, die von schäumendem Wasser überspült werden, den unteren Bildbereich füllen, das wäre aber ein belangloses Landschaftspanorama geworden; und mit dem Windkanter am Strand würde sogar suggeriert werden, dass vom Wasser mitgerissener Sand Kanten erzeugen könne. Bekanntlich sind Steine an Stränden jedoch zumeist gerundet und abgeflacht.

Hinter „Windkantern“ steckt also wie auch hinter Wolken und Wellen nach Ansicht des Belgiers eine klare Idee. Sie entstammt möglicher Weise dem Universum, was durch die räumliche Tiefe bis zum fernen Horizont mit Morgenröte angedeutet wird. Ein traumhaftes quasi absichtsfreies Spiel seiner Gedanken kommt wohl kaum infrage, denn alle drei Blickfänge reflektieren helles Licht. Oder spielt hier vielleicht doch ein Traum mit? Diese allseits bekannten Gestalten (Stein, Welle und Wolke), die auch Aggregatzustände repräsentieren, führen zum Schöpfungsgedanken in all' seiner schlichten Schönheit und Vollkommenheit. Der Künstler wählte nichtzufällig für die Symbolik der Gesteine die Proportion des Goldenen Schnittes. Der Goldene Schnitt bedeutet hier mehr als (nur) ein Stilmittel, er weist vielmehr auf ein Prinzip im Bauplan der Natur hin. Unsere Interpretation des Gemäldes rührt auch daher, dass der Philosoph meint, es seien sogar KLARE Ideen, er muss sich also sehr sicher gewesen sein. Übrigens: Der Maler verwendet auch in seinem Gemälde „Schloß in den Pyrenäen" als zentrale Gestalt einen Stein mit Proportionen von Zweikantern!

Wäre sein „Windkanterbild" ohne Titel, dürfte man annehmen, der Betrachter solle nichts oder in beliebige Richtungen deuten, wie es bei Surrealisten häufig der Fall ist. Für uns ist das Magritte–Gemälde insbesondere als Formensprache überaus wichtig - sie ist stärker als viele Worte. Wir sehen mit unserer Interpretation eine Übereinstimmung in der Sicht der Dinge und sind daher vollauf begeistert.

Aber vielleicht steckt hinter Windkantern auch gar keine Idee, das lässt sich mangels Beweises nicht ausschließen. Diese Gestalten tauchen als Phänomen auf, was in der Philosophie mit Emergenz (dem Erreichen höherer Seinsstufen) bezeichnet wird. Demnach würden sich Windkanter mit keiner Theorie erfassen lassen. Wir hoffen aber, dass mit unserer Theorie Kausalität (Zusammenhang von Ursache und Wirkung) nachgewiesen ist, und wir keinem Wunschdenken zum Opfer gefallen sind. Allerdings darf man auch nicht erwarten, dass sich alle Phänomene mit Naturgesetzen erklären lassen. Die Natur bedient sich des Goldenen Schnittes, er ist eine unentbehrliche Erscheinung, aber (bisher) ohne erkennbare Ursache.

Es ist bereits angeklungen: Zur Klärung der Gestalt-Frage müssten mit Blick auf die Entstehung Geisteswissenschaftler hinzugezogen werden, zum Beispiel Vertreter spiritueller Weltanschauung. Wir können jedoch ihren Gedanken nicht so recht folgen, denn das setzt ein entsprechendes Studium voraus. Dennoch haben wir versucht, mit dem Buch „Die Gestaltstufen der Naturreiche - Von den Richtungen und Zielen des Weltenwerdens im Spannungsfeld von Raum und Zeit" (8) von Otto Julius Hartmann (1895-1989) auch von dieser Seite der Windkantergestalt näher zu kommen. Der Universitätsprofessor war Biologe, Naturphilosoph und Vertreter der anthroposophischen Lebensphilosophie von Rudolf Steiner. Hier einige Zitate: Seite 33 „Betrachtet man hingegen die Naturreiche dynamisch, so erkennt man sie als Stufen der Bewegung, Aktivität, Tätigkeit, 'Energie', wobei ersichtlich die 'Zeit' eine immer wichtigere Rolle spielt. Dann aber wird man bereits innerhalb des Leblosen auf die Gestalt- und Energiestufen der Aggregatzustände und ihre Bedeutung für die Naturreiche aufmerksam. Mineral-, Pflanzen- Tier- und Menschenreich verdanken nämlich ihre jeweilige Form, Grenze, Individualisiertheit dem 'Element' des Festen ('Erde'). Sie nehmen jedoch stufenweise das Flüssige, Gasförmige, Energetisch-Wärmehafte als Prinzipien der Bewegung, des Lebens, der Seele, des Geistes in sich auf, ohne deshalb den grundlegenden Charakter des 'Festen' einzubüßen". Seite 43: „Kristalle sind ein ausgezeichneter Bereich innerhalb der Welt des Leblosen, denn sie machen unmittelbar anschaulich, was chemisch-physikalische Faktoren rein aus sich heraus an Gestalt und Ganzheit zu leisten vermögen, und sind daher am besten für einen Vergleich mit Lebewesen geeignet. Dynamische Gestaltungs- und Wesenskräfte, die sonst nur schwer zu fassen sind, sprechen sich hier gleichsam aus." Seite 49: „Das Wesen eines Kristalles ist daher sowohl nach Form wie nach Chemismus mit seiner Oberfläche zu Ende. Was jenseits liegt, beeinflußt ihn zwar, fällt aber nicht in sein Wesen selbst hinein. Hingegen ist es unmöglich, eine Pflanze in ihre Hautgrenze ein- und abzuschließen. Was um sie herum ist als Erdboden, Wasser und Luft, ja hinaus zu den fernsten Kräften und Rhythmen von Sonne und Planeten, gehört vielmehr wesenhaft zu ihr." Seite 55: „Innerhalb des Kristallreiches münden alle Bewegungen, Ursachen und Kräfte schließlich in etwas ein, was absolut jenseits ihrer und in zeitloser Vollkommenheit schon immer gegeben ist: der reine Raum. Bewegung, Wachstum und damit Zeit machen hier nicht sich selbst, sondern ein ganz und gar Bewegungs-, Wachstums- und Zeitloses sichtbar: den reinen Raum. Was immer Materie sein mag: Hier hat sie nur die Aufgabe, den reinen Raum im Inbegriff seiner geometrischen Möglichkeiten zur Verkörperung (Materialisation, Inkarnation) zu bringen. Daß das nicht immer restlos gelingt, sondern den mannigfachsten Störungen und Trübungen unterworfen bleibt, entscheidet nichts über das Wesenhafte, weil selbst das Feststellen der Tatsache, daß es keine vollkommenen inneren Kristallgitter und noch weniger vollkommene äußere Tracht- und Habitusgestalten gibt, die reine Idee des Kristalles dennoch voraussetzt."

Feldsteine insgesamt, wie man sie von Moränen her kennt, sind nach unserer Definition Gestalten, da dürfte es nur wenige Ausnahmen geben. Sie kommen in verschiedensten Formen vor. Ein Studium der Formen generell, d.h. auch von Feldsteinen völlig anderer Landschaften, würde sich bestimmt lohnen, weil im Ergebnis Rückschlüsse auf die gestaltenden Kräfte und die „Ideen" zur Gestaltbildung gezogen werden können. Das wäre jedoch für den einzelnen ein kaum zu bewältigender Kraftakt. Wir haben uns „lediglich" Windkanter vorgenommen, infrage kämen aber auch andere Formen, die ebenfalls häufig anzutreffen sind - Versteinerungen ohnehin. Zum Beispiel Wären das solche ohne Kanten, insbesondere kugelförmige und ellipsoide Stücke, Hühnergötter sowie Hexenschüsselchen. Aber auch nichtssagende Funde, ohne geometrische Assoziationen, sind sehr interessant, eben weil sich alles Mögliche hineininterpretieren lässt. Feldsteinfreunde haben in ihrer Sammlung bestimmt eine Reihe an Fundstücken, die von der Form her selten vorkommen.

Unterm Strich wird sich bestätigen, dass die Gesteinsart maßgebend ist für den Grundtyp. Man wird beispielsweise auf Äckern mit Glimmerschiefer keinen Windkanter und auch keinen kugeligen Stein entdecken - hier sind es hauptsächlich plattenartige Stücke.

Wir möchten gern alle an Naturwissenschaften Interessierte aufrufen, Feldsteinen in diesem Sinne mehr Beachtung zu schenken. Künstler wie auch Kunstliebhaber und Gartenfreunde werden die tollsten Anregungen finden. Windkanter sind in ihrer jeweiligen Gestalt etwas Eigenständiges, Herausragendes unter den Feldsteinen. Windkanter gehören zu einer Familie, in der alle Angehörigen gemeinsame charakteristische Eigenschaften besitzen, die das Wesen ausmachen. Dennoch: Kein Stein gleicht dem anderen, nicht einmal unter Dreiflächenkantern findet man zwei identische Exemplare. Man kann sagen: Wesen ist der stärkste individuelle Ausdruck der Erscheinungen. Individualität ist ein Prinzip in der Natur, die Natur kennt keine Schablone. Die Gesamtheit der Merkmale verleiht jedem einzelnen Stein ein unverwechselbares typisches („lebendiges") Bild seines Seins, das wiederum zum Wesen der Familie passt. Die Gesamtheit aller charakteristischen Eigenschaften macht das Wesenhafte aus. Es lässt sich nicht auf ein einzelnes Merkmal reduzieren. Bestimmte Steine gefallen uns besonders: Weil sie lebendige Windkanter sind ohnehin, aber die Abweichung von der Norm ist das Prickelnde. Da sammelt jeder nach seinem Geschmack. Diese Wesen regen an zu meditieren.

Foto 65 – 69: *Formlose Klumpen und Gestalten*

Foto 70: *Nur ein Augenzwinkern im Kreislauf der Gesteine – des Wassers – des Kohlenstoffes (Mittelstück von einem Windkanterblock)*

22) „Nachwachsende" Steine – unser Denkmodell vom Auftrieb

Der Gedanke, ob Steine (insbesondere Windkanter) im Boden wachsen, ist nunmehr gänzlich vom Tisch. Außer dass unaufhörlich neue auftauchen, findet man keine belastbaren Argumente, die dafür sprechen. Im Gegenteil: Unter den Bedingungen des Lockergesteins können sich keinesfalls Sandkörner oder andere Partikel zu größeren Körpern verfestigen (heranwachsen), denn Druck und Temperatur reichen dazu bei weitem nicht aus. Kristallwachstum scheidet ebenfalls aus, da Steine (in der Regel) aus einem Mineralgemisch bestehen. Eher zerfallen Steine, als dass sie wachsen.

Die kielartige Form und die Ähnlichkeit der Windkanter mit Auftriebskörpern sowie die glatte Oberfläche nähren jedoch unsere Vermutung (auch die einiger Fachleute), dass sowohl das Inlandeis (Kapitel 5) als auch der Boden zu ihrer Form beigetragen haben könnten. Beide Aggregate geraten durch wechselnde Kräfte, wenn auch kaum merklich, in Bewegung; die Erde insgesamt ist ruhelos. Selbst die nur schwache Bewegung der Gesteine ist mit Reibung verbunden, und Reibung hat Abrieb, d.h. Formänderung zur Folge. Dabei wird eine Form mit geringstem „Strömungs-" Widerstand (Schiff) angestrebt. Außerdem erfahren Körper im Sand-Gemenge unter dem Einfluss von Wasser (gleich einem Brei) einen zyklisch wechselnden Auftrieb. - So sieht jedenfalls unsere vereinfachte Vorstellung von den mechanischen Verhältnissen in den oberen Schichten aus.

Den Anstoß gaben zufällig gelesene Abhandlungen über Blindgänger im Erdreich: In einem seriösen Beitrag einer renommierten Tageszeitung stand vor einigen Jahren geschrieben (die Quelle lässt sich leider nicht mehr auffinden), dass Bomben (Blindgänger) aus dem zweiten Weltkrieg auch deshalb so gefährlich bleiben, weil sie nach oben „wachsen". Zunächst unglaublich. Die Meinung vom „Wachsen" wird allerdings in Fachkreisen nicht unbedingt geteilt. Davon zeugen Veröffentlichungen, in denen andere Ursachen erläutert werden. Wir haben uns daher vergewissert: Ein gestandener Mann aus der Branche der Kampfmittelbeseitigung bestätigte ausdrücklich das „Hochwachsen": „ … ja, selbstverständlich, das ist so." Für ihn sei, dass Blindgänger aus mehreren Metern Tiefe mit der Zeit nach oben kommen, ganz normal. Ihm können wir glauben. Wodurch ist der Aufwärtsschub überhaupt möglich, was ist die treibende Kraft? Die Assoziation zu Steinen liegt auf der Hand: Der Vorgang mit solch schweren Körpern aus „Eisen" wird auch mit Steinen vonstatten gehen. Er entzieht sich leider der Beobachtung, man kann darüber nur theoretisieren. Die Geologie hat eine Erklärung - nämlich das sogenannte Auffrieren. Im Lexikon der Geowissenchaften (19) heißt es: „**auffrieren**, kumulative Aufwärtsverlagerung im Untergrund befindlicher Objekte durch Frosteinwirkung. (...)" Das Auffrieren wird dabei anhand der Frosthub- Hypothese von Beskow (1930) mit symbolhaften Abbildungen veranschaulicht. Die zitierte Definition bezieht sich recht allgemein gehalten auf „Objekte", d.h., verschiedene Körper - also auch auf Bomben und Steine. Der Kontakt zum darunterliegenden Boden geht den Körpern beim Auffrieren verloren, feine Bodenteilchen drängen sich darunter. Das Kontaktverlieren ist dabei kein einmaliger Vorgang, sondern wiederholt sich in (unendlich) vielen Schüben und führt somit in Summe (kumulativ) zu einer messbaren Aufwärtsverlagerung. Fragen: Ist alles bis ins Detail geklärt worden? Bekanntlich steckt der Teufel im Detail. Wurden Experimente, welche die Lehrmeinung so bestätigen, durchgeführt? Wir glauben - nein.

Das Auffrieren kann unserer Meinung nach nicht die alleinige Ursache sein: Frost tritt in den relevanten Gebieten nur saisonal auf und reicht daher (von mehreren Faktoren abhängig) nur bis in eine bestimmte Tiefe, darunter wird der Boden garantiert vom Frost verschont. Von dort kann auf diese Weise kein Nachschub geliefert werden, folglich müsste doch nach einer gewissen Zeit das Steinelesen (oberpfälzisch „ Stoiklauben") ein Ende finden, denn sämtliche Steine aus dem Frostbereich sollten einmal oben angekommen sein. Siebzig Jahre reichen wahrscheinlich nicht aus. In der Letzlinger Endmoräne, die aus der Saaleeiszeit stammt, geht das jedoch schon über zweihunderttausend Jahre so: Immer wieder große Steine, Blöcke und mitunter sogar Findlinge; gefühlsmäßig ist kein Abklingen spürbar.

Ein wesentlicher Faktor, wie tief der Frost eindringt, ist der Wassergehalt des Bodens. Überhaupt bestimmt er maßgeblich dessen physikalische Eigenschaften. Wohl jeder hat die Erfahrung gemacht, dass der Spaten in wassergesättigten Boden förmlich „reinfliegt", während man bei ausgetrocknetem Boden, der „fest wie Beton" ist, verzweifeln könnte. Traktoren verbrauchen bei der Bodenbearbeitung von trockenen Äckern mehr Diesel als wenn diese feucht oder sogar nass sind.

Das Verhalten des Erdreiches ändert sich mit zunehmendem Wassergehalt mitunter schlagartig, was bei Tiefbauarbeiten eine hohe Gefahr mit sich bringt. Es kann plötzlich in Bewegung geraten, rutschen, verschütten … Der Grund liegt in der sprunghaften Änderung der Zähigkeit. Die Zähigkeit hängt bei den allermeisten Stoffen in erster Linie von der Temperatur ab. Beim gewachsenen Boden, der auch als Lockergestein bezeichnet wird, ist das offenbar nicht der Fall. Hier bestimmt vornehmlich der Wassergehalt seine Zähigkeit, d.h., wie stark die Bodenteile zusammenhalten. Stoffe, deren Zähigkeit nicht von der Temperatur abhängt sondern von anderen Faktoren, fallen unter den Begriff „Nichtnewtonsches Fluid". Dieses verhält sich teils wie ein Festkörper, teils wie eine Flüssigkeit. Sand ist dafür ein allseits bekanntes Beispiel (Sanduhr, Sandkasten, Sandstrand u.v.a.m.). Sand ändert bei Zugabe/Entzug von Wasser seine Konsistenz. Trocken rieselt er, für diesen Vorgang gibt es Formeln. In Sandsäcken bleiben Gewehrkugeln stecken, in Sand kann man aber auch versinken. Unter Berücksichtigung des Wassergehaltes wird das Fließverhalten jedoch unberechenbar. Mit Sand würden wir allzu gern experimentieren, denn auch hier gibt es bestimmt noch Spannendes zu erforschen.

Die Letzlinger Endmoräne besteht zum größten Teil aus Sand und noch viel kleineren Körnern. Der Wassergehalt schwankt zwischen Minimum und Übersättigung. Deshalb darf man annehmen, dass sich die Endmoräne wie ein Nichtnewtonsches Fluid verhält. Soweit wir in Sand- und Kiesgruben sowie bei einer Brunnenbohrung (bis etwa elf Meter Tiefe) verfolgen konnten, ist sie aus Schichten verschiedener Farbe, Korngröße und unterschiedlichen Wassergehaltes aufgebaut. Die Tonschichten spielen dabei eine besondere Rolle: Denn gerade Ton hat ein auffälliges nichtnewtonsches Fließverhalten (19 Seite 205). Er wirkt außerdem wie eine Wassersperre. Eine weitere Besonderheit besteht darin, dass Ton unter Zutritt von Wasser quillt bzw. bei Wasserentzug schrumpft. Zum Problem des Tonquellens, das weitgehend gelöst scheint, gibt es einen Berg an Literatur. Der Vorgang spielt sich im Nanobereich ab. (Äquivalentdurchmesser zum Vergleich: Wassermolekül 0,28 nm; Feinton 200 nm; Ton < 2000 nm; Feinsand 63000 nm; Porendurchmesser synthetischer Zeolithe, das sind Aluminiumsilicate, die man in der Verfahrenstechnik unter dem Begriff Molekularsiebe kennt und u.a. zur Feinsttrocknung von Gasen Verwendung finden, etwa 0,4 nm). Quellen bedeutet Volumenvergrößerung. Wird sie durch aufliegendes Gestein behindert, entsteht ein Quelldruck, der wiederum abhängig ist von der mineralischen Zusammensetzung des Tons sowie weiterer Faktoren – als Größenordnung seien 0,2 bis 1,2 MPa genannt. Ist der Überlagerungsdruck der anderen Gesteinsschichten kleiner als der mögliche Quelldruck (wovon wir ausgehen), dann kommt es zur sogenannten Quellhebung, und weil der Vorgang reversibel ist, auch wieder zur Senkung: Ein ständiges Hin und Her – so wie die Wasserverhältnisse im Boden schwanken, wird das Gesteinsmaterial aufgelockert und verschoben. Der Vorgang ist aber nicht ohne weiteres nachweisbar. Quellhebung ist nur eine von mehreren Komponenten, die gemeinsam am Aufwärtsschub der Steine beteiligt sind. Das unten stehende Schema (Abb. 42) soll unser Gedankenmodell veranschaulichen. Ausgangspunkt ist eine für Endmoräne typische Anordnung und Dicke der Schichten:

Das Niederschlagswasser sickert bis zur Tonschicht, dadurch bildet sich ein „Drängwasser-Spiegel" oberhalb der Tonschicht. Unterhalb der Tonschicht steht Grundwasser an. Beide „Wasserstände" schwanken. Das Drängwasser übersättigt den Boden und übersteigt die Steine, wodurch sie Auftrieb bekommen, der noch durch die schwere „Suspension" (Brei) aus Wasser und feinsten Körnern verstärkt wird. (Taucht man einen Feldstein in Wasser, ist er bereits nur noch etwa halb so schwer.) Der Stein wird angehoben und die kleinen Körner fließen nach, den Hohlraum zu schließen, und sie verhindern somit ein Zurückfallen der Steine (analog Auffrieren). Niederschläge schwanken sowohl innerhalb eines Jahres als auch innerhalb von Jahren mit dem Effekt, dass der nur grob beschriebene Prozess sich laufend wiederholt (Kumulation) – und darauf fußt unser Modell. Hinzu treten weitere Kräfte, die zur Lageänderung der Steine beitragen, die Tonschicht hebt bzw. senkt und die hangwärts gerichtete Schwerkraftkomponente (abhängig vom Wassergehalt des Bodens) schiebt. Das Drängwasser umspült und drückt ebenfalls hangabwärts und schließlich könnten Erdgezeiten - analog Meeresgezeiten - Einfluss haben. Auftrieb, Quellen und Erdgezeiten wirken der Schwerkraft entgegen. Wie groß der jeweilige Betrag ist, das müsste noch ermittelt werden. Es sind wechselnde Kräfte, die vereint Steine heben. Dabei werden sie zugleich unterfüttert und können dadurch nicht in die ursprüngliche Lage zurückfallen. Die hangwärts gerichteten Kräfte können für sich allein schon ausreichen, wenn der Hang bei kritischer Neigung ins Rutschen kommt, so dass die Steine aus dem Boden seitlich hervorquellen.

Wie aus dem skizzierten Modell hervorgeht, ist der Vorgang komplizierter Art. Zur Berechnung bedarf es vieler verlässlicher Daten. Wir Laien sind daher überfordert. Das Auftauchen der Steine ist ein hochinteressantes Thema. Es hat aber mit der Form der Windkanter offenbar nichts zu tun - allenfalls mit ihrer Lage (Ausrichtung) im ungestörten Boden.

Die Form der Windkanter erinnert an Auftriebskörper. Das verdanken sie aber mit Sicherheit nicht dem Lockergestein samt Drängwasser und auch nicht dem Auffrieren.

Übrigens: Steine lockern den Boden, fördern dessen Fruchtbarkeit – eigentlich zur Freude der Landwirte, uns allen zum Nutzen.

Und auch das liegt uns am Herzen zu sagen: Feldsteinhaufen sind künstlich angelegte Geotope; jeder Feldsteinhaufen wird wiederum zu einem Biotop für niedere Pflanzen bis zu blühenden Sträuchern, für Kleinstlebewesen bis hin zu Kleinsäugern. Sie alle können in diesen Paradiesen Schutz finden und leben. Und - Feldsteinhaufen gehören zur Kulturlandschaft. Es sind Zeugen vom mühsamen Schaffen der Bauern, einst und jetzt – Gott zur Ehre.

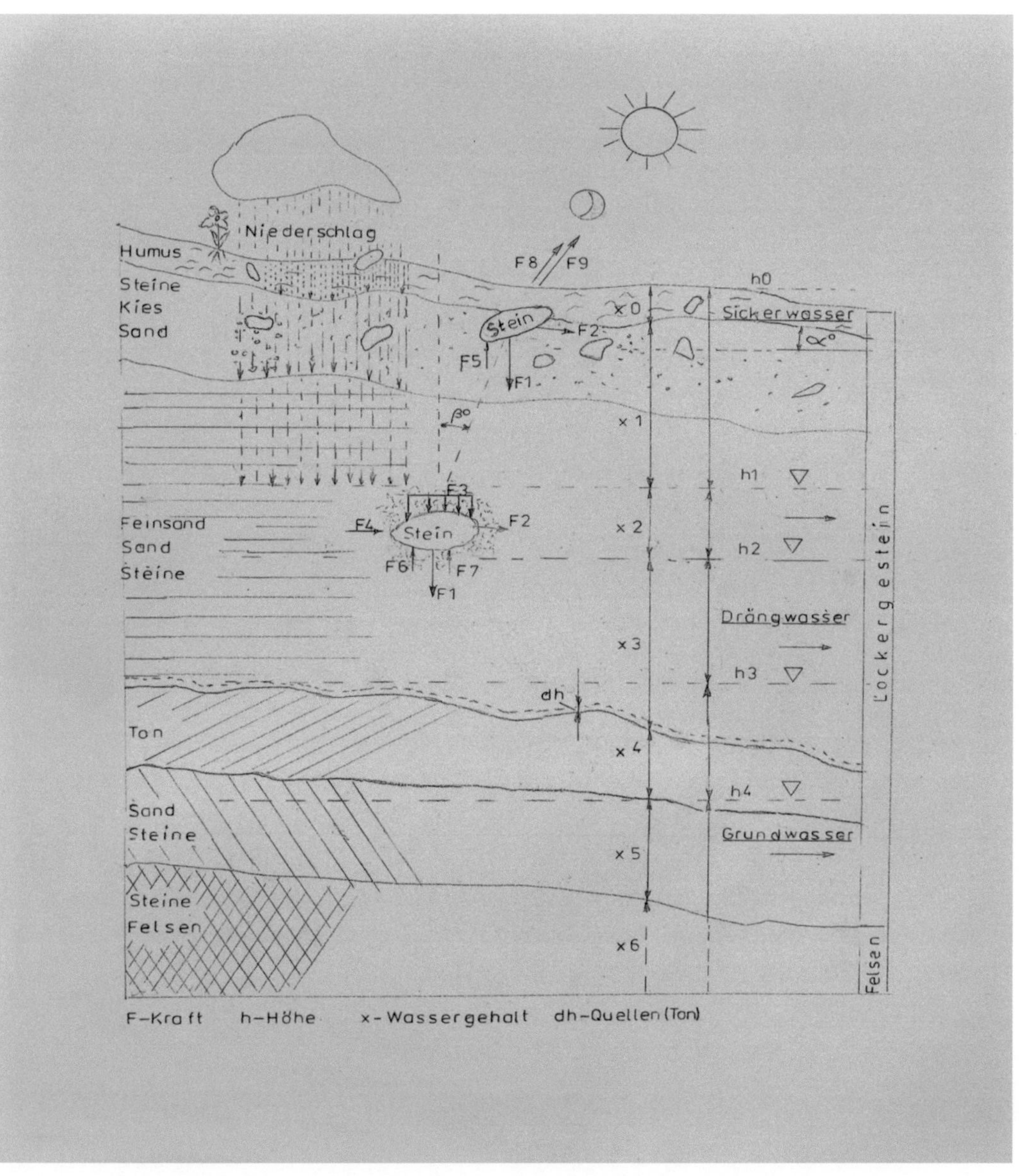

Abb. 42: *Unser Denkmodell zum „Nachwachsen" der Steine durch Auftrieb*

Foto 71: Alljährlich neue Steine auf Letzlinger Äckern

Dem Ackerbauern sind die Steine des Feldes nicht lieb, doch sind sie es jenen, die anderes ernten – dem Künstler, dem Poeten, dem Wanderer, dem Studenten, dem Liebhaber der einfachen Dinge der Natur.

John Burroughs (1837 – 1921, amerikanischer Naturforscher und Poet) in „The Friendly Rocks"

218

Zusammenfassung und Schlussfolgerung

Windkanter fallen durch ihre Symmetrie (Ebenmaß) auf, wodurch sie sich von anderen Gesteinen unterscheiden. Sie kommen in großen Mengen horizontal wie auch vertikal verbreitet auf der ganzen Erde vor. Ihrem Habitus nach sind sie Gestalten. Die Entstehung (Genese) von Gestalten geschieht immer aufgrund einer Notwendigkeit. Das aus der Notwendigkeit geborene Ergebnis ist niemals ein zufälliges. Deshalb ist es reizvoll, sogar unbedingt notwendig, die gestaltenden Kräfte zu erforschen. Das setzt jedoch eine umfassende Formanalyse voraus - sonst wäre der Gedanke an Windschliff gar nicht erst aufgekommen.

Windkanter sind in der Regel helle Gesteine, d.h., ein Gemenge kristalliner Mineralien: vornehmlich Sedimente. Unter amorphen Gesteinen haben wir keine Windkanter gefunden. „Kristallin" ist offensichtlich ein entscheidender Faktor für die Entstehung gerade dieser pyramidal-rhombischen Formen.

Walter Schwenecke hat vor rund fünfzig Jahren Dreiflächenkanter als weiteren Typ entdeckt. Da auch diese Winzlinge mit Sicherheit Windkanter sind, wurde die Familie erst komplett: Windkanter kommen demnach in der Korngrößenreihe, vom kleinsten Kiesel bis hin zu Findlingen, lückenlos vor.

Dreiflächenkanter können bereits bei Sturm mitgerissen werden und dabei selbst korrasiv auf umliegende Gesteine wirken. Schon dieser Fakt macht die Windschliffthese hinfällig. Gegen Sandwind als DIE formende Kraft sprechen außerdem die äußeren Körpermerkmale, die allen Windkantern in Form eines Grundtyps gemeinsam sind. Und - Experimente mit einem „Sandstrahlgebläse" sind als Beweis für die Windschliffthese untauglich, da die Anfangs- und Randbedingungen für die maßstabsgerechte Durchführung weder bekannt noch auszumachen sind und daher willkürlich angenommen werden müssen - außerdem ändern sie sich ständig während des Versuches.

Dreiflächenkanter vereinen in sich alle wesentlichen Merkmale der ganzen Windkanter-Familie. Sie verraten durch wegweisende Details und Zusammenhänge die Entstehung. Ohne das Studium ihrer Form wäre sie höchst wahrscheinlich unentdeckt geblieben. Wir haben sämtliche (!) Kanten berücksichtigt. Somit konnte unter Annahme, dass die Seiten ebene Flächen sind, mithilfe des Eulerschen Polyedersatzes eine Systematik der Windkantertypen erstellt werden. Aus ihr tritt der Grundtyp hervor. Dieser hat 4 Flächen, 2 Ecken und 4 Kanten.

Die Urform der Windkanter ist demnach geometrisch berachtet eine Doppelpyramide mit viereckigem Querschnitt.

Unsere Arbeitsmethode entspricht den statistischen Erfordernissen: Die spontan entstandene Windkantersammlung nach Typ sortieren. – Den jeweiligen Typ in Länge-Gruppen aufteilen. - Für jede Gruppe von den gemessenen Werten (Länge, Breiten, Höhen) Mittelwerte berechnen. - Darstellung der Mittelwerte in Diagrammen. - Außerdem Abdrucke nehmen, um Radien, Winkel etc. zu messen. - Analog der vorgenannten Prozedur auch hiervon die gemittelten Werte in Diagrammen darstellen. - Auswertung.

Die wichtigsten Ergebnisse:

Proportionen

Lineare Korrelation zwischen Länge und Breiten (auch Höhen) sowie zwischen Länge und Längsradien (Korrelatioskoeffizient 0,617!)

Korrelation: Man kann vom beschädigten auf den ganzen Stein schließen und umgekehrt.

Die Doppelpyramide mit rautenförmigem (rhombischem) Querschnitt ist die Grundform aller Typen.

Alle Variationen des Goldenen Schnittes sind vereint: Streckenteilung, Rechteck, Dreieck etc. sowie der Goldene Winkel und die logarithmische Spirale.

Die steinerne Doppelpyramide: steht um ca. 7° schief; ist asymmetrisch (0,6); alle Seiten sind harmonisch ausgebeult; markante Winkel (z.B. 70°) kehren in ihrer Anordnung wieder.

Das Längenverhältnis Kreisbogen zu Sehne weist darauf hin, dass die ursprünglich „gewachsene" Doppelpyramide deformiert (gestaucht) worden ist, wodurch sie die vermutlich stabilere Form mit den Maßen des Goldenen Schnittes annahm. Stauchung erklärt auch die harmonisch gekrümmten glatten Seitenflächen.

Selbstähnlichkeit/Skaleninvarianz (Ohne Maßstab sehen sich Windkanter zum Verwechseln ähnlich.)

Alle Seiten sind in gleichem Maße rau (glatt).

220

Hohe Packungsdichte (gemessen: 69%, Vergleich: geschüttete Tetraeder ca. 75%)

Bruchstücke: Sehr viele Feldsteine sind Teile von Windkantern, z.B. Mittelteil, Endstück. Somit ist der Windkanteranteil noch um ein Vielfaches größer als bisher bekannt.

Schlussfolgerung:

Die dargebotene Formtheorie führt keinesfalls zum Begriff „Windkanter". Er ist falsch und irreführend. Windkanter sind keine Windkanter, sondern deformierte Doppelpyramiden nach der Formel des Goldenen Schnittes. Die Gesamtheit der Merkmale deutet darauf hin, dass diese Gestalten unter Einwirkung tektonischer Kräfte entstanden sind. Die gebirgsbildenden Kräfte zwangen den Gesteinsbestand durch Gefügeregelung zu reagieren. Gefügeregelung äußert sich im Kleinen wie im Großen, d.h., in Kristallen, Mineralien, Steinen bis hin zu Gebirgen. Das bedeutet beispielsweise: So wie Windkanter der Altmark sahen die skandinavischen Gebirge aus, von denen diese Steine mit Sicherheit stammen. Und wie Windkanter sieht das Gebirge bei Bildudalur auf Island aus.

Meine Entdeckung zur Entstehung von Windkantern kann sich als Irrtum herausstellen. - Dann tröste ich mich mit Goethes Worten:

„ … und sollte ich auch nicht so glücklich sein, wie ich wünsche, so werden meine Bemühungen andern Gelegenheit geben, weiterzugehen; denn bei Beobachtungen sind selbst die Irrtümer nützlich, indem sie aufmerksam machen und dem Scharfsichtigen Gelegenheit geben, sich zu üben."

Goethe „Der Granit"

Literaturverzeichnis und Quellenangabe

1 bis 36: Quelle   (s):sekundäre Quelle

Altermann, M. & al. : Die Entwicklungsgeschichte der Erde - Hohl, R. (Hg.); Brockhaus Nachschlagewerk Geologie, 6. Auflage 1981, 703 S., zahlr. Unnum. Abb., Leipzig (Brockhaus)

Bagnold, R. A.: (1941 bzw. 1954) Laboruntersuchungen zur Physik des „sandbeladenen Windes"

Berendt, G. : Geschiebe-Dreikanter und Pyramidalgeschiebe; Jahrbuch der Königlich Preussischen geologischen Landesanstalt und Bergakademie zu Berlin 5 für 1884, S. 201-210, eine Taf., 1 Abb.

Berg, G.: Spindelförmige Windschliffgeschiebe ; Z. Deutsch. Geol. Ges. 83, 1931 S. 244-253,; desgl. Geschiebeforschung 7, 1931 S. 128-137

1s   **Bramer, H. :** Zur Frage der Windkanter; Wissenschaftliche Zeitschrift der Ernst-Moritz-Arndt-Universität Greifswald (Mathematisch–naturwissenschaftliche Reihe, Jahrg.7, 1958 Reihe (3/4): 257-265, 7 Abb., 2 Tab, Greifswald

2s   **Brinkmann, Roland:** Abriß der Geologie, I. Band, Ferdinand-Enke-Verlag Stuttgart 1956 Seite 56

Busbey III, Arthur B.; Coenraads Robert R.; Roots, David; Willis, Paul: Der große Atlas der Steine & Fossilien, Faszinierende Zeugnisse der Erdgeschichte; area verlag gmbh Erftstadt 2006 ISBN -10   3-89996-947-2

3   **Cailleux, Andre:** Morphoskopische Analyse der Geschiebe und Sandkörner und ihre Bedeutung für die Paläoklimatologie; Geol. Rundschau, Bd. 40, Seite 11-19, Ferdinand Enke Verlag 1952, Stuttgart

Chrobok, Seigfr.: Vulkane in Mitteleuropa; Seite 139

Cloos, H.: Geologische Beobachtungen in Südafrika. I. Wind und Wüste im deutschen Namalande; N. Jb. Min., Geol., Pal., Bl.-Bd. 32, Seite 49-70, Stuttgart 1911

Coenraads, Robert R.: Wissen neu erleben **Welt der Steine**; BLV Buchverlag GmbH & Co. KG München 2005, ISBN 3-405-16816-3

Daber, Rudolf: Herausgeber, Geologie erlebt und erforscht, Probleme der Geologie für jedermann; Urania-Verlag Leipzig/Jena/Berlin, 1. Auflage 1965, Seite div. 9/10

Delhaes, F.: Eine Sammlung zur Erläuterung des Windschliffs; Geol. Rundschau VI 1915 S. 202-206

4s   **Dücker, Alfred:** Die Windkanter des Norddeutschen Diluviums in ihren Beziehungen zu periglazialen Erscheinungen und zum Decksand (Inaugural - Dissertation), Sonderdruck aus dem Jahrbuch der Preußischen Geologischen Landesanstalt zu Berlin für 1933, Bd. 54, Seite 487-530, Taf. 29-31, 4 Abb., 1 Tab., 3 Taf., Berlin

Dücker, Alfred: Die Periglazialerscheinungen im holsteinischen Pleistozän; Göttinger Geogr. Abhandlungen, H. 16, 1954

Egli, Emil: Gespräch mit der Natur, Spracherbe in der Naturforschung; Walter-Verlag AG Olten, 1971

5   **Enzyklopädie der Minerale und Edelsteine** Herausgeber O'Donoghue; Verlag Herder&Co. KG Freiburg im Breisgau 1977, ISBN 3-451-17622-X Seite 289

Fischer, Karl-Heinz: Zur Bildung von Klappersteinen; Prignitz-Forschungen (...) Nr. 1

Foucault, Alain: Vom üppigen Leben in der Mammutzeit; Spektrum der Wissenschaft Spezial 1/06 Mensch Mammut Eiszeit, Spektrum der Wissenschaft Verlagsgesellschaft mbH Stuttgart

Geinitz, E.: Die Bildung der Kantengerölle; Arch. Ver. Naturk. Mecklenburg, 40, 1886 S. 33-48

Gerlach, O.: Die Colbitz-Letzlinger Heide; Nr. 22-24 der Wanderblätter für die Umgegend Magdeburgs; Karl Peters Verlag, Magdeburg

Gessner-Woltereck: DAS UNWAHRSCHEINLICHE LEBEN, Eine Biologie für alle von Fritz Gessner und Heinz Woltereck; VEB Deutscher Verlag der Wissenschaften Berlin 1959, Seite 30ff., 145

6 s   **Gheyselinck, R.:** Die ruhelose Erde, herausgegeben von P. Karlson; Deutscher Verlag Berlin (o.J.) , Seite 36/37, 99, 166 und weitere

Goebel, F.: Über Flächengesteine; Centralblatt für Mineralogie, Geologie und Paläontologie (11) 1907, Seite 340-341, Stuttgart

Goßner, B.: Lehrbuch der Mineralogie, Verlag Friedrich Brandstetter Leipzig 1924 Seite 213

Gutbier, A. (1858) Geognostische Skizzen aus der sächsischen Schweiz.

Haeckel, Ernst: Kunstformen der Natur, Hundert Illustrationstafeln mit beschreibendem Text. Allgemeine Erläuterungen und systematische Übersicht.; Marix Verlag GmbH Wiesbaden 2004 ISBN 3 937715-17-7

Haken, Hermann: Erfolgsgeheimnisse der Natur, Synergetik: Die Lehre vom Zusammenwirken, Rowohlt Taschenbuch Verlag GmbH Reinbek bei Hamburg 1995 ISBN 3 499 19744 8

Hardt, Herbert: Versteinertes Leben; Urania Verlag Leipzig Jena 1955 (Seite 30ff., 39)

7   **Hargittai, Istvan und Magdolna:** Symmetrie, Eine neue Art die Welt zu sehen; Rowohlt Taschenbuch Verlag GmbH Reinbek bei Hamburg 1998, ISBN 3 499 60358 6

8   **Hartmann, Otto Julius:** Die Gestaltstufen der Naturreiche, Von den Richtungen und Zielen des Weltenwerdens im Spannungsfeld von Raum und Zeit;Verlag Die Kommenden, Freiburg i. Br. 1967

9   **Hazen, Robert M.:** Der steinige Weg zum Leben; Spektrum der Wissenschaft Juni 2001 Seite 34 ff., Spektrum der Wissenschaft Verlagsgesellschaft mbH Heidelberg

Hedström, R.: Anwendung Sandstrahlgebläse auf Stücke von Kalkstein usw.; Förh. Geol. För. Stockholm Bd. 25, 1903 Seite 413

10s **Heim, A.:** Über Kantengeschiebe aus dem norddeutschen Diluvium; Vierteljahresschrift der naturforschenden Gesellschaft, Zürich 1887 S. 384-385

11   **Hemenway, Priya:** DER GEHEIME CODE Die rätselhafte Formel, die Kunst, Natur und Wissenschaft bestimmt; EVERGREEN GmbH, Köln, 2008, ISBN 978-3-8365-0708-0

12   **Hemme, Heinrich**: Tetraederpackung: Eins geht noch; FAZ 10. Febr. 2010 Nr. 34 Seite N1

Hübner, H.: Die Grundwasseranreicherung in der Letzlinger Heide; Wasserwirtschaft/Wassertechnik Heft 11, 19544

Hunger, Richard: Aus dem Tagebuch der Erde; VEB F. A. Brockhaus Verlag Leipzig 1956

Jaekel, O.: Eiskanter und Windkanter; Zeitschrift für Geschiebeforschung 1 (2) 1925 Seite 49-54, 2 Abb., 1 Taf., Berlin

Johnson, A.: Zur Entstehung der Fazettengesteine; Obl. Min. usw. 1903, S. 593-597,

13   **Jubeldt/Schreiter:** Gesteinsbestimmungsbuch, VEB Deutscher Verlag für Grundstoffindustrie 1972

14   **Kayser, Emanuel:** Lehrbuch der Geologie, Teil I; Verlag Ferdinand Enke Stuttgart 1912 (S. 127, 232, 444) sowie 7. und 8. Auflage, 1923 S.300 ff.

Kettner, R.: Entstehung von Kantern; Allgemeine Geologie Band IV, 1960 Seite 125, Abb. 94

Klafs, Gerhard: Die Spuren des Windes; Volksstimme, Verlagsbeilage, 5.1.1968, Seite 3

15   **Kleine Enzyklopädie Mathematik**; VEB BIBLIOGRAPHISCHES INSTITUT LEIPZIG 1965

16   **Köster, Erhard:** Granulometrische und morphometrische Meßmethoden an Mineralkörnern, Steinen und sonstigen Stoffen; Ferdinand Enke Verlag Stuttgart 1964

17   **Krause, Karlheinz:** Windkanter – interessante Geschiebe Norddeutschlands; Geschiebekunde aktuell, Mitteilungen der Gesellschaft für Geschiebekunde, 12. Jahrgang, Hamburg November 1996 Heft 4, 105-110, 5 Abb.

Krause, Karlheinz: Wind, Sand und Steine: Windkanter aus dem Pleistozän; Der Aufschluss, 51 2000, S 305-313,11 Abb., 1 Tab., Heidelberg

Krause, Karlheinz: Zur Frage der „wechselnden Hauptwindrichtungen" bei der Entstehung von Windkantern; Der Geschiebesammler, 37 (4), 2004 S. 145-152,

5 Abb., Wankendorf

Kuenen, Ph. H.: Experiments on the formation of wind-worm pebbles; Leidsche Geol. Mededelingen, 3, 1928, S. 17-38, Leiden

Kulturhistorisches Museum Magdeburg als Herausgeber: Der Bezirk Magdeburg, Natur- und Kunstdenkmale, Seite 7-9, 1961

Leiningen, W.: Über Kantengerölle aus der Umgegend von Nürnberg; Mitt. geogr. Ges. München 3, 1908

18   **Lexer, Matthias:** Mittelhochdeutsches Taschenwörterbuch, Verlag von S. Hirzel, Leipzig 1906

19   **Lexikon der Geowissenschaften** in sechs Bänden; Spektrum Akademischer Verlag GmbH Heidelberg Berlin, 2000 bis 2002

Lierl, H.-J.: (1993) Exkursionsführer zur Geologie des Kreises Herzogtum Lauenburg; Geschiebekunde aktuell, Sonderheft 3: 35S., 20Abb., Hamburg

20   **Lindinger, Manfred:** Rastlose Sandberge; FAZ 10.5.2012 Nr. 109 Seite 9

21   **Lorenz, Konrad:** Die acht Todsünden der zivilisierten Menschheit; R. Piper u. Co. Verlag München, 8. Auflage 1974, Seite 101

Lorie, J.: Die Bildung der Dreikanter (Over het ontstaan var driekanters); Sitz.- Bericht Niederrh. geol. Ver.1911, S. 19-24

Louis, H. : Allgemeine Geomorphologie, Berlin 1966

22   **Maresch, W.; Medenbach, O. Trochim, H.-D.:** Gesteine Die farbigen Naturführer; Mosaik Verlag GmbH. München 1987 Seite 74 und 112

23   **Mattauer, Maurice:** Was die Steine erzählen; Spektrum der Wissenschaft Compact 2/2002, Spektrum der Wissenschaft Verlagsgesellschaft mbH Heidelberg

Mertens, Franz: Heimatbuch des Kreises Gardelegen und seiner näheren Umgebung, herausgegeben vom Rat des Kreises Gardelegen Abt. Volksbildung 1954

Mickwitz, A.: Die Dreikanter, ein Produkt des Flugsandschliffes; Mem. Soc. Imp. Min. u. St. Petersburg , 1886 und Neues Jahrbuch f. Min. 1885, II. S.177

Miotke, Franz-Dieter.: Die Formung und Formungsgeschwindigkeit von Windkantern in Victoria-Land, Antarktis; Polarforschung, Band 49 Nr.1, 1979 Seite 30-43

Mügge, O.: Über Fazettengerölle von Hiltrub b. Münster i. Westf.; 14. Jb. naturw. Ver. Osnabrück, 1901 S. 1-16,

24s **Müller, Otto:** Altmark und Elbhavelland; Verlag August Hopfer Burg bei Magdeburg, 1935 (Seite 34 ff., 54ff., 94ff., 136ff, 194, 240, 256ff., 259)

Nathorst: Fossile Kantengeschiebe in den kambrischen Sandsteinen Schwedens nachgewiesen; Neues Jahrbuch f. Min. 1886, I, S.179

Nitter, E.: Heimatbuch Beiträge zur altmärkischen Heimatkunde; Bd.4, 1940/41, Verlag Grimm & Sohn Gardelegen S. 103/6

25s **Nitz, B.:** Zur Frage des Vorkommens windgeschliffener Geschiebe zwischen Fläming und Pommerscher Eisrandlage; Wissenschaftliche Zeitschrift der Humboldt-Universität zu Berlin, Math.-Nat. Reihe, Jahrgang XV, H.3, 1966

Nitz, B.: Windgeschliffene Geschiebe und Steinsohlen zwischen Fläming und Pommerscher Eisrandlage; Geologie 14, H5/6 Seite 686-698, Berlin 1965

26 **Offhaus, Hans-Eckhard & Langusch, Steffen:** Zur Erinnerung an den Heimatforscher Walter Schwenecke aus Letzlingen; Geschiebekunde aktuell 17 (4): 145-146, Hamburg November 2001

Papp, K.: Die Dreikanter auf einstigen Steppen Ungarns; Födt. Közlöny 29, 1889 S.193-203

Pfannkuch, Wilhelm: Die Bildung der Dreikanter; Geol. Rundschau IV, Heft 5, 1913 S. 311-318, 19 Abb. Stuttgart

Pfannkuch, Wilhelm: Die Formen der Kantenkiesel; Geol. Rundschau V, Heft 4 1914 S. 247-252

27s **Pfannkuch, Wilhelm:** Zur Entstehung der Kantenkiesel; Geol. Rundschau X, 1920 S.112 ff.

Pimessowa, N. W.: Pyramidalgeschiebe in der Umg. von Kiew; Wissensch. Nachr. Forschungs- Katedra. 3,1925, S. 17-25

Pittermann, Dirk: Windkanterpflaster vom Sonnenberg bei Dersenow (Mecklenburg); Geschiebekunde aktuell 16 (2): 53-58, 2 Taf., 2 Abb., Hamburg, Juni 2000

Prandtl, Ludwig: Führer durch die Strömungslehre; Friedrich Vieweg & Sohn, Braunschweig 1957, Seite 311ff.

28 **Reinicke, Rolf:** Steine in Norddeutschland, Zeugen der Eiszeit; Demmler Verlag GmbH 1. Auflage 2012, ISBN 978-3-910150-96-6

Reitz, H.: Fazettengeschiebe aus dem holsteinischen Diluvium; N. Jb. Min-usw. II, 1914 S.16-20 Stuttgart

Ritter, Gustav. A.: Die Wunder der Urwelt und die Entwicklungsgeschichte der Erde; Verlag v. W. Heilet, Berlin W 35 ohne Jahresangabe

Rudolph, Frank: Strandsteine Sammeln und Bestimmen; Wachholtz Verlag, Neumünster, 2012

Salomon, W.: Windkanter im Rotliegenden v. Baden Baden; Jb. Mitt. Oberrh. Geol. Ver. 1911, Bd. I, Heft 2 S.41-42

29s **Schröder, Hermann:** Gardelegen, Zur Entstehung der Windschliffe in den altmärkischen Diluvialsanden; Der Naturforscher, illustrierte Zeitschrift für das gesamte Gebiet der Naturwissenschaften, des naturgesch. Unterrichts, des Naturschutzes, der Technik und mit dem amtl. Nachrichtenblatt der Staatl. Stelle für Naturdenkmalpflege in Preußen, Jahrgang 8 Nr. 3, 1931 Seite 103, 106

30 **Schwenecke, Walter:** Merkwürdiges Geröll, Eine morphometrische Studie über Dreikanter im Gebiet der Letzlinger Heide (Bez. Magdeburg); Jahresschrift des Kreismuseums Haldensleben 1968 Band 9

Seim, Rolf: Minerale sammeln und bestimmen; Neumann Verlag Leipzig Radebeul 1981

Sokol, R.: Über Dreikanter; - Vesmir, 3,1925 S. 29-32

Tesch, P.: Über kantige Rollsteine; Gedenkbl. Schmiling 1925, S324-331, Groningen

Trefil, James: Physik im Strandkorb, Von Wasser, Wind und Wellen; Rowohlt Taschenbuch Verlag GmbH, Reinbek bei Hamburg 2008, ISBN 978 3 499 62405 6

31 **Trefil, James:** Physik in der Berghütte, Von Gipfeln, Gletschern und Gestein; Rowohlt Taschenbuch Verlag GmbH Reinbek bei Hamburg 1997, ISBN 3 499 19382 5

Verworn, M.: Sandschliffe von Djebel Nakus; N. Jb. Min. usw. 1896 (1) S. 200-210 Stuttgart

Vorweg, O. : Zur Kantengeschiebefrage; Centralblatt für Mineralogie, Geologie und Paläontologie (4) 1907 Seite 105-110 u. 547 Stuttgart

Vorweg, O.: (1907) Flächner oder Kanter ?; Centralblatt für Mineralogie, Geologie und Paläontologie 1907 (18) Seite 105, 547-549, Stuttgart 1907

32s **Walther, Joh.:** Das Gesetz der Wüstenbildung in Gegenwart und Vorzeit; Verlag Quelle und Meyer Berlin 1900, 2. Auflage Leipzig 1912 (Seite 67, 130, 157, 183, 184, 320)

Walther, Joh.: Vorschule der Geologie; Gustav Fischer Verlag Jena; 5. Auflage 1912

Walther, Joh.: Über die Bildung von Windkantern in der libyschen Wüste; Monatsbericht, Nr. 7; Z. Deutsch. geol. Ges. 63, 1911 S.410-417, 1 Fig., Berlin

33 **Weizsäcker, C. F. von:** Die Geschichte der Natur, Zwölf Vorlesungen; Vandenhoeck & Ruprecht in Göttingen, 5. Auflage 1962 Seite 55

34 **Werstat, Claus:** Die Kleingewässer der Colbitz-Letzlinger Heide unter Berücksichtigung der Vegetation; Mitt. florist. Kart. Sachsen-Anhalt (Halle 2007) 12: 3-29, Seite 6, Abb.2: Bodenübersichtskarte für das Gebiet der Colbitz-Letzlinger Heide (nach Lüderitz et al. 1994, vereinfacht) mit Eintragung der Eisrandlagen (nach Glapa 1971)

35 **Wikipedia (Freie Enzyklopädie):** Windkanter
36 **Wunderlich, Hans Georg:** Das neue Bild der Erde, Faszinierende Entdeckungen der modernen Geologie; Deutscher Taschenbuch Verlag GmbH& Co.KG München 1979, ISBN 3-455-08993-3

Zeitschrift für Gletscherkunde: Herausgeber R. v. Klebelsberg, Innsbruck Universitätsverlag Wagner ab 1950

Zeitschrift Eiszeitalter und Gegenwart: ab 1951, Herausgeber P. Woldstedt – Jahrbuch der Deutschen Quartärvereinigung; Verlag Hohenlohe'sche Buchhandlung, Ferd. Rau, Öhringen/Württ.

Zessin, Wolfgang: Windkanter, interessante Zeugen der Eiszeit aus Westmecklenburg; Mitteilungen der NGM – 6. Jahrgang Heft 1 Oktober 2006

Register

Über den Autor

Reinhard Schwenecke wurde 1947 im Altmarkdorf Letzlingen geboren und ist dort „auf sandigen Äckern" aufgewachsen * Abitur mit Berufsausbildung Erweiterte Oberschule „Geschwister
Scholl" Gardelegen/Dampflokschlosser RAW Stendal * Diplom-Ingenieur Chemisches Appara-
tewesen TH „Otto von Guericke" Magdeburg * Forschung und Entwicklung im SKL Magdeburg
(Molekularsiebe zur Trocknung und Feinstreinigung von Gasen) * Montage- und Anfahrleiter
Chemieanlagen (u.a. Wasserstofferzeugung Böhlen, Reformer III Leuna) * Ingenieurbüro (Ein-
zelunternehmer) - Fachbauleiter Maschinen/Apparate, Planung und Koordinierung Stillstände
von Raffinerie-Anlagen.

Das Interesse an geologischen Themen rührt von seinem Vater. Sie bedeuten ihm einen
unverzichtbaren Ausgleich zum Alltag, und sie trugen maßgeblich zu seiner Weltanschauung
bei. Mit der Windkanterproblematik beschäftigt er sich seit über zwanzig Jahren.

Reinhard Schwenecke ist Mitautor des Buches „DAS ALTMARK-DORF LETZLINGEN - Erlebtes
und Nachgeforschtes".

*Ohne Mitteilung geht mir der feinste Gewinn des Lebens verloren – und gerade in
zartesten Dingen, wo man die Teilnahme am meisten braucht, ist sie am seltensten.*

*Johann Wolfgang von Goethe (zitiert von Karl Förster in
„Es wird durchgeblüht", Union Verlag Berlin 1973, S. 5)*

Susanne Dell und Reinhard Schwenecke

Das Altmark-Dorf Letzlingen – Erlebtes und Nachgeforschtes

BoD 2014, 180 Seiten, ISBN 978-3-7357-8862-7, Preis: 15,95 €

Die Autoren, beide 1947 in Letzlingen geboren und aufgewachsen, verbinden in diesem Buch Heimatgeschichte mit persönlichen Erlebnissen und Episoden aus ihren Familiengeschichten. Es stellt Verbindungen her zu den Verhältnissen der jeweiligen Zeit. Der Leser erfährt Interessantes über die Kolonisten, die 1748 nach Letzlingen kamen. Ausführlich ist die Geschichte des Pfarramtes Letzlingen dargestellt. Auf unterhaltsame Weise wird erzählt, wie bis in die 50er/60er Jahre des 20. Jahrhunderts hinein in einigen Bereichen der Landwirtschaft gearbeitet und Brauchtum gelebt wurde. Es wird an eine Zeit erinnert, als man noch überwiegend „Platt" sprach. Themen der jüngeren Geschichte wie die Ankunft des Transportzuges mit KZ-Häftlingen am 11. 4. 1945, das Kriegsende und die Zeit der Präsenz und Manöver Sowjetische Streitkräfte auf dem Truppenübungsplatz in der Letzlinger Heide werden aufgegriffen.
Ergänzt wird alles durch eine Sammlung plattdeutscher Wörter und Redewendungen von Walter Schwenecke.

Susanne Dell

Unterwegs in der Euregio Egrensis – Ein länderübergreifender Reiseführer

BoD 2020, 196 Seiten mit zahlreichen Farbfotos, ISBN 978-3752841527, Preis: 18,00 €

Ausgangspunkt dieses Reiseführers ist das im November 2019 zum Bad erhobene Neualbenreuth, das neben dem Sibyllenbad Ruhe, Natur und Entschleunigung bietet, aber auch zahlreiche Möglichkeiten für Aktivitäten und Ausflüge. Außer den weltbekannten Kurorten im angrenzenden Böhmischen Bäderdreieck – Karlsbad, Marienbad, Franzensbad – und den Traditionsbädern Bad Brambach und Bad Elster im Vogtland wird dabei das Augenmerk auch auf zahlreiche weniger bekannte, aber dennoch lohnenswerte Ziele im grenznahen Bereich zwischen Bayern, Böhmen und dem Vogtland gelenkt.
Die Euregio Egrensis umfasst geografisch weite Teile des ehemaligen Egerlandes sowie angrenzende Regionen in Bayern und Sachsen. Gäste und Einheimische können hier überaus viel entdecken und eine sehr schöne, abwechslungsreiche Kulturlandschaft und Natur genießen, die jedem das Herz aufgehen lässt. Dieses Buch begleitet Sie dabei.

Susanne Dell

KOSOVO – Informieren – Reisen – Erinnern

BoD 2017, 184 Seiten mit zahlreichen Farbfotos, ISBN 978-743-196285, Preis: 15,50 €

Kompetent und umfangreich präsentiert sich dieser Reiseführer, der bereits in mehreren Auflagen erschienen ist und zu einem Standardwerk über Kosovo wurde. Er informiert auf profunden Kanntnissen basierend über das Lans, seine Geschichte, Traditionen, vielfältige und alte Kultur sowie über die gegenwärtige politische Situation.

Es werden faszinierende Landschaften, alle Sehenswürdigkeiten und die Menschen des jüngsten europäischen Staates vorgestellt. Das Buch gibt dem Leser zahlreiche praktische Reisetipps mit auf den Weg – von den Reisevorbereitungen über Unterkunfte und Restaurants bis hin zum Reisen im Land.

Ergänzt wird der Reiseführer durch einen kleinen Sprachführer und 150 Farbfotos der Autorin. Er ist ein unentbehrlicher Ratgeber für alle, die sich für Kosovo und seine Menschen interessieren, dieses Land besuchen oder beruflich dort zu tun haben.